AutoCAD

2009 中文版

自学手册

——机械绘图篇

冯如设计在线　刘　伟　祝凌云　编著

人民邮电出版社

北　京

图书在版编目（CIP）数据

AutoCAD 2009中文版自学手册. 机械绘图篇 / 刘伟，
祝凌云编著.—北京：人民邮电出版社，2009.5
（CAD/CAM/CAE自学手册）
ISBN 978-7-115-19724-5

I. A… Ⅱ.①刘…②祝… Ⅲ.①计算机辅助设计—应
用软件，AutoCAD 2009②机械制图：计算机制图—应用
软件，AutoCAD 2009 Ⅳ. TP391.72

中国版本图书馆CIP数据核字（2009）第013875号

内 容 提 要

本书以 AutoCAD 2009 在机械行业中的应用为出发点，共分为 3 个部分。第 1 部分基础入门，介绍了 AutoCAD 2009 用户界面、AutoCAD 二维绘图与编辑、AutoCAD 高效绘图和完善 AutoCAD 图形对象等内容；第 2 部分进阶提高，介绍了机械设计制图国家规范、机械标准件和常用件、创建与编辑三维机械模型、渲染机械模型、输出机械图形和机械工程图基础等内容；第 3 部分综合实战，通过大量精选的实例全面介绍机械轴测图、机械平面图、机械装配图和机械效果图的绘制方法等内容；附录部分介绍了 AutoCAD 2009 新特性与安装等内容。

书中每章最后的"技能点拨"对 AutoCAD 2009 新增功能及重要知识点进行了拓展，使读者能够运用基本的绘图知识来设计具有个性化的机械产品。

本书结构严谨、分析透彻、实例针对性强，既适用于 AutoCAD 绘图的初、中级设计人员自学，也可作为 AutoCAD 的培训教材和大专院校相关专业师生的参考用书。

随书光盘包含书中所有实例图形源文件、最终效果和专人讲解的同步录像文件，网站 http://www.fr-cad. net 为读者提供全方位的技术支持。

CAD/CAM/CAE 自学手册

AutoCAD 2009 中文版自学手册——机械绘图篇

◆ 编　著　冯如设计在线　刘　伟　祝凌云
　　责任编辑　俞　彬

◆ 人民邮电出版社出版发行　　北京市崇文区夕照寺街 14 号
　　邮编　100061　　电子函件　315@ptpress.com.cn
　　网址　http://www.ptpress.com.cn
　　北京隆昌伟业印刷有限公司印刷

◆ 开本：787×1092　1/16
　　印张：28
　　字数：578 千字　　　　　　　2009 年 5 月第 1 版
　　印数：1 – 4 000 册　　　　　 2009 年 5 月北京第 1 次印刷

ISBN 978-7-115-19724-5 /TP

定价：49.80 元（附光盘）

读者服务热线：**(010)67132692**　印装质量热线：**(010)67129223**
反盗版热线：**(010)67171154**

前　言

1. 学习 AutoCAD 进行机械绘图什么方法最快速有效

AutoCAD 是世界上最主要的计算机辅助设计软件之一，在机械、建筑和电气等工程设计领域有 85.6% 以上的二维绘图任务是通过它来完成的。AutoCAD 已经成为工程设计人员的"标准语言工具"，谁能熟练地掌握它，谁就拥有了更强的竞争力。

AutoCAD 2009 是 Autodesk 公司在前后 20 多个版本的不断革新中推出的最新版本，它突出的二维草图与注释、动作宏功能在将设计师构想变成现实的过程中起到了极其关键的作用。

由于 AutoCAD 2009 界面变化较大、新增功能众多，加上机械设计国标的专业应用，在没有书籍的指导下很难快速掌握。根据这种情况我们联合了国内知名机械设计公司专家和资深培训老师共同为读者编写了《AutoCAD 2009 中文版自学手册——机械绘图篇》一书，该书为大中专院校师生、机械设计人员和想进入 AutoCAD 机械设计领域的爱好者提供一个快速学习的途径。

此外，我们还联合相关领域的专家编写了《AutoCAD 2009 中文版自学手册》和《AutoCAD 2009 中文版自学手册——建筑绘图篇》等书籍，针对入门级读者和建筑领域的专业应用，重点介绍 AutoCAD 系统中各种工具的使用方法、高级技巧以及建筑国家标准的各种规范和技巧，为读者全方位学习绘图与建筑设计奠定扎实的理论基础。

2. 如何才能快速掌握 AutoCAD，并为学习机械设计奠定扎实基础

根据本书特点及读者定位，本书提供以下内容。

● **完善的 AutoCAD 知识体系**：从用户界面到绘图与编辑，再到高效绘图，以及完善图形对象，均以 AutoCAD 当前的最常用内容为主线，采用阶梯式学习方法，对使用 AutoCAD 进行绘图、编辑、文字、尺寸标注、图块应用等，都作了透彻的讲解，逐步提高读者的使用能力，使读者掌握 AutoCAD 的绘图要点。

● **专业的机械应用规范**：通过对我国制定的机械设计国家标准的深入解析，常用件、标准件的规范画法，以及机械模型的观察、输出等机械绘图的要点讲解，来对读者进行一次全面的国标训练，从而使读者形成专业的视角来完成各项设计。

● **全方位的机械应用案例**：从机械设计的等轴测视图、平面图到零件图、装配图的设计，再到三维图的绘制技巧，我们均精选自国内知名机械设计公司典型案例来讲解，突出案例的典型性

和实用性，并给出学习要点、命令提示和图文步骤对照，体现了机械产品紧跟时代发展的脚步。

● **独特的设计经验汇集**：汇集了作者多年的设计实践，在易错知识点处给予"（注意）"提示，将工作中的经验以"（技巧）"奉献给读者，并开辟"技能点拨"专区讲解软件和设计两个方面的重要知识点，为读者总结最实用的技能。

3. 阅读提示

在 AutoCAD 2009 中，将以前版本的菜单选择方式"菜单"→"命令"，变更为"（菜单浏览器）"→"菜单"→"子菜单"方式。为了兼顾习惯以前软件版本和经典界面的读者，本书中略去菜单命令中的"（菜单浏览器）"选项，仍然采用以前的说明方式，保证了老用户能无障碍地升级到新版本。

4. 本书适合哪些读者

本书适合初学者快速掌握使用 AutoCAD 软件进行机械设计的应用基础和方法，并在该基础上通过实例来提高应用能力，达到举一反三的效果；对有一定 AutoCAD 基础并想深入学习机械设计的读者尤其有效，通过机械方面的专业讲解和多角度应用，以及"技能点拨"讲解的高级技巧，培养读者的发散思维，提高绘图效率。

5. 创作团队与读者服务

本书由冯如设计在线策划，刘伟、祝凌云主编，参加编写工作的人员还有刘清云、黄嫣、代芳、王书豪、余涛、雷鸣、马玉强、吴强、张益祥、马坤、徐培超、王嘉豪、朱建华、马金星、王林和王璐璐等。

在图书策划过程中，吸收了很多读者关于改进书稿质量的好建议。在后期审校过程中，设计公司的朋友使用国家颁布的最新机械设计的国家标准详细参数替换了以前的相应部分，并提供了部分实例的修正方法，使本书在质量和实用性方面更上一层楼，在此对他们表示衷心的感谢。

尽管编者倾力相助，精心而为，但由于时间仓促，加之水平有限，书中难免存在疏漏之处，恳请读者批评指正，我们定会在再版中全力改进。

网址：http://www.fr-cad.net　　　　E-mail：editor.liu@gmail.com

QQ 群：16190321、18990499、9843746

冯如设计在线　　刘　伟
www.fr-cad.com　　祝凌云

2009 年 3 月

目录

第2部分 进阶提高

AutoCAD 2009

第 3 部分 综合实战

第 11 章 机械轴测图——零件等轴测图的绘制 ······ 271

第 12 章 机械平面图——齿轮平面图绘制 ········· 297

AutoCAD
2009

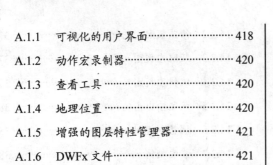

第1部分

基础入门

2009
AutoCAD

　　本部分以 AutoCAD 的应用为出发点，全面介绍应用 AutoCAD 2009 进行绘图和编辑的各种知识。先从软件界面的基本绘图和编辑入手，到高效绘图设计需要的图层、图块的应用，再到文字、尺寸标注和图案填充等图形的完善。通过深入透彻的讲解和丰富典型的实例，使读者能够轻松掌握 AutoCAD 2009 进行绘图的技能。

　　通过本部分的学习，用户能快速掌握 AutoCAD 命令的使用方法和应用技巧，并灵活运用 AutoCAD 进行绘图设计并表现设计与构思意图。每章专门提取的"技能点拨"一节，针对 AutoCAD 2009 新增功能或相应的扩展进行讲解，注重培养读者的发散思维和设计理念，使读者能够运用基本的绘图知识来提高绘图效率。

第1章

AutoCAD 2009 用户界面

2008 年 3 月，Autodesk 公司推出了最新的 AutoCAD 2009 中文版，极大增强的概念设计和视觉工具，给机械设计和绘图人员提供了更加简便的设计方法。

作为机械设计类应用最广泛的软件，AutoCAD 2009 中文版有着特定的界面和操作方法。在系统学习 AutoCAD 的应用之前，首先介绍 AutoCAD 2009 中文版在机械设计中的应用，以及它的工作界面、绘图基本操作等内容。

此外，AutoCAD 2009 还新增了许多新功能和特性，特别是在创建三维建模、选项板和导航功能方面都得到了显著的增强，达到了崭新的水平。

重点与难点

- AutoCAD 与机械绘图设计
- AutoCAD 2009 中文版基础
- 绘图基本操作
- 设置参数
- 自定义绘图环境

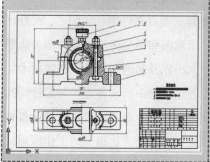
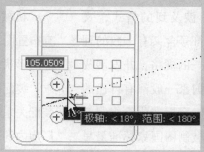
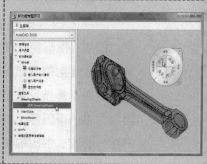

1.1 AutoCAD 与机械绘图设计

AutoCAD 是当今世界应用最广泛的二维绘图软件。据不完全统计，在国内，首选使用 AutoCAD 软件来进行机械设计绘图的已经达到 76.8%，而机械业已经并继续成为国内的产业支柱。

1.1.1 机械制图设计

机械制图是用图样确切表示机械的结构形状、尺寸大小、工作原理和技术要求的学科。图样由图形、符号、文字和数字等组成，是表达设计意图和制造要求以及交流经验的技术文件，常被称为工程界的标准语言工具。

用图形来表达事物的形状和记事的起源很早，如中国宋代苏颂和赵公廉所著《新仪象法要》中已附有天文报时仪器的图样，明代宋应星所著《天工开物》中也有大量的机械图样，但那时由于尺寸标准等影响，绘制尚不严谨。1799 年，法国学者蒙日发表《画法几何》著作，自此机械图样中的图形开始严格按照画法几何的投影理论绘制。

为使人们对图样中涉及到的格式、文字、图线、图形简化和符号含义有一致的理解，后来逐渐制定出统一的规格，并发展成为机械制图标准。各个国家一般都有自己的国家标准，而国际上有国际标准化组织制定的统一标准。中国的机械制图国家标准最早制定于 1959 年，后在 1974 年和 1984 年修订过两次。

在机械制图标准中规定的项目有：图纸幅面及格式、比例、字体和图线等。在图纸幅面及格式中规定了图纸标准幅面的大小和图纸中图框的相应尺寸。比例是指图样中的尺寸长度与机件实际尺寸的比例，除允许用 1:1 的比例绘图外，只允许用标准中规定的缩小比例和放大比例绘图。

在中国，规定图纸上的汉字必须按长仿宋体书写，字母和数字按规定的结构书写。图线规定有 8 种规格，如用于绘制可见轮廓线的粗实线、用于绘制不可见轮廓线的虚线、用于绘制轴线和对称中心线的细点划线、用于绘制尺寸线和剖面线的细实线等。

机械图样主要有零件图和装配图，此外还有布置图、示意图和轴测图等。零件图表达零件的形状、大小以及制造和检验零件的技术要求；装配图表达机械中所属各零件与部件间的装配关系和工作原理；布置图表达机械设备在厂房内的位置；示意图表达机械的工作原理，如表达机械传动原理的机构运动简图、表达液体或气体输送线路的管道示意图等。示意图中的各机械构件均用符号表示。图 1-1 所示为机 械零件图。

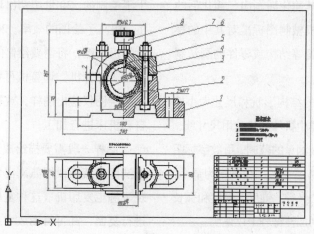

图 1-1

轴测图并不是立体图，但由于直观性强，而成为常用的一种辅助用图样。

表达机械结构形状的图形，常用的有视图、剖视图和剖面图等。

视图是按正投影法即机件向投影面投影得到的图形。按投影方向和相应投影面的位置不同，视图分为主视图、俯视图和左视图等。视图主要用于表达机件的外部形状。图中看不见的轮廓线用虚线表示。机件向投影面投影时，观察者、机件与投影面三者间有两种相对位置。机件位于

投影面与观察者之间时称为第一角投影法。投影面位于机件与观察者之间时称为第三角投影法。两种投影法都能同样完善地表达机件的形状。中国国家标准规定采用第一角投影法。

剖视图是假想用剖切面剖开机件，将处在观察者与剖切面之间的部分移去，将其余部分向投影面投影而得到图形。剖视图主要用于表达机件的内部结构。剖面图则只画出切断面的图形。剖面图常用于表达杆状结构的断面形状。图 1-2 所示为机械零件的剖面图。

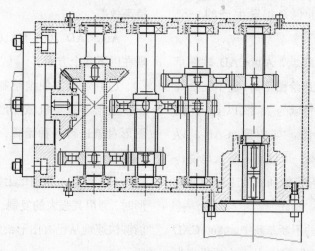

图 1-2

对于图样中某些作图比较繁琐的结构，为提高制图效率允许将其简化后画出，简化后的画法称为简化画法。机械制图标准对其中的螺纹、齿轮、花键和弹簧等结构或零件的画法制有独立的标准。

图样是依照机件的结构形状和尺寸大小按适当比例绘制的。图样中机件的尺寸用尺寸线、尺寸界线和箭头指明被测量的范围，用数字标明其大小。在机械图样中，数字的单位规定为毫米，但不需注明。对直径、半径、锥度、斜度和弧长等尺寸，在数字前分别加注符号予以说明。

制造机件时，必须按图样中标注的尺寸数字进行加工，不允许直接从图样中量取图形的尺寸。要求在机械制造中必须达到的技术条件如公差与配合、形位公差、表面粗糙度、材料及其热处理要求等均应按机械制图标准在图样中用符号、文字和数字予以标明。

20世纪前，图样都是利用一般的绘图用具手工绘制的。20世纪初出现了机械结构的绘图机，提高了绘图的效率。20世纪下半叶出现了计算机绘图，将需要绘制的图样编制成程序输入电子计算机，计算机再将其转换为图形信息输给绘图仪绘出图样，或输送给计算机控制的自动机床进行加工。

图样一般需要描绘成透明底图，用透明底图洗印出蓝图或用氨熏出紫图。20世纪中期出现了静电复印机，这种复印机可将原图样直接进行复制，并可将图放大或缩小。采用这种新技术可以省去描图工序。

机械业的迅猛发展，加上人们对机械零件、电子设备等个性化需求的不断增强，使得近两年的机械绘图设计也上升了一个新台阶，而机械绘图设计是指导生产的重要依据，也是机械结构设计的前奏。

1.1.2 AutoCAD 对机械设计的促进

在机械设计中，从开始的设计意图到图纸绘制，再到最后的加工完成，设计占了很重要的一部分，也是指导生产的一个重要依据。

在机械绘图设计领域，AutoCAD 软件早已代替纸和笔成为首选绘图工具，据不完全统计，几乎占全部设计领域的 76.8%以上。国内知名的机械设计软件，如中望 CAD，以 AutoCAD 为蓝本开发，可以毫不夸张地说，AutoCAD 是用户学习机械和其他工程设计绘图的必经之路。

在 20 多个版本的不断革新中，AutoCAD 2009 性能得到了全面的提升，从而大幅提高生产效率，在将设计师的构想变为现实的过程中起到了很关键的作用，可使用户的工作始终保持高效率。

AutoCAD 2009 在机械方面的应用主要体现在以下几个方面。

（1）可以方便地绘制直线、圆、圆弧和正多边形等基本机械图形对象，并且可以对图形对象进行各种编辑，以构成各种复杂的机械图形。

（2）当某一张图纸上需要绘制多个相同图形时，利用其强大的复制、偏移和镜像等功能，能够快速地从已有图形绘制其他图形，如图 1-3 所示。

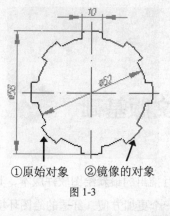

①原始对象　②镜像的对象

图 1-3

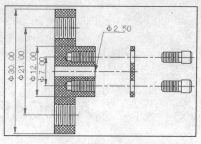

图 1-5

（3）国家机械制图标准（GB）对机械图形的线条宽度、文字样式等均有明确的规定，利用 AutoCAD 能够完全满足这些标准要求。

（4）提供了新的动态块功能，可以快速有效地创建机械常用件和标准件的块，如符合国家标准的键、弹簧、轴承、螺栓、螺母和垫圈等，操控块并从中提取数据，当需要绘制这些图形时，可以直接插入而不必再重复绘制。图 1-4 所示为螺母动态图块。

图 1-4

（5）新提供的动态输入功能，可以使用户将精力集中在设计绘图而非软件功能上。

（6）可以方便地将零件图组装成装配图，就像实际装配零件一样，从而能够验证零件尺寸是否正确，零件之间是否会出现干涉等装配问题。利用 AutoCAD 的复制和粘贴等功能，可以方便地通过装配图拆分出零件图，如图 1-5 所示。

（7）当用户设计系列产品时，可以方便地通过已有图形修改派生出新图形。

（8）设计复杂图形时，从创建单个图形到管理整个图形集，通过 Web 共享设计信息到创建帮助，将机械产品推向市场极具吸引力的大量图形演示，AutoCAD 利用 CAD 生产中的新标准能帮助用户获得更大的成功。

（9）设计制造流程中开展协作化的产品开发，能够与企业内的任何员工或扩展的团队安全共享设计数据。AutoCAD 使信息的连接变得简单易行，能为有需要的用户共享、查看、标记和管理二维、三维设计数据，支持与其他用户的文件交换，并能在更改变得困难之前，减少设计流程中的错误，生成新的观点，从而使业务流程能够实现从创建到完成的平稳运作。

另外，Autodesk 通过其网站提供的 Start at Point A 栏目能为用户带来机械行业新闻和资源、可搜索的数据库、支持文档、产品提示、讨论组、在线培训、工作簿以及更多其他功能，需要的一切均能在 Autodesk 机械制造业中得到最佳的实现。

对于长期从事手工绘图的设计人员来说，虽然使用 AutoCAD 进行计算机制图优点很多，但刚接触可能会感到不太习惯，随着使用 AutoCAD 进行机械设计熟练程度的提高，会逐渐体验到 AutoCAD 的强大功能。

1.2 AutoCAD 2009 中文版基础

AutoCAD 2009 中文版是 Autodesk 公司于 2008 年 3 月推出的最新绘图软件版本，其功能特别是在三维建模方面得到了显著的提升，并为用户提供了一个更加方便、舒适的绘图环境。

AutoCAD 2009 中文版软件安装与激活请参阅本书附录 A。

1.2.1 新增功能

AutoCAD 2009 中文版的主要强化和改进之处是提高了用户界面的亲和性，并增强了三维建模和导航功能，大大提升了机械制图功能的易操作性。当用户启动 AutoCAD 2009 时，系统会显示"新功能专题研习"窗口，如图 1-6 所示。

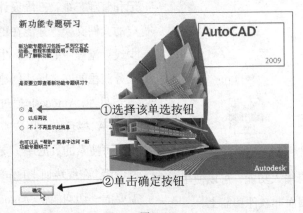

①选择该单选按钮

②单击确定按钮

图 1-6

单击 确定 按钮即可显示"新功能专题研习"对话框，如图 1-7 所示。

在对话框中，有获得信息、用户界面、动作录制器、查看工具、地理位置和图层管理器 6 个类别来展示新功能的用途。综合起来，

AutoCAD 2009 主要在用户界面、状态栏、动作宏、图层特性管理器和地理位置等 5 个方面有重大改进。需要了解的读者请参阅《AutoCAD 2009 中文版自学手册》的附录部分。

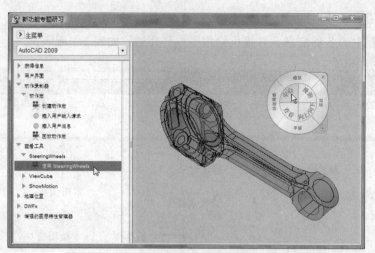

图 1-7

1.2.2　AutoCAD 2009 工作空间

工作空间是经过分组和组织的菜单、工具栏、选项板和面板控制器的集合，使用户可以在自定义的、面向任务的绘图环境中工作。

使用工作空间时，只会显示与任务相关的菜单、工具栏和选项板。此外，工作空间还会自动显示面板，一个带有特定任务的控制面板的特殊选项板。

用户可以轻松地切换工作空间，AutoCAD 2009 已定义了以下两个基于任务和一个通用的工作空间。

● 二维草图与注释：AutoCAD 2009 新增的一个工作空间，主要包括用于二维绘图的相关菜单和面板。

● 三维建模：从 AutoCAD 2009 版本开始增加的工作空间，主要用于三维绘图。

● AutoCAD 经典：以前版本默认的绘图界面。

启动 AutoCAD 2009 中文版之后，系统默认进入到"二维草图与注释"工作界面。

1．二维草图与注释

"二维草图与注释"工作界面是 AutoCAD 2009 新增的图形空间，以在 AutoCAD 2008 就广受用户欢迎的面板显示为主，仅包含与二维草图和注释相关的工具栏、菜单和选项板（如图 1-8 所示）。

本书主要以该空间来讲解各个命令和功能的使用方法，为了兼顾习惯使用"AutoCAD 经典"空间的读者，我们在实际操作中会给予相关提示。

AutoCAD 2009 工作界面主要由 9 部分组成：标题栏、菜单浏览器、快速启动工具栏、功能区（包括选项卡和面板）、绘图窗口、十字光标、坐标系统、命令行和状态栏组成。在系统默认设置下，启动 AutoCAD 2009 后还会显示出工具选项板。进行工程设计时，用户通过工具栏、菜单或向命令提示窗口发

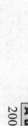

出命令,在绘图区中绘出图形;而状态栏则显示出作图过程中的各种信息,并提供给用户各种辅助绘图工具。因此,各部分功能简要介绍,如表 1-1 所示。

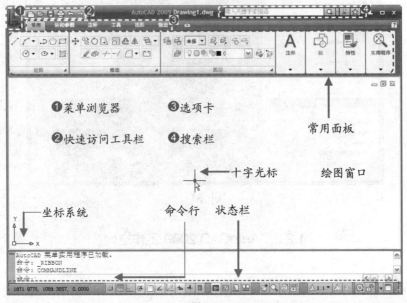

❶菜单浏览器　　　❸选项卡

❷快速访问工具栏　　❹搜索栏

常用面板

十字光标　　绘图窗口

坐标系统　　命令行　状态栏

图 1-8

表 1-1　　　　　　　　　　　工作界面介绍

名　称	功　能　说　明	备　注
标题栏	位于应用程序窗口的最上面,显示 AutoCAD 2009 图标和当前活动的图形文件名称信息	利用 ▭▭▭▭ (标题栏按钮)图标,可实现窗口最小化、还原(或最大化)以及关闭 AutoCAD 2009 等操作
菜单浏览器	显示 AutoCAD 包括的所有菜单	单击菜单浏览器,并选择相应菜单,会弹出其子菜单
快速启动工具栏	提供多个最常用的操作按钮。默认设置下,包含"新建"、"打开"等按钮	右击工具栏,在弹出的工具栏名称上选中工具栏名称即可打开对应的工具栏,取消选择即关闭相应的工具栏
功能区	包括选项卡和面板。按按钮用途将大部分功能分为"常用"、"块和参照"等 6 个选项卡,共 30 多个面板	右击面板,在弹出的快捷菜单上选择"面板"下级菜单上的相应选项即可打开对应的面板,取消选择即关闭相应的面板
绘图窗口	类似于手工绘图时的图纸区域,是用户使用 AutoCAD 2009 进行绘图的工作区域	视图的右边和下边有两个滚动条,拖动上面的滑块可以方便地观察图形的各个部分
十字光标	移动鼠标到绘图窗口时,出现了十字光标	十字线的交点就是光标的当前坐标。光标用于定位、选择对象等操作
坐标系统	表示当前使用的坐标系形式以及坐标方向	可以关闭它

续表

名　称	功 能 说 明	备　注
状态栏	用于反映当前的绘图状态，如当前光标的坐标，是否打开了正交、栅格、线宽显示等功能	单击状态栏最右侧的三角箭头，打开状态栏菜单。用户可通过该菜单确定要在状态栏上显示或取消哪些命令项
命令行	显示用户键入的命令和 AutoCAD 提示信息	默认在窗口中保留所执行的最后 5 行命令或信息

AutoCAD 2009 还提供了多种形式的快捷菜单，右击即可打开。不同的操作或光标在绘图界面内的位置不同，弹出的快捷菜单选项也不同。一般包含以下选项：重复执行上一个命令、显示用户最近输入命令列表、显示对话框等。

2．AutoCAD 经典二维界面

启动 AutoCAD 2009 中文版并选择"AutoCAD 经典"空间后，进入如图 1-9 所示的工作界面。为了提高绘图效率，AutoCAD 2009 对二维绘图界面进行了优化，从而为用户提供了最大的绘图空间以及更简便的工具使用方法。

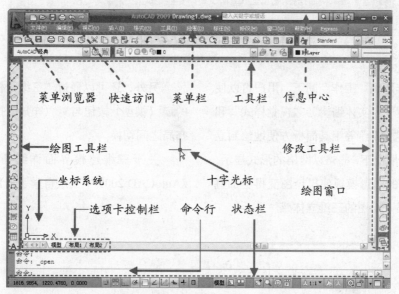

图 1-9

"AutoCAD 经典"工作界面相对于二维绘图与注释多了许多工具栏，少了一些主要用于二维草图和注释的面板，但这些都能通过工具栏来实现。在系统默认设置下，启动 AutoCAD 2009 后还会显示工具选项板。

对于以前使用过 AutoCAD 的用户来说，该空间的各项功能很容易理解；对于以前没有使用 AutoCAD 的新用户来说，了解了"二维草图与注释"工作空间后，学习该空间也非常容易。这里不再详细说明。

3．AutoCAD 三维建模界面

在 AutoCAD 2009 界面中，用户选择"工

具"→"工作空间"→"三维建模"命令，或者工作空间工具栏下拉列表框中选择"三维建模"选项，均可以快速切换到"三维建模"工作空间，使用三维图形样板文件通过三维视图打开，将显示用于三维绘图的界面，如图1-10所示。

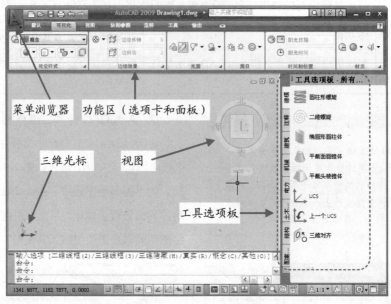

图 1-10

在"三维建模"工作空间下，用户可以使用"三维建模"、"实体编辑"、"视觉样式"和"边缘效果"、"渲染"等工具面板方便地绘制立体图形。默认情况下，栅格以网格的形式显示，仿 3ds Max 的图形模板使得绘图变得更加直观，大大增强了绘图的三维立体感。

另外，还可以通过"三维建模"状态栏上的▤（模型）按钮与▥（布局）按钮在模型与布局之间切换。

关于三维建模界面详细信息，请参阅《AutoCAD 2009 中文版自学手册》的第 9 章。

1.3 绘图基本操作

对 AutoCAD 2009 中文版的绘图环境有了一定的了解之后，即可开始绘制图形。在介绍使用 AutoCAD 绘图之前，为了提高绘图的效率，首先说明一下绘图的基本操作。

1.3.1　设置绘图界限

在绘图之前设置绘图界限和图形单位可以使用户保持绘图的准确性。

设置绘图界限（或称为绘图区域）就是要标明工作区域和图纸的边界，让用户在设置好的区域内绘图，以避免所绘制的图形超出该边界从而在布局选项卡中无法正确显示。

在 AutoCAD 2009 中，根据零件的大小、复杂程度、绘图比例等因素来确定图纸的大小。

设置绘图界限主要使用以下两种方法。

- 命令：LIMITS
- 菜单命令："格式"→"图形界限"

执行该命令，AutoCAD 提示：

```
命令：limits
重新设置模型空间界限：
指定左下角点或 [开(ON)/关(OFF)] <0.0000,0.0000>：     // 提示输入左下角的位置，默认为 (0, 0)
指定右上角点 <420.0000,297.0000>：                       // 提示输入右上角的位置，默认为 (420, 297)
```

图 1-11 所示为图形显示在使用栅格来表示的图形界限区域。

设定绘图界限后，只用打开"状态栏"上的▦按钮才能看到该界限的显示范围。当界限检查打开时，将无法输入栅格界线外的点。因为界限检查只测试输入点，所以对象（例如圆）的某些部分可能会延伸出栅格界限。

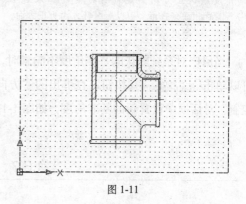

图 1-11

1.3.2　设置图形单位

图形单位主要是设置长度和角度的类型、精度以及角度的起始方向。

绘制机械图形时，其大小、精度以及所采用的单位是保证绘图准确的前提之一。在 AutoCAD 中，绘图窗口显示的是屏幕单位，但屏幕单位可以和一个真实的单位相对应。不同的单位其显示格式也不同，它们还可以设定或选择角度类型、精度和方向。

设置图形单位有以下两种方式。

- 命令：UNITS
- 菜单："格式"→"单位"

执行该命令，弹出图 1-12 所示的"图形单位"对话框。

该对话框中包含长度、角度、插入时的缩放单位和输出样例、光源等 5 个选项区域。

在机械绘图中，"长度"类型默认设置为"小数"，精度为小数点后 4 位；"角度"类型为"十进制度数"，"精度"在"0～0.00000000"

中选择。"插入时的缩放比例"默认为"毫米"。

所示。

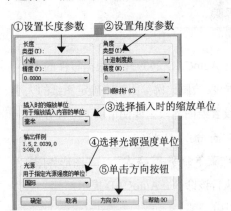

① 设置长度参数　② 设置角度参数

③ 选择插入时的缩放单位

④ 选择光源强度单位

⑤ 单击方向按钮

图 1-12

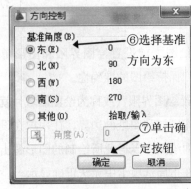

⑥ 选择基准方向为东

⑦ 单击确定按钮

图 1-13

注意

角度默认正方向为逆时针方向，如果选中 ☑顺时针(C) 复选框，则以顺时针方向为正方向。

当用户对系统默认的基准角度不满意时，可以单击 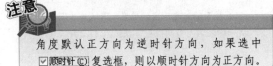 按钮，在弹出的"方向控制"对话框中设置新的基准角度，如图 1-13

在该对话框中可以设定基准角度方向，默认正东方向为 0°。如果要设定除东、南、西、北 4 个方向以外的方向作为 0°方向，可以选择 ◉其他(O) 按钮，此时下面的"角度"文本框有效，单击 🖾 (拾取角度) 按钮在绘图区域拾取一个角度或者直接输入一个角度值作为 0°方向。

1.3.3　精确定位

在使用 AutoCAD 绘制机械图形时，常常需要在一些特殊的点之间进行连线或者定位，用户往往难以准确输入坐标值或准确拾取点，这时可以使用系统提供的捕捉、栅格、正交等功能来辅助定位。

捕捉用于设定光标移动间距，使用捕捉可以将屏幕上的拾取点锁定在特定的位置上，而这些位置，隐含了间隔捕捉点。栅格是在屏幕上可以显示出来的一些具有指定间距的点，使用它可以提供直观的距离和位置参照，其本身不是图形的组成部分，也不会被输出。

打开捕捉和栅格有以下两种方式。

- 命令：DSETTINGS
- 菜单："工具"→"草图设置"

执行该命令，弹出"草图设置"对话框，在 捕捉和栅格 选项卡中，可以设置捕捉和栅格方式，如图 1-14 所示。

该选项卡包含了 5 个选项区："捕捉间距"、"栅格间距"、"极轴间距"和"捕捉类型"和"栅格行为"，主要选项简要说明如下。

（1） ☑启用捕捉 (F9)(S) /☑启用栅格 (F7)(G)：选择打开或关闭捕捉/栅格显示。

（2）：捕捉间距：设置 x、y 轴的捕捉间距，当选中 ☑X 轴间距和 Y 轴间距相等(X) 复选框时，x 和 y 轴的捕捉间距相同，且它们必须为正实数。

（3）栅格间距：设置两个栅格点在 x、y 轴之间的间距，并可根据需要改变每条主线上的栅格数。

（4）捕捉类型：选中 ◉ 栅格捕捉(R) 后，还可以选择 ◉ 矩形捕捉(E) 或 等轴测捕捉(M)；选择 ◉ PolarSnap(O)（极轴捕捉），则可以设置极轴距离(D)。 ◉ 栅格捕捉(R) 和 ◉ PolarSnap(O) 是互锁的，两者只能选择其一进行设置。

（5）栅格行为：从 AutoCAD 2007 版本开始，新增了"栅格行为"选项区。☑ 允许以小于栅格间距的间距再拆分(B) 和 ☑ 显示超出界限的栅格(L) 选项弥补了以前栅格间距不能太小，栅格不能超出图形界限等缺

点，并增加了 ☑ 自适应栅格(A)、☑ 遵循动态 UCS(U) 等选项，使栅格运用更加丰富灵活。

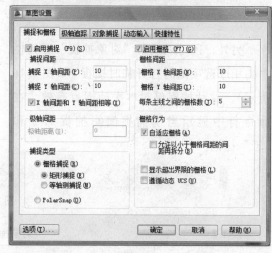

图 1-14

1.3.4 对象捕捉

AutoCAD 提供了多种对象捕捉模式帮助用户将指定点快速、精确地限制在现有对象的确切位置上（例如中点或交点），而不必知道该点的坐标值或绘制构造线。

使用对象捕捉功能，可以使用前面所讲的方法打开对象捕捉模式。在 对象捕捉 选项卡中，

选择"对象捕捉模式"设置区中复选框来激活对象捕捉模式，设置的对象捕捉模式始终为运行状态，直到关闭为止，将这种捕捉模式称为自动捕捉模式。默认有端点、圆心、交点和延长线 4 种捕捉模式。图 1-15 所示为捕捉模式的设置和中点捕捉模式的应用。

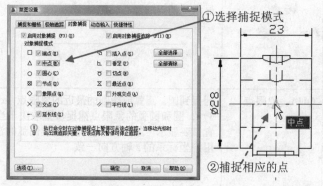

图 1-15

注意

一定要选中☑启用对象捕捉 (F3)(O) 才可以使用！

另外，还可以使用“对象捕捉”工具栏中的相应选项随时打开临时捕捉（如图 1-16 所示）。这种捕捉仅对本次捕捉点有效，在命令行中显示当前捕捉简写捕捉命令和“于”标记。

技巧

（捕捉自）并不是对象捕捉模式，但它经常与对象捕捉一起使用。在使用相对坐标指定下一个应用点时，该工具提示用户输入基点，并将该点作为临时参考点，与通过输入前缀@来使用最后一个点作为参考点类似。

AutoCAD 所提供的对象捕捉功能，是绘图时的特殊控制点，共有 13 种，说明见表 1-2。

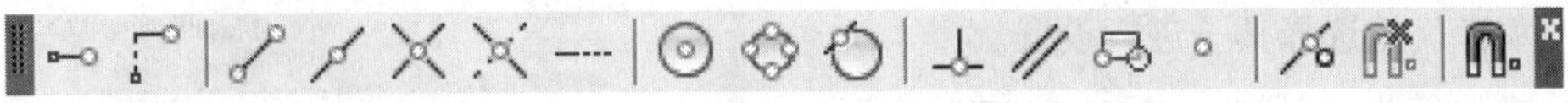

图 1-16

表 1-2 对象捕捉模式

捕捉模式	命令模式	捕捉类型
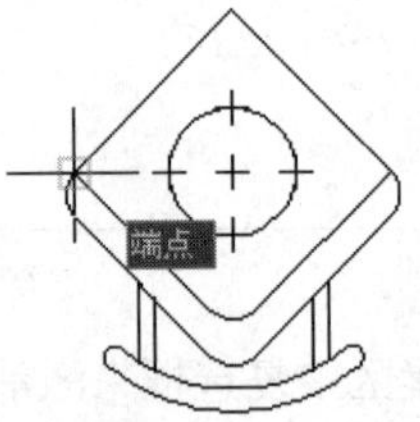	END，端点	捕捉直线、圆弧、多段线和面域的边的端点
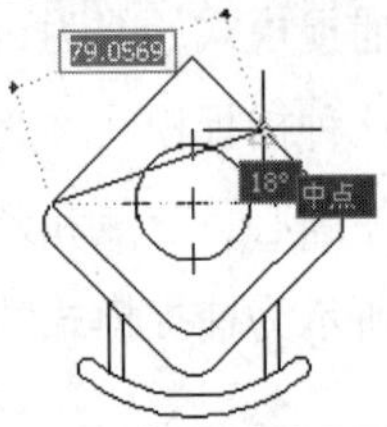	MID，中点	捕捉直线、圆弧和多段线的中点
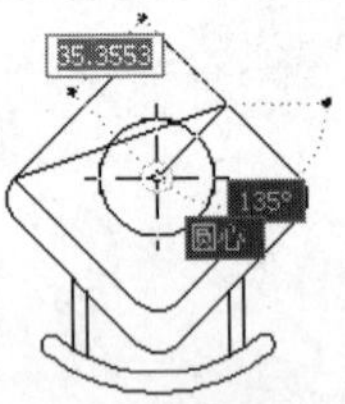	CEN，圆心	捕捉圆、圆弧或椭圆的圆心，在圆、圆弧上移动鼠标，此时将显示要捕捉的圆心标记
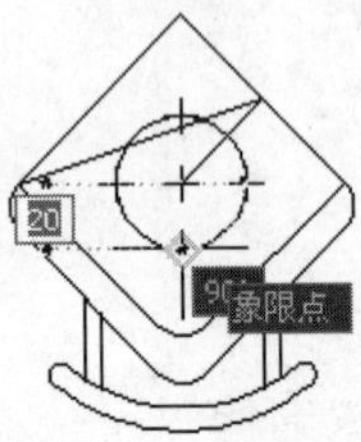	QUA，象限点	捕捉到圆、圆弧或椭圆的最近的象限点（x*900，x 取 0、1、2、3），圆和圆弧的象限点捕捉位置取决于当前用户坐标系的位置。要显示“象限点”捕捉，圆或圆弧的法线方向必须与当前用户坐标系的 z 轴方向一致

续表

捕 捉 模 式	命 令 模 式	捕 捉 类 型
	INT，交点	捕捉两个图形对象的交点，这些对象包括直线、多线、多段线、圆、圆弧等，"交点"方式可以捕捉面域或者曲线的边，但是不能捕捉三维实体的边或角点
	PER，垂足	捕捉与直线、圆、圆弧、椭圆、椭圆弧等正交的点，当用"垂足"指定第一点时，AutoCAD 将提示指定对象上的一点。当用"垂足"指定第二点时，将捕捉刚刚指定的点以创建对象或对象外观延伸的一条垂线
	TAN，切点	捕捉与圆、圆弧和椭圆相切的点。如采用 TTT（相切、相切、相切）、TTR（相切、相切、半径）方式绘制圆时，必须和已知的直线、圆或圆弧相切
	NEA，最近点	捕捉图形对象上与拾取点最靠近的点
	PAR，平行	捕捉与已知直线相平行的点。如果使用单点捕捉方式，必须先指定捕捉直线的"起点"

当用户同时设置了多种捕捉方式时，AutoCAD 默认模式为"快速"，即捕捉发现的第一个点。

1.3.5　极轴和对象追踪

在 AutoCAD 中，极轴追踪功能可以帮助　　用户按照指定的角度或与其他对象的特定关系

绘制对象。当"自动追踪"打开时，临时对齐路径有助于以精确的位置和角度创建对象。自动追踪包括两个追踪选项：极轴追踪和对象捕捉追踪。通过单击状态栏上的 和 ∠ 按钮可以快速打开或关闭追踪模式。

注意

> 与使用对象捕捉一样，对象捕捉追踪必须设置对象捕捉，才能从对象的捕捉点进行追踪。

1．极轴追踪

在"草图设置"对话框上单击 极轴追踪 选项卡，可以设置启用极轴追踪，以及设置极

轴角度增量、极轴角测量方式，如图 1-17 左所示。

该选项卡包含 ☑ 启用对象捕捉 (F3)(O) 复选框和"极轴角设置"、"对象捕捉追踪设置"、"极轴角测量" 3 个选项区。

（1）☑ 启用极轴追踪 (F10)(P)：控制绘图时是否使用极轴追踪。

（2）极轴角设置：设置极轴角度。在"增量角"列表中选择系统预设的角度。如果列表中的角度不能满足需要，可选中☑ 附加角 (D)，然后单击 新建(N) 按钮，增加新角度。图 1-17 右所示为附加角为 18°时的极轴追踪。

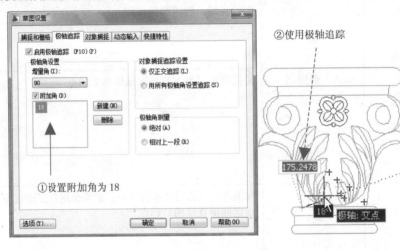

图 1-17

（3）对象捕捉追踪设置：选中 ⊙仅正交追踪(L) 按钮，启用正交方式捕捉追踪；选中 ⊙用所有极轴角设置追踪(S) 按钮，启用所有极轴角方式捕捉追踪。

（4）极轴角测量：设置极轴追踪对齐角度的测量基准。选中 ⊙ 绝对 (A) 按钮，设置极轴角为绝对角度，在极轴显示时有明确提示；选中 ⊙ 相对上一段 (R) 按钮，设置极轴角为相对于上一段的角度。

注意

> （1）正交模式和极轴追踪模式不能同时打开，若一个打开，另一个将自动关闭。因为打开正交模式，光标将被限制沿水平或垂直方向移动。（2）"增量角"输入框中设置的角度在绘图时，极轴自动捕捉输入框中的角度的倍数，而在"附加角"中设置的角度在绘图时极轴仅捕捉设置的附加角，在图 1-17 所示中就只能捕捉 18°而不能捕捉到 36°，但是如果在"增量角"中设置为 18°，则就可以捕捉到 18°的整数倍了。

2．对象捕捉追踪

在状态栏中单击"对象追踪"按钮，可以打开对象捕捉追踪功能。所谓对象捕捉追踪，是指系统在找到对象上的特定点后，可继续根据设置进行正交或极轴追踪（取决于状态栏中"正交"或"极轴"开关设置），图 1-18 所示为激活"极轴"和"对象捕捉"时的状态。

使用对象捕捉追踪，可以沿着基于对象捕捉点的对齐路径进行追踪。已获取的点将显示一个小加号（+），一次最多可以获取 7 个追踪点。获取点之后，当在绘图路径上移动光标时，将显示相对于获取点的水平、垂直或极轴对齐路径。

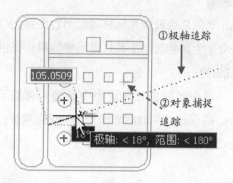

① 极轴追踪
② 对象捕捉追踪

图 1-18

默认情况下，对象捕捉追踪设置为正交方式，它将自动获取对象点，可以选择仅在按<Shift>键时才获取点。对齐路径显示在已获取对象点的 0°、90°、180° 和 270° 方向上，这时可以使用极轴追踪角代替。

1.3.6 动 态 输 入

在 AutoCAD 2009 中，只需从状态栏打开 DYN（动态输入）按钮，就可以方便地让命令行追随光标。选择向下方向键显示任何命令选项（或使用熟悉的右键快捷菜单）。

在状态栏的 DYN 上单击鼠标右键，显示"草图设置"对话框的"动态输入"选项卡，在这里可以设置要显示多少信息，如图 1-19 所示。

② 弹出动态输入选项卡
用户可以设置动态输入的各选项

① 右击选择设置选项

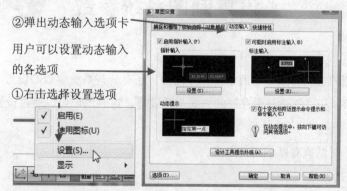

图 1-19

要打开动态输入，也可以按<F12>键。

"动态输入"在光标附近提供了一个命令界面，以帮助用户专注于绘图区域。启用"动态输入"时，工具栏提示将在光标附近显示信

息，该信息会随着光标移动而动态更新。当某条命令为活动时，工具栏提示将为用户提供输入的位置。

要在光标位置显示命令行输入和提示，务必确保选中 和 ☑启用指针输入(P) 选项。

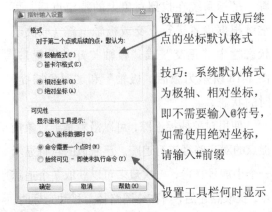

时，可以通过直接在屏幕上输入来创建现有的几何图形，也可以通过夹点编辑功能输入新值来更改现有对象的长度或角度。

设置第二个点或后续点的坐标默认格式

技巧：系统默认格式为极轴、相对坐标，即不需要输入@符号，如需使用绝对坐标，请输入#前缀

设置工具栏何时显示

图 1-20

注意

在机械绘图中，透视视图不支持动态输入。

在"指针输入"选项区中单击 按钮，弹出"指针输入设置"对话框，在该对话框中可以选择设置来控制坐标的输入格式和输入值，并控制工具栏的可见性，如图 1-20 所示。

当选中 ☑可能时启用标注输入(D) 复选框

技巧

使用<Tab>键在两个值之间进行切换。

1.4 设置制图系统参数

除了前面介绍的绘图界限、绘图单位和方向外，还有一些系统参数的设置与绘图密切相关，如"文件"、"显示"和"打开与保存"的方式与位置等，这时用户可以通过设置相关的系统参数来进行调整。

打开"选项"对话框有以下两种方式。

● 命令：OPTIONS

● 菜单："工具"→"选项"

执行该命令，弹出图 1-21 所示的"选项"对话框。

在该对话框中，可以在"文件"、"显示"、"打开和保存"、"打印和发布"、"系统"、"用户系统配置"、"草图"、"三维建模"、"选择集"和"配置"等 10 个选项卡中进行相应的设置。

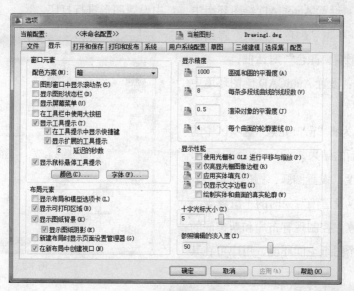

图 1-21

1.4.1　设置显示性能

"显示"选项卡是设定 AutoCAD 在显示器上的显示状态，如图 1-22 所示。

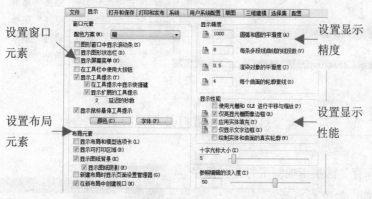

设置窗口元素

设置布局元素

设置显示精度

设置显示性能

图 1-22

该选项卡中主要选项如下。

（1）窗口元素：控制绘图环境特有的显示设置。

● □图形窗口中显示滚动条(S)：在绘图窗口的右侧和下方显示滚动条，可以通过滚动条来显示图形的不同部分。

● □显示屏幕菜单(U)：确定是否显示屏幕菜单。屏幕菜单在 AutoCAD 较早的版本中使用较多。从 AutoCAD R9 以后，就很少使用了，主要以使用菜单为主，但为了照顾老用户的使用习惯，AutoCAD 2009 继续保留了屏幕菜单。

● 颜色(C)... ：设置 AutoCAD 绘图环境中的相关颜色选项。单击"颜色"按钮，弹出图 1-23 所示的"图形窗口颜色"对话框。

● 字体(F)... ：设置 AutoCAD 绘图环境中的相关字体选项。

图 1-24 所示为将"窗口元素"选项区中的各项设置均选中后的结果。

（2）显示精度：设置圆弧、圆的平滑度；多段线的线段数以及渲染对象时的平滑度等。

（3）布局元素：控制现有布局和新布局的选项。布局是一个图纸空间环境，用户可在其

中设置图形进行打印。

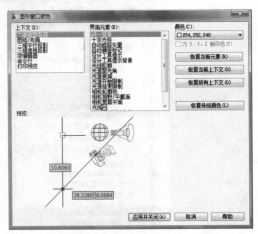

图 1-23

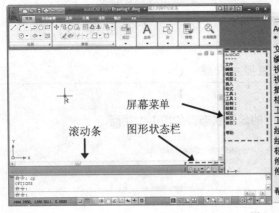

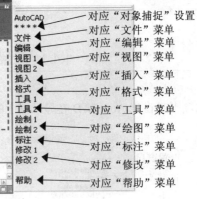

图 1-24

1.4.2　设置打开与保存方式

"打开与保存"选项卡控制了打开与保存的一些设置选项，如图 1-25 所示。

该选项卡主要选项说明如下。

（1）文件保存：控制保存文件的相关设置。

● 另存为：设置保存的图形格式，默认为

。

● 增量保存百分比：设置图形文件中潜在浪费空间的百分比。增量保存较快，但会增加图形的大小。

技巧

如果将"增量保存百分比"设置为 0，则每次保存都是完全保存。要优化性能，可将此值设置为 50。如果硬盘空间不足，请将此值设置为 25。如果将此值设置为 20 或更小，SAVE 和 SAVEAS 命令的执行速度将明显变慢。

（2）文件安全措施：帮助避免数据丢失以及检测错误。

● ☑ **自动保存 (U)**：设置是否允许自动保存。若设置自动保存后，文件将按设定的保存间隔分钟数自动执行存盘操作，避免由于突然断电或其他意外造成较大损失。

注意

块编辑器处于打开状态时，自动保存被禁用。

● ☑ **每次保存时均创建备份副本 (B)**：保存的同时创建备份文件。备份文件和图形文件相同，只是备份文件的扩展名为（.BAK）。如果图形文件数据遭到破坏，可以通过将该文件扩展名.bak 修改为.dwg，来恢复备份文件。

● **安全选项 (O)...**：设置保存时是否加入密码，以使特定用户打开该图形文件。

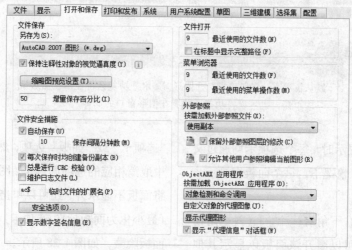

图 1-25

1.5

技能点拨：自定义绘图环境

进行以上基本的绘图设置后，就可以比较方便的绘图，但是为了更加方便，还可以不断尝试进行各种设置，直至找到最适合自己需要的环境。

1.5.1 功能区设置技巧

AutoCAD 2009 进一步优化了绘图窗口的功能区，该功能区由许多面板组成，这些面板被组织到依任务进行标记的选项卡中。功能区面板包含的很多工具和控件与工具栏和对话框中的相同。

AutoCAD 2009 的功能区包含了"常用"、"块和参照"、"注释"、"工具"、"视图"和"输出"6 个选项卡，每个选项卡下面又包含了多个面板。如"常用"选项卡下又包含了"绘图"、"修改"、"图层"和"注释"等 7 个面板，如图 1-26 所示。

图 1-26

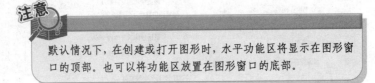

默认情况下，在创建或打开图形时，水平功能区将显示在图形窗口的顶部。也可以将功能区放置在图形窗口的底部。

功能区水平显示时，每个选项卡均通过文字标签标识。默认情况下，每个面板均显示一个文字标签。

在部分面板右下角有一个 ◢ （斜三角箭头）按钮，表示可以展开该面板以显示其他工具和控件。默认情况下，将鼠标移开后，展开的面板会自动关闭。要使面板保持展开状态，请单击所展开面板右下角的图钉图标，如图 1-27 所示。

如果要显示或者隐藏选项卡或面板，可以在面板上右击，然后在弹出的快捷菜单中选择"选项卡"或"面板"选项，然后在其下级菜单中取消相应的选项即可（如图 1-5 所示）。除了将面板不显示外，还可以单击选项卡右侧的 ⊡ （最小化为面板标题/选项卡）按钮，将所有的面板隐藏，如图 1-28 所示。

显示更多面板

固定展开面板

图 1-27

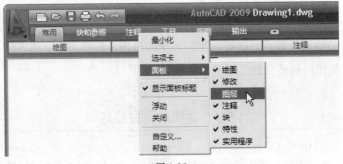

图 1-28

1.5.2 快捷特性

AutoCAD 2009 中新增了"快捷特性"功能，该面板中显示了每种对象类型的常用特性，从而使其更易于查找和访问。使用"快捷特性"面板，用户可以为一个选定对象或一个选择集中的所有对象编辑特性。图 1-29 所示为选择的圆弧显示的"快捷特性"面板。

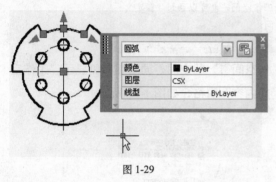

图 1-29

它能方便地显示当前对象的大部分图形，比之"特性"面板，它更方便用户修改其常用特性值。

● 选定一个或多个同一类型的对象时，"快捷特性"面板将显示该对象类型的选定特性。

● 选择两个或多个不同类型的对象时，"快捷特性"面板将显示选择集中所有对象的共有特性（如果有）。

用户可以在"快捷特性"选项卡中修改是否显示对象的快捷特性。在"草图设置"对话框中单击 快捷特性 选项，切换到"快捷特性"选项卡，如图 1-30 所示。

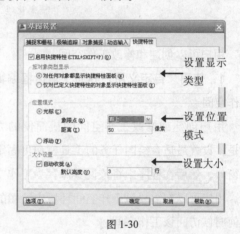

图 1-30

除了在这里设置外，用户还可以单击"快捷特性"面板上的 （自定义）按钮来自定义要显示的特性选项。

1.5.3 工作空间的使用技巧

除了设置以上的绘图参数外，用户还可以自定义工作空间来设置绘图环境。

工作空间就是菜单、工具栏和可固定窗口（如特性、设计中心和工具选项板窗口）的集合，它们的组织方式使用户可以在一个自定义的、面向任务的绘图环境中工作。使用工作空间时，菜单、工具栏和可固定窗口中只显示与工作空

间相关的选项。工作空间与配置相似，都可以改变绘图环境的显示，但工作空间与配置并不是完全相同。

例如，如果绘制二维图形，可以使用二维绘图工作空间来简化那些绘图任务。或者如果发布图形，可以创建一个包含与发布相关的工具栏、菜单和可固定窗口的工作空间。也可以修改工作

空间、根据需要在工作空间之间进行切换、修改工作空间设置或使用 AutoCAD 2009 附带的默认工作空间。

工作空间可以简化常规任务、使用绘图任务和工作流程的最佳方式以及自定义绘图环境。适用于工作空间的自定义选项包括使用"自定义用户界面"对话框来创建工作空间、更改工作空间的特性以及将某个工具栏显示在所有工作空间中。

工作空间控制菜单、工具栏和可固定窗口在绘图区域中的显示。使用或切换工作空间时，就是改变绘图区域的显示。用户可以在绘图任务中轻松地切换到另一个工作空间，也可以通过"自定义用户界面"对话框来管理工作空间。

用户可以创建和修改工作空间。

1．使用"自定义用户界面"对话框编辑工作空间

用户创建或修改工作空间的最简便的方法是，设置最适合绘图任务的工具栏和可固定的窗口，然后在程序中将该设置保存为工作空间。用户可以在需要该工作空间环境中绘图的任何时候访问该工作空间。

也可以使用"自定义用户界面"对话框来设置工作空间。在此对话框中，可以使用用户在某些特定任务中需要访问的精确特性和元素（工具栏、菜单和可固定的窗口）来创建或修改工作空间。也可以将包含此工作空间的 CUI 文件指定为企业 CUI 文件，以便可以与其他用户共享此工作空间。

用户可以使用"工具"→"自定义"→"界面"命令，在弹出"自定义用户界面"对话框选择"自定义"选项卡的"<文件名>中的自定义设置"窗格中，在"工作空间"树节点上右击选择"新建"→"工作空间"命令。在"工作空间"树的底部，新建一个默认名称为"工作空间 1"的空间，同时在右侧显示"工作空间内容"窗格，如图 1-31 所示。

图 1-31

单击"自定义工作空间"按钮可以创建或修改选定的工作空间，可以在"所有 CUI 文件中的自定义"窗格中添加到工作空间的每个元素旁边都显示有复选框，单击某个复选框将元素添加到工作空间，如图 1-32 所示。

2．更改工作空间的特性

在"自定义用户界面"编辑器中，可以定义工作空间的特性，例如工作空间的名称、说明，它是显示在"模型"选项卡上还是"布局"选项卡上等。表 1-3 显示了 AutoCAD 经典工作空间特性，其显示方式如同在"特性"窗格中所示。

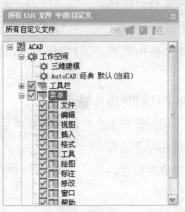

图 1-32

表 1-3 经典工具空间特性

"特性"窗格项目	说　　明	样　　例
名称	在 WORKSPACE 命令的命令提示下，字符串将显示在"工作空间"工具栏的下拉框中，该工具栏位于"工具"菜单和 CUI 编辑器中的"工作空间"菜单项下面	AutoCAD 经典
说明	文字用于说明元素，不显示在用户界面中	
启动	当恢复工作空间或将其置为当前时，用于确定在图形中显示"模型"选项卡、上次激活的"布局"选项卡还是当前激活的选项卡	模型
模型/布局选项卡	当恢复工作空间或将其置为当前时，确定"模型"选项卡/"布局"选项卡在图形中是否可见	开
屏幕菜单	当恢复工作空间或将其置为当前时，确定屏幕菜单是否可见	关
滚动条	当恢复工作空间或将其置为当前时，确定滚动条是否可见	关

3．更改可固定窗口的特性

可以将许多窗口（称为可固定的窗口）设置为固定、锚定或浮动。可以通过在"自定义用户界面"编辑器的"工作空间内容"窗格中更改这些窗口的特性，来定义其大小、位置或外观。可固定的窗口包括命令窗口、"特性"选项板、设计中心、"工具选项板"窗口、"信息"选项板、数据库连接管理器、标记集管理器和"快速计算"计算器等。

4．将工作空间输入主 CUI 文件

主 CUI 文件将会忽略局部 CUI 文件中的工作空间，即使该局部 CUI 文件已加载到主 CUI 文件中。用户可以使用"自定义用户界面"对话框的"传输"选项卡将工作空间输入主 CUI 文件。

5．将某个工具栏显示在所有工作空间中

创建工具栏后，可以通过在"特性"窗格的"默认打开"框中选择"显示"（默认值）将该工具栏添加到所有工作空间中。"显示"设置表示该工具栏将显示在已创建的所有工作空间中。

6．设置默认工作空间

可以将 CUI 文件中的工作空间标记为

默认。这样在第一次将 CUI 文件加载到程序中后，或在使用 CUILOAD 命令加载 CUI 文件之后，可以识别应该恢复 CUI 文件中的哪一个工作空间。

另外，用户还可以使用 AutoCAD 2009 附带的预定义工作空间。它们演示了如何使用工作空间来简化工作任务，用户可以在以下位置找到这些样例工作空间，然后选择修改即可。

C:\Documents and Settings\< 用 户 名 >\Application Data\Autodesk\AutoCAD 2009\R 17.1\< 产 品 语 言 >\Support\acadSampleWorks-paces.CUI。

要使用这些样例工作空间，必须先将它们转移到主自定义（CUI）文件中。

第2章

AutoCAD 二维绘图与编辑

二维平面图形是进行机械零件绘图的基础。

在二维机械平面图中，使用简单的点、直线、圆以及复杂一些的曲线，如射线、矩形、圆、椭圆、多边形、多段线和样条曲线等，即可形象地表达比较复杂的机械图形。

如果用户熟练地掌握了二维图形的绘制工作，就能在绘制比较复杂的机械零件图时做到驾轻就熟。

本章主要介绍了 AutoCAD 2009 的各种基本绘图命令，包括点、线和各种二维基本平面图形。

重点与难点

- 基本绘图命令
- 坐标系和坐标
- 简单图形对象的绘制
- 简单图形对象的编辑
- 选择对象技巧

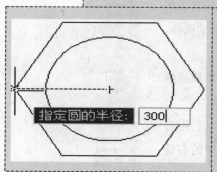

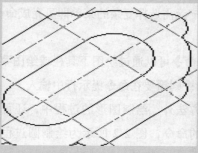

2.1 AutoCAD 基本绘图命令

AutoCAD 2009 提供了多种绘制机械图形的命令。用户可以通过"常用"选项卡中的"绘图"面板、"菜单浏览器"中的"绘图"菜单、命令行输入或"绘图"工具栏等多种方式来调用这些命令，如图 2-1 所示。

图 2-1

"绘图"面板是"二维草图与注释"工作空间中的重要组成部分，它提供了与当前工作空间相关操作的单个界面元素。该面板包含了绝大部分的绘图命令，使用户无需选择复杂的菜单即可完成命令的选择，从而方便了使用。

AutoCAD 中大部分命令可以通过绘图工具栏或绘图菜单就能够很方便地启动，而有些命令则需要在命令提示行中输入。

除了以上调用命令方法外，绘制图形的过程中，还可以利用右键菜单来调用绘制图形的命令，图 2-2 所示为绘制圆过程中的右键菜单。

图 2-2

2.2 坐标系和坐标

精确定位对象的位置，则应以某个坐标系作为参照。熟练掌握各种坐标系，对于精确机械绘图十分重要。AutoCAD 主要包括 WCS（世界坐标系）和 UCS（用户坐标系）两种坐标系。

2.2.1 WCS（世界坐标系）

创建新图形文件时，AutoCAD 默认将当前坐标系设置为世界坐标系，即 WCS（World Coordinate System），它包括 x 轴和 y 轴，如果在三维空间工作则还有一个 z 轴。WCS 坐标轴的交汇处显示一"口"形标记，其原点位于图形窗口的左下角，所有的位移都是相对于该原点计算的，并且将沿 x 轴向右、沿 y 轴向上的位移规定为正向。AutoCAD 2009 工作界面内的图标就是世界坐标系的图标，如图 2-3 所示。

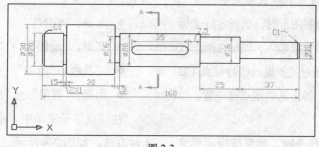

图 2-3

2.2.2 UCS（用户坐标系）

在机械实体造型中，AutoCAD 允许建立自己的坐标系（即用户坐标系）。用户坐标系的原点可以放在任意位置上，坐标系也可以倾斜任意角度。由于绝大多数二维绘图命令只在 xy 或与 xy 平行的面内有效，在绘制三维图形时，经常要建立和改变用户坐标系来绘制不同基本面上的平面图形。

实际上，所有坐标输入以及其他许多工具和操作，均参照当前的 UCS。基于 UCS 位置和方向的二维工具和操作包括：

● 绝对坐标输入和相对坐标输入；

● 绝对参照角；

● 正交模式、极轴追踪、对象捕捉追踪、

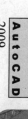

栅格显示和栅格捕捉的水平和垂直定义；

● 水平标注和垂直标注的方向；

● 文字对象的方向；

● 使用 PLAN 命令查看旋转。

移动或旋转 UCS 可以更容易地处理图形的特定区域。

2.3 简单图形对象的绘制

在绘制机械零件图形时，如螺钉、螺母等图形的绘制只需要使用简单的圆、多边形命令即可完成。下面我们讲解在绘制机械零件时的一些简单命令，如点、矩形、圆等。

2.3.1 二维点的绘制

作为节点或参照几何图形的点对象对于对象捕捉和相对偏移非常有用，可以相对于屏幕或使用绝对单位设置点的样式和大小。

利用 AutoCAD 绘制图形时，当确定好坐标系以后，一般可以采用键盘输入、鼠标在绘图区内拾取或利用对象捕捉方式捕捉一些特征点（如圆心、端点或等分点）等方法确定点的位置。

1. 绘制点

执行 AutoCAD 命令时，当系统提示要求输入确定点位置的参数信息时，就必须通过键盘输入坐标点来响应提示。绘制点有以下 4 种方式。

● 命令：POINT

● 菜单："绘图"→"点"→"多点"

● 工具栏："绘图"→" （点）"

● 面板："常用"→"绘图"→" （点）"

在"点"子菜单中，系统提供了绘制点的 4 种方法，如图 2-4 所示。

点(O)	▶	单点(S)	◀━绘制一个定位点
图案填充(H)…		多点(P)	◀━绘制多个定位点
渐变色…		定数等分(D)	◀━按数目来等分实体
边界(B)…		定距等分(M)	◀━按距离来等分实体

图 2-4

注意

选择"定数等分"时，AutoCAD 提示选择一个实体图形，然后提示输入该实体被等分的数目，最后在相应的等分位置上绘制点；选择"定距等分"时，AutoCAD 提示选择一个实体图形，然后提示输入一段长度值，该长度值是最后绘制的点之间的距离。

2. 点样式的设置

点除了可以进行定位外，还可以对不同地方来进行标识。这时，系统默认的点样式（圆点）无法和其他几何图形进行区分，需要重新选择不同的点样式来表达。

修改点的样式：

● 使它们有更好的可见性并更容易地与栅格点区分开；

● 影响图形中所有点对象的显示；

● 要求使用 REGEN（重生成）使修改可见。

选择"格式"→"点样式"命令（或输入 DDPTYPE 命令），打开"点样式"对话框，如图 2-5 所示。

AutoCAD 2009 提供了 20 种不同样式的点可供选择。

设置步骤如下：（1）在对话框中选取点的形式；（2）输入点大小的百分比或绝对单位；（3）选择是 ⊙ 相对于屏幕设置大小(R) 的百分比还是 ⊙ 按绝对单位设置大小(A) 的单位；（4）单击 确定 按钮，结果如图 2-6 所示。

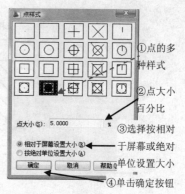

① 点的多种样式
② 点大小百分比
③ 选择按相对于屏幕或绝对单位设置大小
④ 单击确定按钮

图 2-5

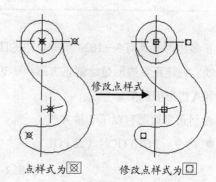

点样式为 ⊠   修改点样式为 ☐

图 2-6

注意

绘制点过程中，如果用户修改点样式，那么在绘图区域显示的点是用户设定的最后样式。

2.3.2 绘制直线

线性对象，即由一条线段或一系列相连的线段组成的简单对象。直线是最简单的线性对象。

在一条由多条线段连接而成的简单直线中，每条线段都是一个单独的直线对象。

绘制直线有以下 4 种方式。

● 命令：LINE（或 L）

● 菜单："绘图"→"直线"

● 工具栏："绘图"→"☑（直线）"

● 面板："常用"→"绘图"→"☑（直线）"

执行该命令，AutoCAD 提示：

```
命令: _line
指定第一点:                    // 指定点 A
指定下一点或 [放弃(U)]:          // 指定点 B
指定下一点或 [放弃(U)]:          // 按<Enter>键
```

结果如图 2-7 所示。

技巧

结束 Line 命令后再次启动该命令时，在"指定第一点"的提示下按<Enter>键或右击，系统默认使用以前绘制的直线段终点作为新线段的起点来绘制。

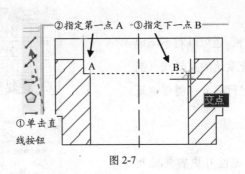

②指定第一点 A　③指定下一点 B

A　　B

交点

①单击直线按钮

图 2-7

2.3.3　绘制正多边形

正多边形是具有 3～1024 条等长边的闭合多段线。创建正多边形是绘制正方形、等边三角形和八边形等的简单方法。

绘制正多边形有以下 4 种方式。

- 命令：POLYGON（或 POL）

- 菜单："绘图"→"正多边形"
- 工具栏："绘图"→"◯（正多边形）"
- 面板："常用"→"绘图"→"◯（正多边形）"

实例 2-1　绘制圆管平面图

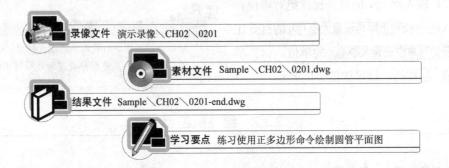

录像文件 演示录像＼CH02＼0201

素材文件 Sample＼CH02＼0201.dwg

结果文件 Sample＼CH02＼0201-end.dwg

学习要点 练习使用正多边形命令绘制圆管平面图

操作步骤

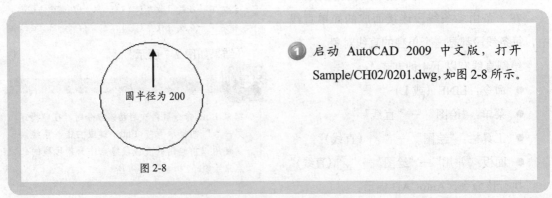

圆半径为 200

① 启动 AutoCAD 2009 中文版，打开 Sample/CH02/0201.dwg，如图 2-8 所示。

图 2-8

② 单击 ⬡ 按钮，绘制内接于圆的六边形圆管外径，AutoCAD 提示：

```
命令: _polygon
输入边的数目 <8>: 6                        // 输入边数为 6
指定正多边形的中心点或 [边(E)]:            // 指定圆心 O
输入选项 [内接于圆(I)/外切于圆(C)] <I>:    // 按<Enter>键
指定圆的半径: 300                          // 输入圆半径 300
```

结果如图 2-9 所示。

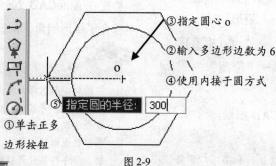

③指定圆心 o
②输入多边形边数为 6
④使用内接于圆方式
⑤指定圆的半径: 300
①单击正多边形按钮

图 2-9

技巧

在创建正多边形的过程中，用户如果已知正多边形中心与每条边（内接）端点之间的距离，则可以指定其半径；如果已知正多边形中心与每条边（外切）中点之间的距离，则指定其半径；另外还可以指定边的长度和放置边的位置。

③ 按<Shift+Ctrl+S>组合键，将图形文件另存为 Sample/CH02/0201-end.dwg。

除了上面的方法以外，还可以使用外接圆、边长等方式绘制正多边形，如图 2-10 所示（点 1 是正多边形的中心，点 2 定义定点设备指定的半径长度）。

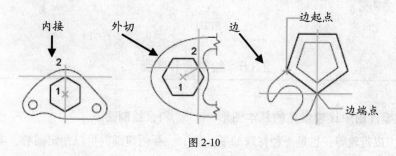

内接　外切　边
边起点
边端点

图 2-10

2.3.4 绘 制 矩 形

矩形是绘图中应用较多的一种,同时也是常用的基本图元。在 AutoCAD 中,使用 Rectang 命令可以直接绘制由两个角点确定的矩形。

绘制矩形有以下 4 种方式。

- 命令:RECTANG 或 RECTANGLE
- 菜单:"绘图"→"矩形"
- 工具栏:"绘图"→"▢(矩形)"
- 面板:"常用"→"绘图"→"▢ (矩形)"

执行该命令,AutoCAD 提示:

```
命令:_rectang
指定第一个角点或 [倒角(C)/标高(E)/圆角(F)/
厚度(T)/宽度(W)]:   //  指定点 A
```

```
指定另一个角点或 [面积(A)/尺寸(D)/旋转
(R)]:
           //   指定点 B
```

结果如图 2-11 所示。

与 AutoCAD 前期版本相比,矩形的绘图功能在 AutoCAD 2009 中有了很大的扩展,如综合了矩形倒角、倒圆等。

在绘制矩形选择对角点时没有方向性,既可以从左到右,也可以从右到左。另外,利用 Rectang 命令绘制出来的矩形是一条封闭的多段线。如果要单独编辑某一条边,则必须使用 Explode(分解)命令将其分开以后才能进行单独操作。

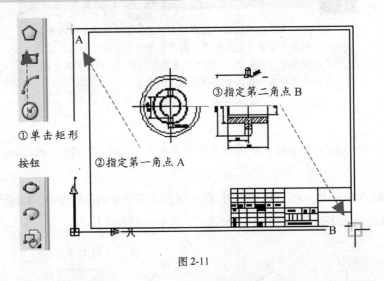

①单击矩形按钮

②指定第一角点 A

③指定第二角点 B

图 2-11

2.3.5 绘制圆和圆弧

圆是机械零件图中比较常见的基本图形对象,如螺母、皮带轮等。也是一种特殊的平面曲线。

1. 绘制圆

要创建圆,可以指定圆心、半径、直径、圆周上的点和其他对象上的点的不同组合。

绘制圆有以下 4 种方式。

- 命令：CIRCLE
- 菜单："绘图" → "圆"
- 工具栏："绘图" → "⊘ (圆)"
- 面板："常用" → "绘图" → "⊘ (圆)"

使用"绘图"面板时，单击圆右侧三角按钮，即可弹出绘制圆的 6 种方法，如图 2-12 所示。

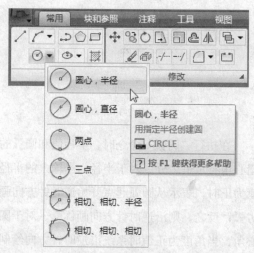

图 2-12

注意

圆的默认绘制方式是指定圆心和半径。使用"三点"方式时，三点不能在同一条直线上。

执行该命令，AutoCAD 提示：

```
命令:_circle
  指定圆的圆心或 [三点(3P)/两点(2P)/相切、相
切、半径(T)]：   //单击吊钩固定中心点O
  指定圆的半径或 [直径(D)] <300.0000>：22.5
// 输入圆半径22.5
```

结果如图 2-13 所示。

另外，在绘制圆的菜单中还可以选择其他方式绘制圆，如通过给定 3 条切线来确定圆的位置和大小。

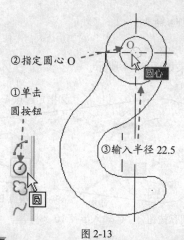

② 指定圆心 O

① 单击
圆按钮

③ 输入半径 22.5

图 2-13

技巧

在实际的机械零件绘图过程中，由于图形结构的不同，并不一定用到以上的全部 6 种方式绘制圆，只要按照要求绘制出满意的圆就可以了。AutoCAD 提供的绘图功能一定要根据具体作图情况合理使用。

2．绘制圆弧

圆弧可以看成是圆的一部分，圆弧不仅有圆心和半径，而且还有起点和端点。因此，可以通过指定圆弧的圆心、半径、起点、端点、角度、方向或弦长等参数的方法来绘制圆弧，也可以使用多种方法创建圆弧。

绘制圆弧有以下 4 种方式。

- 命令：ARC（或 A）
- 菜单："绘图" → "圆弧"
- 工具栏："绘图" → "⌒ (圆弧)"
- 面板："常用" → "绘图" → "⌒ (圆弧)"

执行该命令，AutoCAD 提示：

```
命令：_arc
  指定圆弧的起点或 [圆心(C)]：      //单击A点
  指定圆弧的第二个点或 [圆心(C)/端点(E)]：e
                          //输入e

  指定圆弧的端点：      //指定B点
  指定圆弧的圆心或 [角度(A)/方向(D)/半径(R)]：r
```

AutoCAD 2009

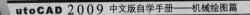
指定圆弧的半径：10

// 输入圆半径 10

结果如图 2-14 所示。

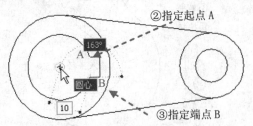

②指定起点 A

③指定端点 B

①单击圆弧按钮　④输入半径 10

图 2-14

即圆弧的起点、圆弧上一点（任意一点）以及端点来绘制圆弧，这也是 AutoCAD 2009 绘制圆弧的默认方法。

 注意

> 要绘制圆弧，可以指定圆心、端点、起点、半径、角度、弦长和方向值的各种组合形式。除了用户指定三点绘制圆弧方法外，其他方法都是从起点到端点逆时针绘制圆弧。

单击"绘图"面板上 右侧的按钮，弹出图 2-15 所示的绘制圆弧列表。从该列表中可以看出，AutoCAD 2009 提供了 11 种绘制圆弧的方式。其中前 7 种和使用扩展命令功能相似，这儿不再赘叙。后面 3 种圆心、起点、端点/

角度/长度方式是表示使用圆心、起点和端点/圆心角/长度来绘制圆弧。

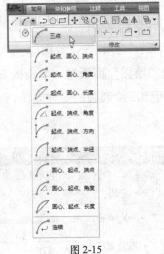

图 2-15

在执行"圆弧"命令时，半径值和圆弧的圆心角有正负之分。对于半径，当输入的半径值为正时，表示从圆弧起点开始逆时针方向画劣弧；反之，则沿逆时针方向画优弧。对于圆心角，当角度为正值时系统沿逆时针方向绘制圆弧；反之，则沿顺时针方向绘制圆弧。

 技巧

> 除了绘制一般的圆弧外，还可以绘制多段线圆弧。

2.3.6　绘制椭圆

椭圆也是一种在机械制图中常见的平面图形，它是由距离两个定点的长度之和为定值的点组合而成。椭圆由定义其长度和宽度的两条轴决定，较长的轴称为长轴，较短的轴称为短轴。与圆的本质区别就在于它的长、短轴半径是不相等的。

绘制椭圆有以下 4 种方式。

● 命令：ELLIPSE

● 菜单："绘图"→"椭圆"

● 工具栏："绘图"→" （椭圆）"

● 面板："常用"→"绘图"→" （椭圆）"

执行该命令，AutoCAD 提示：

```
命令: _ellipse
指定椭圆的轴端点或 [圆弧(A)/中心点(C)]:        // 指定 A 点
指定轴的另一个端点:                            // 指定 B 点
指定另一条半轴长度或 [旋转(R)]:               // 指定 C 点
```

如图 2-16 所示。

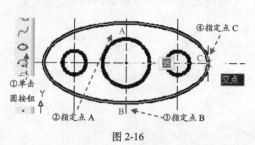

图 2-16

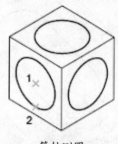

等轴测圆

图 2-17

另外，还可以利用椭圆命令来绘制等轴测平面上的等轴测圆，即用椭圆表示从某一倾斜角度查看的圆。要绘制形状正确的等轴测圆，最简单的方法是使用 ELLIPSE 命令的"等轴测圆"选项，如图 2-17 所示。

> **注意**
>
> 要表示同心圆，请绘制一个中心相同的椭圆，而不是偏移原来的椭圆。偏移可以产生椭圆形的样条曲线，但不能表示所期望的缩放距离。

2.4 简单图形对象的编辑

复制图形对象包括复制对象、镜像对象、偏移对象和阵列对象。

实例 2-2 绘制承压片平面图

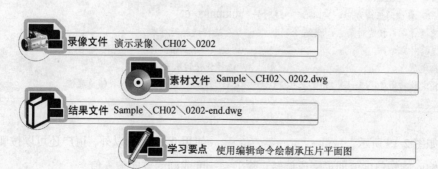

录像文件　演示录像＼CH02＼0202

素材文件　Sample＼CH02＼0202.dwg

结果文件　Sample＼CH02＼0202-end.dwg

学习要点　使用编辑命令绘制承压片平面图

操作步骤

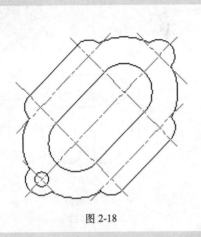

① 启动 AutoCAD 2009 中文版，打开 Sample/CH02/0202.dwg，如图 2-18 所示。

图 2-18

2.4.1　旋转、偏移和复制对象

在绘图的过程中通常需要调整图形对象的位置和摆放角度，AutoCAD 提供了移动和旋转等命令来完成对对象位置的调整。

1. 旋转对象

绕指定点旋转对象，首先要决定旋转角度，需输入角度值或指定第二点。使用旋转命令有以下 4 种方式。

- 命令：ROTATE
- 菜单："修改"→"旋转"
- 工具栏："修改"→" （旋转）"
- 面板："常用"→"修改"→" （旋转）"

② 单击 （旋转）按钮选择底板，AutoCAD 提示：

```
命令：_rotate
UCS 当前的正角方向：ANGDIR=逆时针  ANGBASE=0
选择对象：指定对角点：找到 24 个      // 选择旋转的对象
选择对象：                           // 按<Enter>键
指定基点：                          // 选择旋转的基点
指定旋转角度，或 [复制(C)/参照(R)] <0>: -45      // 输入旋转角度值
```

结果如图 2-19 所示。

直接输入旋转角度值即可完成旋转，除了使用 0°～360°以外，用户还可以按弧度、百分度或勘测方向输入值。

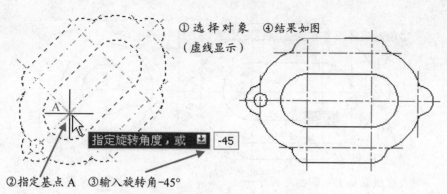

① 选择对象　④结果如图
（虚线显示）

指定旋转角度，或 ⬇ -45

②指定基点 A　③输入旋转角-45°

图 2-19

技巧

输入正角度值是逆时针还是顺时针旋转对象，这取决于"图形单位"对话框中的"方向控制"设置。旋转平面和零度角方向取决于用户坐系的方位。

通过选择基点和相对或绝对的旋转角来旋转对象。指定相对角度是将对象从当前的方向围绕基点按指定角度旋转。

用户可以使用参照方式来指定相对角度旋转对象。参照方式是指定当前的绝对旋转角度和所需的新旋转角度。"参照"选项用于将对象与用户坐标系的 x 轴和 y 轴对齐，或者与图形中的几何特征对齐。

2．偏移对象

偏移对象是一种高效的绘图技巧，可以创建其形状与选定对象形状平行的新对象，然后修剪或延伸其端点。偏移圆或圆弧可以创建更大或更小的圆或圆弧，取决于向哪一侧偏移。

二维多段线和样条曲线在偏移距离大于可调整的距离时将自动进行修剪。

可以偏移的对象有：直线、圆弧、圆、椭圆和椭圆弧（形成椭圆形样条曲线）、二维多段线 、构造线（参照线）、射线和样条曲线。

偏移对象有以下 4 种方式。

● 命令：OFFSET

● 菜单："修改" → "偏移"

● 工具栏："修改" → "（偏移）"

● 面板："常用" → "修改" → "（偏移）"

❸ 单击 （偏移）按钮，AutoCAD 提示：

```
命令：_offset
当前设置：删除源=否　图层=源　OFFSETGAPTYPE=0
指定偏移距离或 [通过(T)/删除(E)/图层(L)] <通过>： 6        // 指定偏移距离
选择要偏移的对象，或 [退出(E)/放弃(U)] <退出>：            // 选择圆
指定要偏移的那一侧上的点，或 [退出(E)/多个(M)/放弃(U)] <退出>： //指定圆外任意点
选择要偏移的对象，或 [退出(E)/放弃(U)] <退出>：
```

结果如图 2-20 所示。

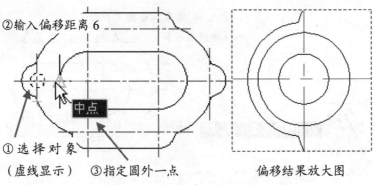

②输入偏移距离 6

中点

①选择对象
（虚线显示）　③指定圆外一点

偏移结果放大图

图 2-20

3. 复制对象

复制对象是将指定对象复制到指定位置。当需要绘制多个相同形状的图形时，可采用此功能，即先绘制出其中的一个图形，再利用复制方式得到其他几个图形。

复制对象有以下 4 种方式。

● 命令：COPY

● 菜单："修改"→"复制"

● 工具栏："修改"→" （复制）"

● 面板："常用"→"修改"→" （复制）"

❹ 单击 （复制）按钮，AutoCAD 提示：

```
命令：_copy
选择对象：找到 1 个
选择对象：找到 1 个，总计 2 个
选择对象：
当前设置：复制模式 = 多个
指定基点或 [位移(D)/模式(O)] <位移>：          //指定点 A
指定第二个点或 <使用第一个点作为位移>：      // 指定点 B
指定第二个点或 [退出(E)/放弃(U)] <退出>：    // 指定点 C
指定第二个点或 [退出(E)/放弃(U)] <退出>：    // 按<Esc>键
```

结果如图 2-21 所示。

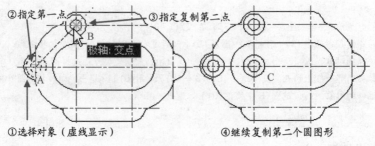

②指定第一点　　③指定复制第二点

极轴：交点

①选择对象（虚线显示）　④继续复制第二个圆图形

图 2-21

在"指定基点或[位移（D）/模式（O）]<位移>："提示下直接按<Enter>键，AutoCAD会按用户给出的位移量复制对象。默认情况下，将重复使用复制命令，要退出该命令，请按<Enter>键。

 注意

在使用输入相对坐标指定距离时，无需像通常情况下那样包含@标记，因为相对坐标是假设的。

2.4.2 移动和镜像对象

除了简单的复制和旋转对象外，用户还可以将位置不在合适的对象进行移动，或者创建该对象的镜像。

1. 移动对象

用户通过使用坐标和对象捕捉，可以精确地移动对象而不改变其方向和大小，也可以通过在"特性"选项板中更改坐标值来重新计算对象。

使用移动命令有以下 4 种方式。

● 命令：MOVE

● 菜单："修改"→"移动"

● 工具栏："修改"→"✛（移动)"

● 面板："常用"→"修改"→"✛（移动)"

⑤ 单击✛（移动）按钮，AutoCAD 提示：

```
命令: _move
选择对象: 找到 1 个
选择对象: 找到 1 个, 总计 2 个
选择对象:                     //按<Enter>键
指定基点或 [位移(D)] <位移>:        //指定点 C
指定第二个点或 <使用第一个点作为位移>: //指定点 D
```

结果如图 2-22 所示。

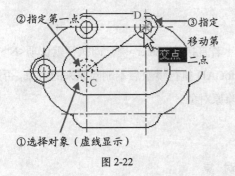

②指定第一点
③指定移动第二点
交点
C
①选择对象（虚线显示）

图 2-22

可以通过输入第一点的坐标值并按<Enter>键输入第二位移点的坐标值，以其相对距离移动对象。这将提示 AutoCAD 将坐标值用作相对位移而不是基点。选定对象将其移动到由输入的相对坐标值决定的新位置。

 注意

在"输入位移增量"提示下可以直接输入位移量（用 delt-x、delt-y 和 delt-z 表示，delt-x、delt-y 和 delt-z 分别是位移矢量的 3 个分量）。如果是移动二维图形，则只需要给出 delt-x 和 delt-y 位移分量后按<Enter>键。

2. 镜像对象

镜像对象是绕指定轴翻转对象来创建图

像。这对创建对称的对象非常有用，因为这样可以快速地绘制部分对象，然后创建镜像，而不必绘制整个对象。

镜像对象有以下4种方式。

- 命令：MIRROR
- 菜单："修改"→"镜像"
- 工具栏："修改"→"� (镜像)"
- 面板："常用"→"修改"→"⚠ (镜像)"

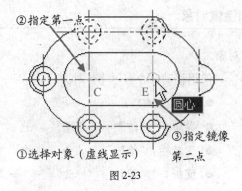

②指定第一点
③指定镜像第二点
①选择对象（虚线显示）

图 2-23

6 单击 ⚠ (镜像)按钮，AutoCAD 提示：

```
命令: _mirror
选择对象: 找到 1 个
选择对象: 找到 1 个，总计 2 个
选择对象: 找到 1 个，总计 3 个
选择对象: 找到 1 个，总计 4 个
选择对象:
指定镜像线的第一点:        //指定点 C
指定镜像线的第二点:        //指定点 E
要删除源对象吗？[是(Y)/否(N)] <N>:
//按<Enter>键
```

结果如图 2-23 所示。

7 使用同样的方法对左侧的螺孔进行镜像，结果如图 2-24 所示。然后选择"文件"→"另存为"命令保存图形文件为 Sample/CH02/0202-end.dwg。

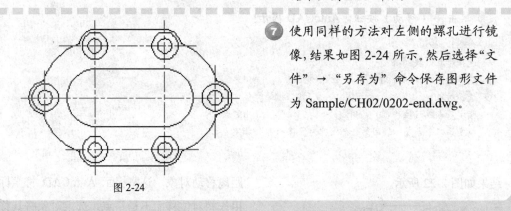

图 2-24

镜像作用于与当前 UCS 的 *xy* 平面平行的任何平面。绕轴（镜像线）翻转对象创建镜像图像时，要指定临时镜像线，请输入两点，并可以选择是否删除或保留原对象。

若直接按<Enter>键，即执行默认项<N>，AutoCAD 执行镜像后不删除原来的对象，否则删除原对象。

2.4.3 阵列对象

可以在矩形或环形（圆形）阵列中创建对象的副本。对于矩形阵列，可以控制行和列的数目以及它们之间的距离。对于环形阵列，可以控制对象副本的数目并决定是否旋转副本。

对于创建多个定间距的对象，阵列比复制要快。

实例 2-3　绘制电视遥控器

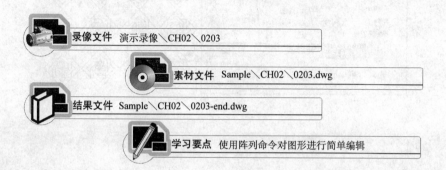

录像文件　演示录像＼CH02＼0203

素材文件　Sample＼CH02＼0203.dwg

结果文件　Sample＼CH02＼0203-end.dwg

学习要点　使用阵列命令对图形进行简单编辑

操作步骤

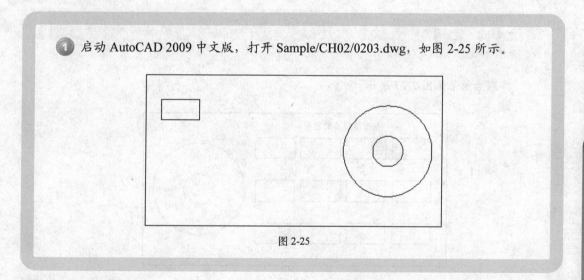

① 启动 AutoCAD 2009 中文版，打开 Sample/CH02/0203.dwg，如图 2-25 所示。

图 2-25

1. 矩形阵列

矩形阵列即在一个矩形范围中创建对象的副本。对于矩形阵列，可以控制行和列的数目以及它们之间的距离。

阵列对象有以下 4 种方式。

● 命令：ARRAY

● 菜单："修改"→"阵列"

● 工具栏："修改"→"田（阵列）"

● 面板："常用"→"修改"→"田（阵列）"

执行该命令，弹出图 2-26 所示的"阵列"对话框。

该对话框中主要选项含义如下。

● 行和列文本框是用来设置阵列的行和列的数目。

● 偏移距离和方向选项区是用来设置行间距和列间距以及旋转角度。

①选择矩形阵列 ②输入阵列行列为4
③单击该按钮 选择阵列对象
④输入行列偏移距离

图 2-26

❷ 单击 ⊞（阵列）按钮，设置阵列行数为 3，列数为 4，行偏移和列偏移分别为-140、150，AutoCAD 提示：

```
命令：_array
选择对象：找到 1 个
选择对象：
```

阵列后结果如图 2-27 所示。

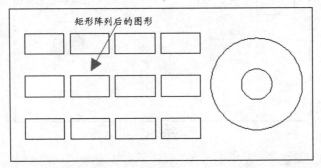

矩形阵列后的图形

图 2-27

❸ 以右侧的大圆圆心为基础，在大圆内绘制一个小圆，AutoCAD 提示：

```
命令：_circle
指定圆的圆心或 [三点(3P)/两点(2P)/相切、相切、半径(T)]：    // 选择大圆半径上一点为圆心
指定圆的半径或 [直径(D)]:25
```

结果如图 2-28 所示。

2．环形阵列

选中"阵列"对话框中的"环形阵列"单选按钮，AutoCAD 2009 则切换到"环形阵列"模式，如图 2-29 所示。

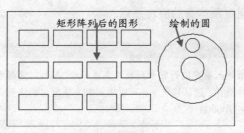

图 2-28

①选择环形阵列　②单击该按钮指定 O 为中心点

③单击该按钮
选择阵列对象

⑤选中该复选框　④输入项目数和填充角度分别为 8、360

图 2-29

该对话框主要选项功能如下。

● **方法和值**：确定环形阵列的具体方法和相应数据。

● **方法**：确定环形阵列的方法。可以通过下拉列表在项目总数和填充角度、项目总数和项目间的角度以及填充角度和项目间的角度之间进行选择。

● **项目总数、填充角度、项目间角度**：分别用来确定环形阵列后的项目总数、环形阵列时要填充的角度以及各项目间的夹角。在方法下拉列表中选择不同的项，这 3 个文本框中会有与之对应的两个文本框有效。

对于填充角度来说，在默认设置下，正值将沿逆时针方向环形阵列对象，反之沿顺时针方向环形阵列对象。

● **复制时旋转项目(T)**：确定环形阵列对象时对象本身是否绕其基点旋转，其效果如图 2-30 所示。

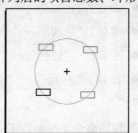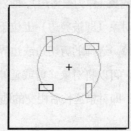

图 2-30

● 对象基点：确定阵列对象本身的旋转基点。

注意

> 如果为阵列指定的行数和列数过多，AutoCAD 创建副本的时间可能会很长。默认情况下，可以由一个命令生成的阵列元素数目限制在 100000 个。

④ 选择右侧的小圆进行环形阵列行，以大圆圆心为中心点，阵列数目为 4，参数后，AutoCAD 提示：

```
命令：_array
选择对象：找到 1 个
选择对象：
指定阵列中心点：
```

阵列后的机械控制器如图 2-31 所示。

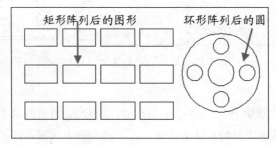

矩形阵列后的图形　　　环形阵列后的圆

图 2-31

⑤ 选择"文件"→"另存为"命令，保存图形文件为 Sample/CH02/0203-end.dwg。

2.4.4 修剪和延伸对象

用剪切边修剪对象（称为被剪边），即以剪切边为界，将被修剪对象（即被剪边）上位于剪切边某一侧的部分剪掉。选择的剪切边或边界边无需与修剪对象相交，可以将对象修剪或延伸至投影边或延长线交点，即对象延长后相交的地方。

1．修剪对象

修剪对象有以下 4 种方式。

● 命令：TRIM
● 菜单："修改"→"修剪"
● 工具栏："修改"→"⊢ （修剪）"
● 面板："常用"→"修改"→"⊢ （修剪）"

执行该命令，AutoCAD 提示：

```
命令: _trim
当前设置:投影=UCS，边=无
选择剪切边...
选择对象或 <全部选择>: 找到 2 个                    // 选择剪切边
选择对象:                                    // 按<Enter>键
选择要修剪的对象，或按住<Shift>键选择要延伸的对象，或
[栏选(F)/窗交(C)/投影(P)/边(E)/删除(R)/放弃(U)]:        // 选择需要修剪的那一侧
......
选择要修剪的对象，或按住 Shift 键选择要延伸的对象，或
[栏选(F)/窗交(C)/投影(P)/边(E)/删除(R)/放弃(U)]:        // 按<Enter>键
```

结果如图 2-32 所示。

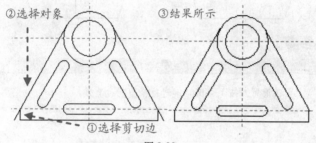

图 2-32

AutoCAD 2009 允许用线、圆弧、圆、椭圆或椭圆弧、多段线、样条曲线、构造线、射线以及文字等对象作为剪切边。对象既可以作为剪切边，也可以是被修剪的对象。

技巧

> 选择"栏选"方法可以进行一系列修剪对象。如果未指定边界并在"选择对象"提示下按<Enter>键，则所有对象都将可能成为边界，这称为隐含选择。要选择块内的几何对象作为边界，必须使用单一、交叉、栏框或隐含边界。

2. 延伸对象

延伸对象与修剪对象相反，它可以通过缩短或拉长使指定的对象到指定的边界（称其为边界边），使其与其他对象的边相接。使用延伸命令有以下 4 种方式。

● 命令：EXTEND
● 菜单："修改"→"延伸"
● 工具栏："修改"→" (延伸)"
● 面板："常用"→"修改"→" (延伸)"

执行该命令，AutoCAD 提示：

```
命令: _extend
当前设置:投影=UCS，边=无
选择边界的边...
选择对象或 <全部选择>: 找到 1 个              // 选择外侧的多边形
选择对象:                              // 按<Enter>键
选择要延伸的对象，或按住<Shift>键选择要修剪的对象，或
[栏选(F)/窗交(C)/投影(P)/边(E)/放弃(U)]:          // 选择多边形内一条直线
选择要延伸的对象，或按住 Shift 键选择要修剪的对象，或
[栏选(F)/窗交(C)/投影(P)/边(E)/放弃(U)]:          // 选择多边形内另一条直线
```

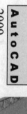

选择要延伸的对象，或按住 Shift 键选择要修剪的对象，或

[栏选(F)/窗交(C)/投影(P)/边(E)/放弃(U)]: // 按<Enter>键

结果如图 2-33 所示。

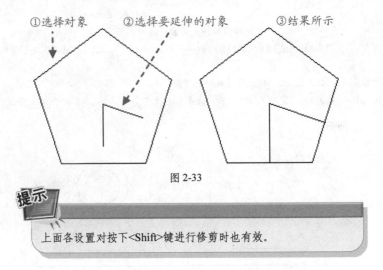

①选择对象　　②选择要延伸的对象　　③结果所示

图 2-33

提示

上面各设置对按下<Shift>键进行修剪时也有效。

2.4.5　倒角和倒圆角对象

倒角和圆角命令在机械绘图中应用很广，可以修改对象使其以圆角或平角相接。

实例 2-4　编辑机械垫片

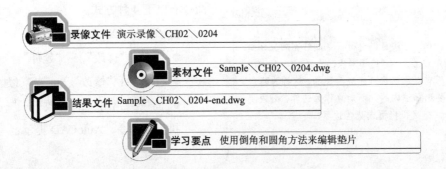

录像文件　演示录像＼CH02＼0204

素材文件　Sample＼CH02＼0204.dwg

结果文件　Sample＼CH02＼0204-end.dwg

学习要点　使用倒角和圆角方法来编辑垫片

操作步骤

❶ 启动 AutoCAD 2009 中文版，打开 Sample/CH02/0204.dwg，如图 2-34 所示。

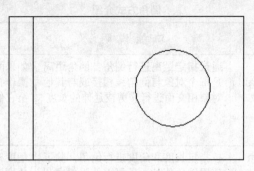

图 2-34

1．倒角对象

倒角命令使用频率很高，特别是在机械零件相接的位置处。倒角距离是每个对象与倒角线相接或与其他对象相交而进行修剪或延伸的长度。

倒角对象有以下 4 种方式。

● 命令：CHAMFER

● 菜单："修改"→"倒角"

● 工具栏："修改"→" （倒角）"

● 面板："常用"→"修改"→" （倒角）"

② 对垫片左侧的两邻边使用 CHAMFER 命令进行倒角，AutoCAD 提示：

```
命令: _chamfer
（"修剪"模式）当前倒角距离 1 = 0.5000, 距离 2 = 0.5000
选择第一条直线或 [放弃(U)/多段线(P)/距离(D)/角度(A)/修剪(T)/方式(E)/多个(M)]: d
指定第一个倒角距离 <0.5000>: 0.2
指定第二个倒角距离 <0.2000>: 0.2
选择第一条直线或 [放弃(U)/多段线(P)/距离(D)/角度(A)/修剪(T)/方式(E)/多个(M)]:m
选择第二条直线，或按住 Shift 键选择要应用角点的直线:
选择第一条直线或 [放弃(U)/多段线(P)/距离(D)/角度(A)/修剪(T)/方式(E)/多个(M)]:
选择第二条直线，或按住 Shift 键选择要应用角点的直线:
```

倒角后的结果如图 2-35 所示。

倒角一般可以有以下几种类型，见表 2-1。

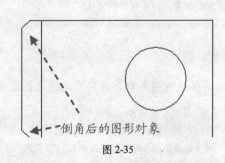

　倒角后的图形对象

图 2-35

表 2-1　　　　　　　　　　　　倒角方式介绍

图　例	功能说明	备　注
第二个距离	通过指定距离进行倒角：倒角距离是每个对象与倒角线相接或与其他对象相交而进行修剪或延伸的长度	如果两个倒角距离都为0，则倒角操作将修剪或延伸这两个对象直至它们相交，但不创建倒角线
45°	按指定长度和角度进行倒角：除了使用倒角值外，还可以使用角度和长度对选定对象进行倒角	角度模式是根据一倒角距离和一角度进行倒角
多段线圆弧段	为多段线和多段线线段倒角：如果选择的两个倒角对象是一条多段线的两个线段，则它们必须相邻或仅隔一个弧线段	临时调整当前圆角半径以创建与两个对象相切且位于两个对象的共有平面上的圆弧

倒角时，若设置的倒角距离太大或角度无效，以及因两条直线平行、发散等原因不能倒角，AutoCAD 都会给出提示；对相交两边倒角且倒角后修剪倒角边时，AutoCAD 总是保留选择倒角对象时所选取的那一部分；如果两个倒角距离都为 0，则倒角操作将修剪或延伸这两个对象直至它们相交，但不创建倒角线。

2. 倒圆角对象

给对象加圆角，使用圆角命令有以下 4 种方式。

- 命令：FILLET
- 菜单："修改"→"圆角"
- 工具栏："修改"→"☐（圆角）"
- 面板："常用"→"修改"→"☐（圆角）"

❸ 使用圆角命令对另外两边进行圆角，AutoCAD 提示：

```
命令：_fillet
当前设置：模式 = 修剪，半径 = 1.5000
选择第一个对象或 [放弃(U)/多段线(P)/半径(R)/修剪(T)/多个(M)]: r
指定圆角半径 <1.5000>:              // 按<Enter> 键使用默认值
```

选择第一个对象或 [放弃(U)/多段线(P)/半径(R)/修剪(T)/多个(M)]：
选择第二个对象，或按住<Shift>键选择要应用角点的对象：
命令：_fillet
当前设置：模式 = 修剪，半径 = 1.5000
选择第一个对象或 [放弃(U)/多段线(P)/半径(R)/修剪(T)/多个(M)]：r
指定圆角半径 <1.5000>：　　　　　　　// 按<Enter> 键使用默认值

选择第一个对象或 [放弃(U)/多段线(P)/半径(R)/修剪(T)/多个(M)]：
选择第二个对象，或按住<Shift>键选择要应用角点的对象：

　　多处圆角后的图形如图 2-36 所示。

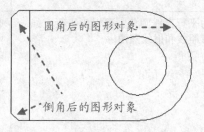

圆角后的图形对象

倒角后的图形对象

图 2-36

④　选项 "文件" → "另存为" 命令，保存图形文件为 Sample/CH02/0204-end.dwg。

注意

（1）若圆角半径设置过大，AutoCAD 会给出相应的提示。（2）对相交对象加圆角时，如果修剪，加圆角之后，AutoCAD 总是保留选择对象时所拾取的那部分对象。（3）AutoCAD 允许为两条平行线加圆角，其结果是 AutoCAD 自动将圆角半径设为两条平行线距离的一半。

倒角和圆角还有一个很实用的功能，可快速的延伸两条线段并相接。以前只能使用 ⟋（延伸）来完成，现在也能使用 ⌐（圆角）或 ⌐（倒角）功能来连接了。即在倒角或圆角的过程中按住<Shift>键，这样选取的两条线段就会以 0 数值完成连接，如图 2-37 所示。

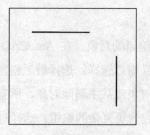
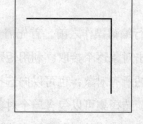

图 2-37

内角点称为内圆角，外角点称为外圆角。

使用圆角有以下几种方式，见表 2-2。

表2-2 倒圆角方式介绍

图 例	功 能 说 明	备 注
	设置圆角半径：圆角半径是连接被圆角对象的圆弧半径。修改圆角半径将影响后续的圆角操作	如果设置圆角半径为0，则被圆角的对象将被修剪或延伸直到它们相交，并不创建圆弧
	为整个多段线加圆角：可以为整个多段线加圆角或从多段线中删除圆角	
	为平行直线圆角：可以为平行直线、参照线和射线圆角	临时调整当前圆角半径以创建与两个对象相切且位于两个对象的共有平面上的圆弧

注意

为平行直线倒圆角时，第一个选定对象必须是直线或射线，但第二个对象可以是直线、构造线或射线。

2.5 技能点拨：选择对象技巧

在对图形进行编辑操作之前，首先需要选择所要编辑的对象。在 AutoCAD 中，有多种选择方式，如通过单击对象逐个拾取、利用矩形窗口或交叉窗口选择；选择最近创建的对象、前面的选择集或图形中的所有对象；也可以向选择集中添加对象或从中删除对象，所有被选择的对象将组成一个选择集。选择集可以包含单个对象，也可以包含更复杂的编组。选择对象时，AutoCAD以蓝色小方块来显示选中的对象，如图 2-38 所示。其中左图是没有选择时的图形，右图是选中垫圈内环的图形。

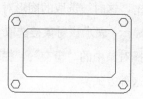
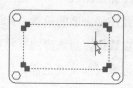

图 2-38

2.5.1 选择对象模式

在 AutoCAD 中，当移动光标到对象上时，对象会亮显，从而有助于确保选择正确的对象（同时也使得十分容易将整个对象与单个对象区分开来，如样条曲线与直线）。当选择多个对象时，一个半透明的选择窗口可清楚地看到对象选择区域。用户可以在"选项"对话框中的"选择"选项卡中提供的"视觉效果设置"来修改对象选择行为。

当编辑对象时，若在"选择对象"命令提示下输入"？"号，AutoCAD 提示：

```
命令：SELECT
选择对象：？
*无效选择*
需要点或窗口(W)/上一个(L)/窗交(C)/框(BOX)/全部(ALL)/栏选(F)/圈围(WP)/圈交(CP)/编组(G)/添加(A)/删除(R)/多个(M)/前一个(P)/放弃(U)/自动(AU)/单个(SI)/子对象/对象
```

在该命令提示下，用户直接输入相应的字母，即可指定选择对象的模式。

注意

"子对象"是 AutoCAD 2009 新增的对象选择方式，即用户可以逐个选择原始形状，这些形状可以是复合实体的一部分或三维实体上的顶点、边和面。用户可以选择这些子对象的其中之一，也可以创建多个子对象的选择集。选择集可以包含多种类型的子对象。

技巧

按住<Ctrl>键和使用 SELECT 命令的"子对象"选项功能相同。

其他的选择方式主要可划分为 3 种类别。

● 单击：移动鼠标到所要选取的对象上，单击鼠标左键，则该目标以虚线的方式显示，表明该选项已经被选取。

● 实线框选取：在绘图区域中单击一个角点，然后移动鼠标到右侧合适的位置，此时在屏幕上会出现一个实线框，当该实线框将所要选取的图形对象完全框选以后再单击，这时被框选的图形对象会以虚线的方式来显示，表示该对象被选取（如图 2-39 所示）。选择对象中的"窗口"、"框"和"圈围"属于这种方式。

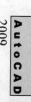

● 虚线框选取：在绘图区域中单击一个角点，然后移动鼠标到左侧合适的位置，此时在屏幕上会出现一个虚线框，当该虚线框将所要选取的图形对象被选取（部分或全部）以后再

单击，这时被选取的图形对象会以虚线的方式来显示，表示该对象被选取（如图 2-40 所示）。选择对象中的"窗交"、"栏选"和"圈交"属于这种方式。

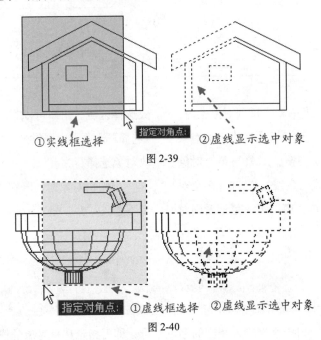

①实线框选择　指定对角点：　②虚线显示选中对象

图 2-39

指定对角点：　①虚线框选择　②虚线显示选中对象

图 2-40

除了以上 3 种选择方式外，用户还可以对对象进行编组（即使用该图形中已经定义的组名选择该对象组，需要该图形中存在编组才能选中）、

或者从选择集中（而不是图形中）添加或移除选取的对象。

窗口（实线框）与窗选（虚线框，交叉窗口选取）的区别在于，窗口选取鼠标由左向右只有当整个选择对象都在窗口内时才能选中，而窗选（交叉窗口选取）鼠标由右向左只要所要选择的对象有一部分在窗口内即可将整个对象选中。

2.5.2　过滤选择集

用户可以使用对象特性或对象类型来将对象包含在选择集中或排除对象。

在选择对象时，用户可以用鼠标逐个地选

择目标添加到选择集中。

使用"特性"选项板中的"快速选择"（QSELECT）或"对象选择过滤器"（FILTER）

对话框（如图 2-41 所示），可以根据特性（如 三维面）和对象类型（如圆）过滤选择集。

使用"快速选择"功能可以根据指定的过滤条件快速定义选择集。如果使用 Autodesk 或第三方应用程序为对象添加特征分类，则可以按照分类特性选择对象。使用"对象选择过滤器"，可以命名和保存过滤器以供将来使用。

使用"快速选择"或对象选择过滤器，如果要根据颜色、线型或线宽过滤选择集，请首先确定是否以将图形中所有对象的这些特性设置为"随层"。图 2-42 所示是"快速选择"对话框，该对话框中的选择为 0 图层上的多行文字。

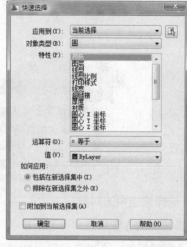

图 2-42

图 2-41

在选择对象时，用户可以用鼠标逐个地选择目标添加到选择集中。选择对象目标时，有时会不小心选中不该选择的对象，这时用户可以键入 R 来响应选择对象提示，然后把一些误选的目标从选择集中去除，然后输入 A，再向选择集中添加目标。AutoCAD 提供的选择集的构造方法功能很强，灵活地利用可使制图的效率大大提高。

2.5.3 编 组 对 象

编组是保存的对象集，用户可以根据需要同时选择和编辑这些对象，也可以分别进行。编组提供了以组为单位操作图形元素的简单方法。

1．创建编组

使用 GROUP 命令可以创建和编辑编组。

在命令行输入 GROUP 命令后，系统弹出"对象编组"对话框，如图 2-43 所示。

该对话框中的部分选项说明如下。

● 编组名：显示已经存在的编组，并说明是否可以被选择。

● 编组标识：显示编组名称和说明性文字。创建编组时，可以为编组指定名称和说明。

● 创建编组：除了可以选择编组的成员外，还可以为编组命名并添加说明。如果复制编组，副本将被指定默认名 Ax，并认为是未命名。"对象编组"对话框中不会列出未命名编组，除非复选了"包含未命名的"项。

②单击新建按钮　①输入编组名称和说明

图 2-43

如果选择某个可选编组中的一个成员，将其包含到一个新编组中，那么该编组中的所有成员都将包含于新编组中。尽量不要创建包含上千个对象的大型编组，因为大型编组会大大降低 AutoCAD 的运行速度。

2. 选择编组中的对象

选择编组的方法有几种，包括按名称选择编组或选择编组的一个成员。可以在"选择对象"提示下按名称选择编组。或者通过按<Ctrl+H>组合键或<Shift+Ctrl+A>组合键在打开和关闭编组选择之间进行切换。

对象可能是多个编组的成员，同时这些编组本身也可能嵌套于其他编组中。可以对嵌套的编组进行解组，以恢复其原始编组设置。

3. 编辑编组

可以添加或删除编组成员并重命名编组、对编组执行编辑操作（如复制和阵列）。删除编组成员将从编组定义中删除该对象，当编组成员包含在被删除的块中时，将从图形和编组中删除该对象。如果从编组中删除对象使编组为空，编组将仍保留定义状态。通过分解编组可以删除编组定义。分解组是从图形中删除该组，但该组包含的对象仍保留在图形中。

编组如图 2-44 所示，左图垫圈没有被创建编组时选择对象时的图形，右图为编组以后选择对象时的图形。

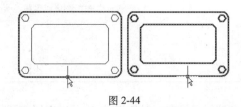

图 2-44

第3章

AutoCAD 高效绘图

前面章节说明了 AutoCAD 的二维绘图、编辑等简单操作，只使用这些简单命令也能绘制出自己需要的各种图形。但是，对于后期的编辑可能会较为麻烦，而且会耗费大量的时间和精力，从本章开始，我们开始讲解如何使用 AutoCAD 进行高效绘图。

图层、图块和设计中心能有效地将用户从前面杂乱无章的图形中解脱出来，而使图形变得井井有条。如果用户能合理的运用这些绘制方法，将能极大地提高绘图效率。

重点与难点

- 图层管理
- 插入图块
- 外部参照
- 设计中心
- 图层功能增强

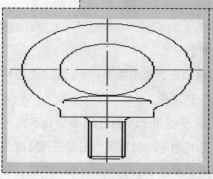

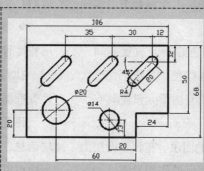

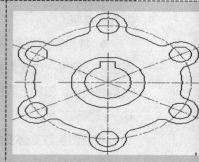

3.1 图层管理

图层是 AutoCAD 提供的强大功能之一，利用图层可以方便地对图形进行管理。使用图层主要有两个好处：首先便于统一管理图形；其次，用户可通过隐藏、冻结图层等操作统一隐藏、冻结该图层上所有的图形对象，从而为图形的绘制提供方便。

在 AutoCAD 机械制图中，绘制的每个对象都具有特性。有些特性是基本特性，适用于多数对象，例如图层、颜色、线型和打印样式；有些特性是专用于某个对象的特性，例如圆的特性，包括半径和面积。

3.1.1 图层特性管理器

图层是 AutoCAD 提供的管理图形的一种方法，这一方法巧妙地解决了许多绘图难题。

● 可以利用图层对图形进行分组管理，还可以根据需要随时打开/关闭或锁定/解锁相应的图层。已关闭的图层不再显示在屏幕上，这样可以简化显示。被锁定的图层仍然显示在屏幕上，但可以避免被删除或移动位置等错误操作，还可以在被锁定的图层上绘制新图形和捕捉目标点等。

● 将相同线型和颜色的图元放置在同一图层上，设置一次线型和颜色，系统记忆一次线型和颜色，图层上的所有图形元素就具有了这一线型和颜色。

在绘图前建立必要的图层，在相应图层上绘制相应的图元是一个很好的作图习惯。

图层的合理应用可以极大地减轻绘图时的工作，特别是在后期的图形修改中提供了极大的方便。将中心线、轮廓线、辅助线、文字标注和尺寸标注等分别放到不同的图层中，可以方便地进行绘图。

打开图层特性管理器有以下 4 种方式。

● 命令：LAYER

● 菜单："格式"→"图层"

● 工具栏："图层"→" （图层特性管理器）"

● 面板："常用"→"图层"→" （图层特性管理器）"

执行该命令，弹出图 3-1 所示的"图层特性管理器"选项板。

图层管理器用于控制在列表中显示的图层信息，还可用于同时对多个图层进行修改。用户可以在这里添加、删除和重命名图层；修改图层特性或添加说明等各项操作。

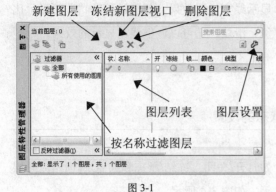

新建图层　冻结新图层视口　删除图层

图层列表　图层设置

按名称过滤图层

图 3-1

在默认情况下，AutoCAD 会自动创建一个 0 图层。单击"新建"按钮，可以在图层列表中创建一个名称为"图层 1"的新图层。

单击（新建图层）按钮，新建"图层 1"等相关图层，如图 3-2 所示。

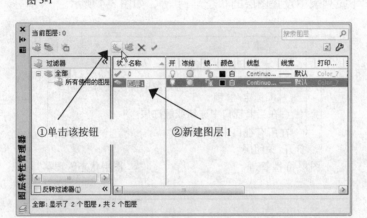

①单击该按钮　　②新建图层 1

图 3-2

在绘图过程中，需要对图形对象进行编辑，要继承源线段的线型和颜色等图层特性，因而需要修改这些图层的特性。为了便于对图形进行管理，建议用户用修改图层的方法来达到修改图形特性的目的。

在该对话框中还可以设置图层的名称、颜色、线型和线宽等多种选项。关于图层的创建和设置请参阅本书第 5 章。

3.1.2　设置线宽管理

用不同宽度的线条表现不同对象的大小或者类型，可以提高图形的表达能力，增强可读性。

在 AutoCAD 2009 中，除了可以使用"图层特性管理器"选项板来设置线宽外，还可以选择"格式"→"线宽"菜单（或者 LWEIGHT）命令，打开"线宽设置"对话框，如图 3-3 所示。

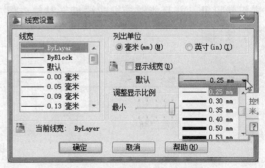

图 3-3

在"线宽"列表中可以设置当前线宽是"ByLayer"、"ByBlock"或者"默认"等，如果选中"显示线宽"复选框，系统将在屏幕上显示线宽设置效果。而通过移动"调整显示比例"滑块，还可以调整线宽显示的效果。

3.1.3 图层状态的设置

在 AutoCAD 中，可以在"图层"工具栏中的"图层控制"下拉列表中设置图层的状态，如打开/关闭、冻结/解冻和锁定/解锁相应的层等，如图 3-4 所示。

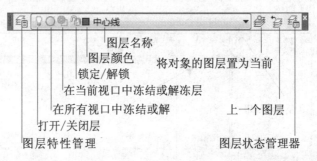

图 3-4

设置图层状态时要注意以下几点。

● 打开/关闭层：图层打开时，可显示和编辑图层上的图素；图层关闭时，图层上的图素被全部隐藏，且不能被编辑和打印。

● 冻结/解冻层：冻结图层时，图层上的图素全部隐藏，且不能被编辑或打印，从而减少复杂图形的重生成时间。

● 锁定/解锁：锁定图层时，图层上的图素仍然可见，并且能够捕捉或添加新对象，但不能被编辑。

注意

默认情况下，图层是解锁的。

此外，在"图层特性管理器"选项板中，还可以单击打印图标 来设置图层能否被打印。"对象特性"工具栏可以单独控制某个图素的颜色、线型和线宽等特性，如图 3-5 所示。

图 3-5

3.2

插入标准图块

使用"图层特性管理器"选项板可以方便地将相似的对象组织到一起,从而进行编辑。而图块则是在绘制标准模块或者大量相似的图形时,能迅速提高绘图效率的一种手段。

3.2.1 创建新图块

一组对象一旦被定义为图块,AutoCAD 就把它当作一个对象来处理。通过拾取图块内的任一对象,可以实现对整个图块对象进行复制、移动和镜像等编辑操作。图块可以由绘制在几个图层上的若干对象组成,图块中保留图层的信息。插入时,图块内的每个对象仍在它原来的图层上绘出,只有 0 图层上对象在插入时被绘制在当前层上,线型、颜色、线宽也随当前层而改变,从而影响图块的使用,因此定义图块时,建议用户不要使用 0 图层。

1. 使用对话框方式创建图块

使用对话框来创建块有以下 4 种方式。

- 命令:BLOCK
- 菜单:"绘图"→"块"→"创建"
- 工具栏:"绘图"→"🔲(创建块)"
- 面板:"块和参照"→"块"→"🔲(创建)"

实例 3-1 创建沉头螺钉图块

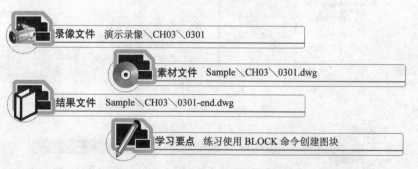

录像文件 演示录像＼CH03＼0301

素材文件 Sample＼CH03＼0301.dwg

结果文件 Sample＼CH03＼0301-end.dwg

学习要点 练习使用 BLOCK 命令创建图块

操作步骤

① 启动 AutoCAD 2009 中文版,打开 Sample/CH03/0301.dwg,如图 3-6 所示。

图 3-6

② 单击 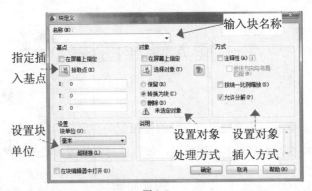 （创建块）按钮，弹出"块定义"对话框，如图 3-7 所示。

输入块名称

指定插入基点

设置块单位

图 3-7

注意

新建块可以直接输入名称，最多包含 255 个字符，如字母、数字、空格以及未被 Windows 和本程序用于其他目的的特殊字符。不能用 DIRECT、LIGHT、AVE_RENDER、RM_SDB、SH_SPOT 和 OVERHEAD 作为有效的块名称。

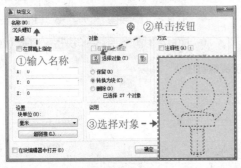

②单击按钮

①输入名称

③选择对象 →

图 3-8

③ 输入名称为"沉头螺钉"，单击 （选择对象）按钮，选择所有对象，AutoCAD 提示：

```
命令：block
选择对象：
指定对角点：找到 27 个
选择对象：        // 按<Enter>键
```

结果如图 3-8 所示。

注意

如果在"对象"选项区中将选择的对象指定 ⊙ **删除 (D)**，则定义完图块后，选择的对象将从当前图形中删除；指定 ⊙ **保留 (R)**，则定义完图形后，所选择的对象仍然为一个单独的图形，并不生成一个整体图块；如果创建的对象不想再分解开，可将设置中"☑ **允许分解 (P)**"前面的"√"去掉，这样创建的块就不能分解了。

单击 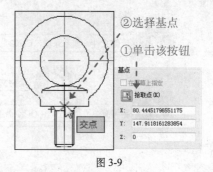（拾取点）按钮，拾取螺钉下面的部分中点为插入基点，结果如图 3-9 所示。

②选择基点
①单击该按钮

图 3-9

注意

"基点"选项区用于指定插入块的基点，默认值为（0，0，0），该基点在插入时作为基准点使用。

 输入说明文字，单击 确定 按钮即可完成图块的创建，结果如图 3-10 所示。

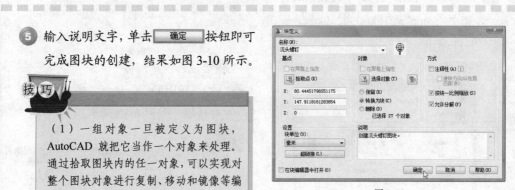

图 3-10

技巧

（1）一组对象一旦被定义为图块，AutoCAD 就把它当作一个对象来处理。通过拾取图块内的任一对象，可以实现对整个图块对象进行复制、移动和镜像等编辑操作。（2）如果一个块在定义时包括尺寸线在内，那么当运用"缩放"命令，将图形放大或缩小时，图形中的标注尺寸不变（实际尺寸已经发生变化），这一点解决了将图形局部放大或缩小时尺寸跟着变化的麻烦。

⑥ 选择"文件"→"另存为"命令，保存图形文件为 Sample/CH03/0301-end.dwg。

2．使用对话框方式创建全局块

使用 BLOCK 命令创建的图块是 AutoCAD 的内部文件，只能在该图形文件中使用。如果要在其他图形文件中使用该块，最简单的方法即是采用 WBLOCK（写块）命令创建全局块（又成为外部块）。

WBLOCK 命令和 BLOCK 命令一样可以定义块，只是该定义可以将块、选择集或整个图形作为一个图形文件单独存储在磁盘上，它建立的块本身既是一个图形文件，可以被其他图形引用，也可以单独打开，这样的块称为全局块。

实例 3-2　创建开口垫圈外部图块

录像文件　演示录像＼CH03＼0303

素材文件　Sample＼CH03＼0302.dwg

学习要点　使用 WBLOCK 命令创建开口垫圈外部图块

操作步骤

① 启动 AutoCAD 2009 中文版，打开光盘中 Sample/CH03/0302.dwg，如图 3-11 所示。

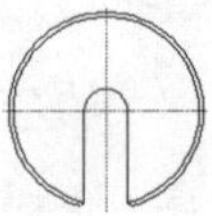

图 3-11

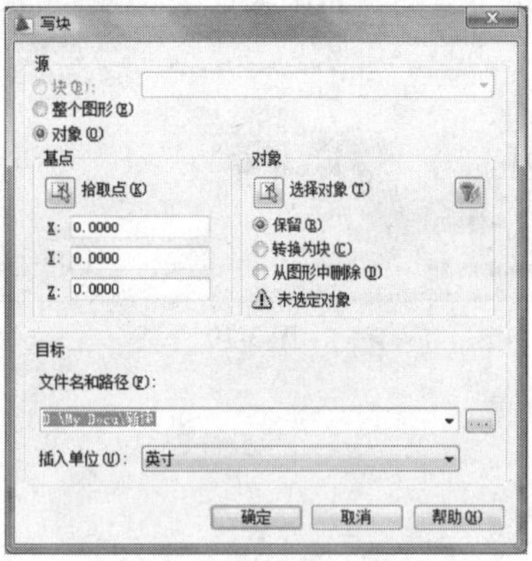

图 3-12

② 输入 WBLOCK 命令，弹出"写块"对话框，如图 3-12 所示。

注意

选择"源"选项区中的 ⊙块(B)：则可以将当前图形中已有的内部块定义为全局块；选择 ⊙整个图形(E) 则将当前整个图形定义为全局块，⊙对象(O) 为默认选项，需要用户选择图形的对象并定义拾取点；⊙整个图形(E) 和 ⊙块(B)：选项都不需要再选择图形对象。

③ 单击 "选择对象（T）"按钮，切换到绘图窗口选择安全阀对象，AutoCAD 提示：

```
命令：wblock
选择对象：
指定对角点：找到 9 个                    // 使用窗口选择安全阀包括的所有对象
选择对象：                              // 按<Enter>键
```

结果如图 3-13 所示。

图 3-13

④ 单击"基点"选项区中的 "拾取点（K）" 按钮，拾取开口垫圈的中心点为插入基 点，按<Enter>键返回到"写块"对话框， 显示当前基点坐标，结果如图 3-14 所示。

图 3-14

⑤ 单击"目标"下"文件名和路径"右 侧的 ... 按钮，弹出"浏览图形文件" 对话框，在"保存于"下拉列表框中 选择保存路径，在"文件名"中输入 "开口垫圈"文件名，如图 3-15 所示。

图 3-15

除了选择保存路径外，还可以在"文件名 和路径"文本框中直接输入文件路径和文 件名称。单击该文本框中的 ⊻ 按钮将显 示已经定义的路径和文件名。

⑥ 单击 保存(S) 按钮，返回到"写块" 对话框中，设置"插入单位"为英寸， 结果如图 3-16 所示。

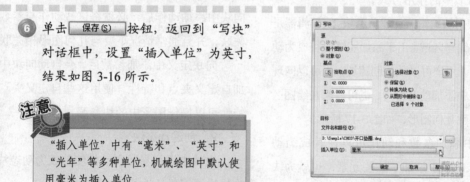

图 3-16

"插入单位"中有"毫米"、"英寸"和 "光年"等多种单位，机械绘图中默认使 用毫米为插入单位。

⑦ 单击 确定 按钮，弹出"写块预览"窗口完成写块操作，用户即可在其他图形中 调用该图块。然后选择"文件"→"另存为"命令，保存图形文件为 Sample/CH03/ 0302-end.dwg。

使用 WBLOCK 命令定义的图块文件是 AutoCAD 的一个 DWG 文件，它不保留图形中没有使用的图层、块和线型等定义。

3.2.2 动态块

动态块是从 AutoCAD 2006 版本开始增加的新功能，即使用块编辑器向块中添加参数和动作向新的或现有的块定义中添加动态行为。

动态块具有灵活性和智能性。用户在操作时可以轻松地更改图形中的动态块参照，也可以通过自定义夹点或自定义特性来操作动态块参照中的几何图形。这使得用户可以根据需要在位调整块，而不用搜索另一个块以插入或重定义现有的块，从而大大提高了效率。

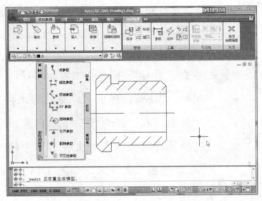

图 3-17

1．动态块概述

要使块成为动态块，必须至少添加一个参数，然后添加一个动作并将该动作与参数相关联。添加到块定义中的参数和动作类型定义了块参照在图形中的作用方式。

可以使用块编辑器创建动态块。块编辑器是一个专门的编写区域，用于添加能够使块成为动态块的元素。用户可以从头创建块，也可以向现有的块定义中添加动态行为，也可以像在绘图区域中一样创建几何图形，如图 3-17 所示。

向块中添加参数和动作可以使其成为动态块。如果向块中添加了这些元素，也就为块几何图形增添了灵活性和智能性。

● 通过指定块中几何图形的位置、距离和角度，参数可定义动态块的自定义特性。

● 动作定义了在图形中操作动态块参照时，该块参照中的几何图形将如何移动或更改。向块中添加动作后，必须将这些动作与参数相关联，并且通常情况下要与几何图形相关联。

向块定义中添加参数后，会自动向块中添加自定义夹点和特性。使用这些自定义夹点和特性可以操作图形中的块参照。

2．创建动态块

向块中添加参数和动作使其成为动态块，为块增添了灵活性和智能性。

实例 3-3　创建固定孔动态块

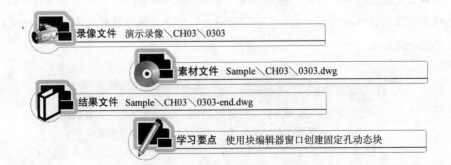

录像文件　演示录像\CH03\0303

素材文件　Sample\CH03\0303.dwg

结果文件　Sample\CH03\0303-end.dwg

学习要点　使用块编辑器窗口创建固定孔动态块

操作步骤

① 启动 AutoCAD 2009 中文版,打开 Sample/
CH03/0303.dwg,如图 3-18 所示。

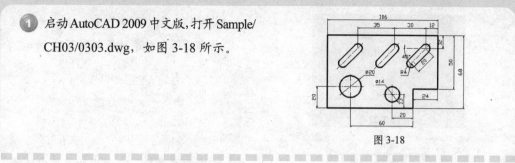

图 3-18

② 单击"块"面板上的 ⬚（块编辑器）
按钮,弹出"编辑块定义"对话框,
然后选择固定孔图块,如图 3-19 所示。

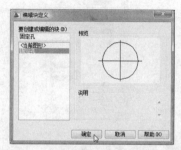

图 3-19

③ 单击 确定 按钮,进入到"块编辑
器"窗口,包括图块、块编辑选项板
等多个选项,如图 3-20 所示。

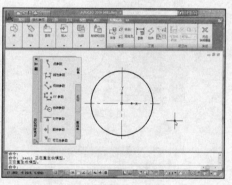

图 3-20

④ 单击"块编辑选项板"上的"参数"
选项卡,并拖动"线性参数"到圆上,
以圆心为起点、其右侧象限点为终点
插入线性参数,结果如图 3-21 所示。

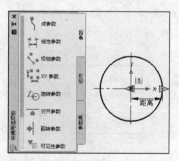

图 3-21

AutoCAD 2009

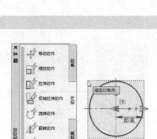
图 3-22

5 然后继续拖动"动作"选项卡上的"缩放动作"到"距离"参数上，并选择所有的圆形对象结果如图 3-22 所示。

图 3-23

6 右击距离参数，在弹出的菜单中选择"特性"选项，弹出"特性"选项板，选择"值集"选项区中的"距离类型"为"增量"方式，如图 3-23 所示。

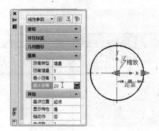
图 3-24

7 然后设置"距离增量"为 5，"最小距离"和"最大距离"分别为 5、20，输入完成后，用户可以在图形上看到增量距离的显示间隔（短线段），如图 3-24 所示。

图 3-25

8 完成后，单击"管理"面板上的 （保存）按钮保存图块的更改，然后单击 按钮关闭块编辑器，弹出警告窗口，如图 3-25 所示。

图 3-26

9 单击 是(Y) 按钮保存修改，完成后单击该图块，即可看到块两侧出现箭头，并出现灰色线段提示增量大小位置，如图 3-26 所示。

⑩ 拖动右侧箭头即可更改图块大小，结
果如图 3-27 所示。

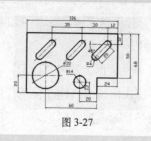

图 3-27

3.2.3　使用块的属性

属性是将数据附着到块上的标签或标记，是
块的组成部分，以增强图块的通用性。属性中可
能包含的数据包括零件编号、价格、注释和物主
的名称等。标记相当于数据库表中的列名。

插入带有变量属性的块时，会提示用户输
入要与块一同存储的数据。块也可能使用常量
属性（即属性值不变的属性）。常量属性在插入
块时不提示输入值。

属性也可以"不可见"。不可见属性不能
显示和打印，但其属性信息存储在图形文件中，
并且可以写入提取文件供数据库程序使用。

1．定义块属性

要创建属性，首先创建描述属性特征的属
性定义，然后将属性附着到目标块上，才能将
信息附着到块上。

定义属性有以下 3 种方法。

● 命令：ATTDEF
● 菜单："绘图"→"块"→"定义属性"
● 面板："块和参照"→"属性"→" 　 "（定
义属性)"

执行该命令，弹出"属性定义"对话框，
如图 3-28 所示。

设定与块关
联属性选项

设定属性数
据

指定属性位
置

设定属性文
字对正、样
式、高度等

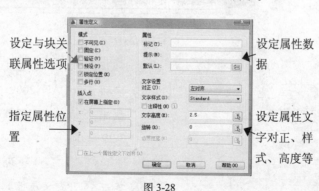

图 3-28

在该对话框中包含"模式"、"属性"、"插
入点"和"文字选项"4 个选项区。

（1）模式

在图形中插入块时，设置与块关联的属性

值选项。其中新增了☑锁定位置(K) 和☐多行(U)
两个选项。☑锁定位置(K) 用来锁定块参照中属
性的位置，解锁后，属性可以相对于使用夹点
编辑的块的其他部分移动，并且可以调整多行

属性的大小；□多行(U) 是用来指定属性值可以使用多行文字，并可指定属性的边界宽度。

(2) 属性

用来设置属性数据。其中"标记"选项用于标识图形中每次出现的属性。使用任何字符组合（空格除外）输入属性标记。小写字母会自动转换为大写字母。

(3) 文字选项

用来设置属性文字的对正、样式、高度和旋转。其中在 AutoCAD 2009 中，新增了□注释性(N)这个选项，用来指定属性为annotative。如果块是注释性的，则属性将与块的方向相匹配。单击信息图标以了解有关注释性对象的详细信息。

创建属性时，首先创建描述属性特征的属性定义。特征包括标记（标识属性的名称）、插入块时显示的提示、值的信息、文字格式、位置和任何可选模式（不可见、固定、验证和预置）。创建属性定义之后，在定义块时将它选为对象。然后，只要插入此块，AutoCAD 就会使用指定的文字提示用户输入属性。对于每个新的插入块，可以为属性指定不同的值。

2. 附着属性

所谓附着属性，就是将属性与某个特定的块联系起来，使之成为特定块的属性。

实例 3-4　附着属性并插入图块

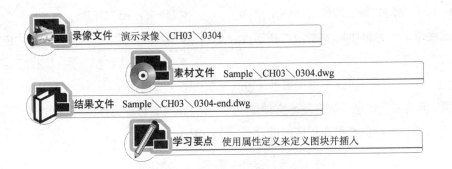

录像文件　演示录像\CH03\0304

素材文件　Sample\CH03\0304.dwg

结果文件　Sample\CH03\0304-end.dwg

学习要点　使用属性定义来定义图块并插入

操作步骤

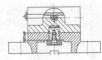

图 3-29

❶ 启动 AutoCAD 2009 中文版，打开光盘中 Sample/CH03/0304.dwg，如图 3-29 所示。

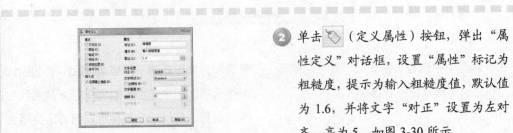

图 3-30

❷ 单击 （定义属性）按钮，弹出"属性定义"对话框，设置"属性"标记为粗糙度，提示为输入粗糙度值，默认值为 1.6，并将文字"对正"设置为左对齐，高为 5，如图 3-30 所示。

③ 单击 [确定] 按钮，在粗糙度符号上
指定属性插入点，结果如图 3-31 所示。

图 3-31

④ 单击 🔲（创建块）按钮，将属性定义
连同粗糙度符号一起定义为图块。设
置对象处理方式为 ◉ 删除(D)，指定粗
糙度符号的下部端点为插入点，并输
入说明，结果如图 3-32 所示。

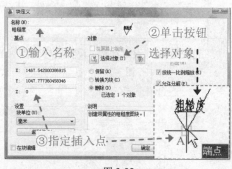

图 3-32

⑤ 单击 [确定] 按钮，源图形被删除。

3.2.4　插入图块

插入块后也就创建了块参照。可以确定其
位置、比例因子和旋转角度，使用不同的 x、y
和 z 值指定块参照的比例。插入块操作将创建
一个称作块参照的对象，因为参照了存储在当
前图形中的块定义。

插入图块有以下 4 种方式。

- 命令：INSERT
- 菜单："插入"→"块"
- 工具栏："绘图"→"🔲（插入块）"
- 面板："块和参照"→"块"→"🔲（插入块）"

⑥ 单击 🔲（插入点）按钮，弹出"插入"对话框，在对话框中直接显示当前定义的图
块名称，如图 3-33 所示。

如果插入的块不属于当前图形，这时就需要单击"名称"右侧的
[浏览(B)...] 按钮，在弹出的"选择图形文件"对话框中选择，如
图 3-34 所示。

图 3-33

图 3-34

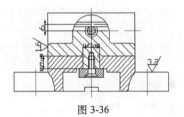

图 3-35

7 设置旋转角度为 90°，其他设置不变，单击 确定 按钮，在图形的右侧中部插入粗糙度图块，单击 （插入块）按钮，弹出"插入"对话框，如图 3-35 所示。

图 3-36

8 输入粗糙度值为 1.6，然后继续使用同样的方法添加其他位置的粗糙度，AutoCAD 提示：

```
命令: _insert
指定插入点或 [基点(B)/比例(S)/旋转
(R)]:            //指定右下侧点
输入属性值
请输入当前粗糙度值 <1.2>:3.2
            //输入属性值
```

如图 3-36 所示。

3.3 使用外部参照

外部参照和块类似，可以将整个图形作为参照图形（即外部参照）附着到当前图形中。通过外部参照，参照图形中所作的修改将反映在当前图形中。附着的外部参照链接至另一图形，并不真正插入。因此，使用外部参照可以生成图形而不会增加图形文件的大小。

实例 3-5　附着并编辑外部参照

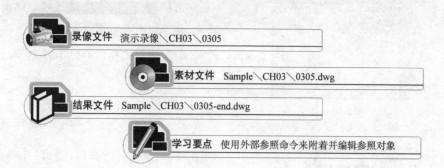

录像文件　演示录像＼CH03＼0305

素材文件　Sample＼CH03＼0305.dwg

结果文件　Sample＼CH03＼0305-end.dwg

学习要点　使用外部参照命令来附着并编辑参照对象

操作步骤

① 启动 AutoCAD 2009 中文版，打开光
盘中 Sample/CH03/0305.dwg，如图
3-37 所示。

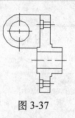

图 3-37

3.3.1　附着外部参照

将图形作为外部参照附着时，会将该参照图形链接到当前图形；打开或重载外部参照时，对参照图形所做的任何修改都会显示在当前图形中。

一个图形可以作为外部参照同时附着到多个图形中。反之，也可以将多个图形作为参照图形附着到单个图形中。附着外部参照和附着块相同，目的都是帮助用户用其他图形来补充图形。附着外部参照使用以下 3 种方法。

● 命令：XATTACH

● 菜单："插入"→"外部参照"

● 面板："块和参照"→"参照"→"⬚（外部参照）"

② 单击⬚（外部参照）按钮，弹出"外部参照"工具选项板。在该选项板上单击⬚按钮弹出快捷菜单，如图 3-38所示。

图 3-38

图 3-39

③ 选择 附着 DWG(D)... 选项，弹出"选择参照文件"对话框，选择"带肩螺钉"图形文件，如图 3-39 所示。

图 3-40

④ 单击 打开(O) 按钮，弹出"外部参照"对话框，设置比例为 2，旋转角度为 180°，如图 3-40 所示。

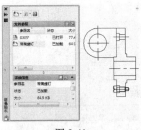

图 3-41

⑤ 单击 确定 按钮，在图形螺孔的合适位置处进行插入，在绘图区域中显示当前的参照图形，并在"外部参照"选项板中显示加载的参照文件名称和大小等信息，如图 3-41 所示。

3.3.2　管理外部参照

管理外部参照可以在"外部参照"选项板中右键单击即可看到相应的编辑命令。

图 3-42

⑥ 右键单击带肩螺钉，弹出快捷菜单，并选择"绑定"选项，如图 3-42 所示。

注意

AutoCAD 2009 更新了外部参照管理功能，不再是显示单独的"外部参照管理器"窗口来进行各项设置。

该快捷菜单中的主要选项说明如下。

- 打开: 在操作系统指定的应用程序中打开选定的文件参照。
- 卸载: 卸载选定的外部参照。
- 重载: 重载或卸载现有的外部参照。
- 拆离: 拆离现有的外部参照。

⑦ 弹出"绑定外部参照"对话框,选择绑定类型为 ⊙ 绑定 (B), 选项如图 3-43 所示。

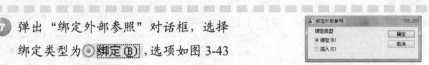

图 3-43

注意

在插入外部参照时, ⊙ **绑定 (B)** 方式改变外部参照的符号表名称,而 ⊙ **插入 (I)** 方式不改变符号表名称。 ⊙ **绑定 (B)** 是将选定的外部参照定义绑定到当前图形。将外部参照依赖符号表名称的语法从"块名/符号"变为"块名$#$符号名"(# 代表数字,默认为 0, 如果当前图形中存在同名对象,该数字就会增加); ⊙ **插入 (I)** 是将选定的外部参照定义按图块插入到当前图形。

⑧ 单击 [确定] 按钮,则当前的图形会自动转换为标准图块定义,在"外部参照"选项卡中不再显示,结果如图 3-44 所示。除了这种绑定外,还可以使用部分绑定功能,即将外部参照图形的部分属性绑定到当前图形中,详细说明请参阅《AutoCAD 2009 中文版自学手册》第 11章。这儿不再讲解。

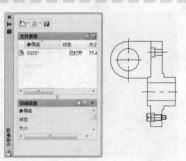

图 3-44

3.4 设计中心和工具选项板

设计中心为用户提供了一种直观、有效的操作界面,读者可以通过设计中心调用图形中的块、图层定义、尺寸样式和文字样式、外部参照、布局以及用户自定义等内容，主要功能有以下几点。

(1) 浏览用户计算机、网络驱动器和 Web 站点上的图形内容。

(2) 创建指向常用图形、文件夹和 Internet 网址的快捷方式。

(3) 更新（重定义）块定义、向图形中添加内容（例如外部参照、块和填充）。

(4) 在新窗口中打开图形文件，将图形、块和填充拖动到工具选项板上以便于访问。

3.4.1　使用设计中心插入图形

AutoCAD 设计中心窗口与 Windows 的资源管理器非常相似，使用 AutoCAD 设计中心可以方便地管理 AutoCAD 相关资源。

打开设计中心工具栏有以下 4 种方式。

● 命令：ADCENTER

● 菜单："工具"→"设计中心"

● 工具栏："标准注释"→" (设计中心)"

● 面板："视图"→"选项板"→" (设计中心)"

执行该命令，打开"设计中心"窗口，如图 3-45 所示。

选中 DesignCenter 文件夹，然后在图形的右侧即可看到该文件夹包含的所有子文件夹和图形，右击图形，弹出快捷菜单，如图 3-46 所示。

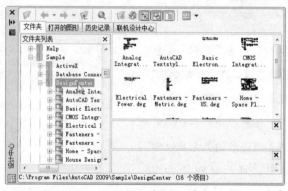

图 3-45

图 3-46

该快捷菜单主要选项功能如下。

● 附着为外部参照：打开"外部参照"对话框，以附加或覆盖型插入外部图形。

● 块编辑器：进入"块编辑器"窗口进行编辑。

● 插入为块：相当于执行 INSERT 命令，其插入的文件即选中的文件。

● 创建工具选项板：相当于将该图形所包含的图元添加到工具选项板。

在快捷菜单选择"在应用程序窗口中打开"选项，即可打开该图形（如图 3-47 所示）。

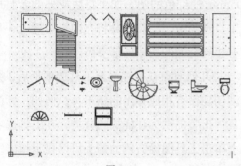

图 3-47

当打开该图形以后，单击"设计中心"窗口上的其他选项卡即可利用它们选择和观察设计中心的图形。

● 打开的图形：该选项卡显示在当前 AutoCAD 任务栏中打开的所有图形，包括最小化的图形。选中其中的一个图形文件，即可看

图 3-49

到该图形的相关设置，如标注样式、布局、线型和块等，如图 3-48 所示。

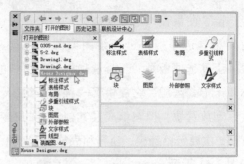

图 3-48

● 历史记录：该选项卡显示用户最近打开的文件列表，包括这些文件的完整路径信息。显示历史记录后，在一个文件上右击将显示该文件的相关信息，如图 3-49 所示。

● 联机设计中心：该选项卡显示网络站点上预先绘制的符号、制造商以及内容集成商的信息内容。

● ▨（加载）：显示"加载"对话框。使用该对话框可以加载控制板，同时显示来自 Windows 桌面、Autodesk Favorites 文件夹和 Internet 上的内容。

● 🔍（搜索）：显示"搜索"对话框。使用该对话框可以指定搜索条件、定位图形、块以及图形中的非图形对象，并可以自定义保存在桌面上的内容，如图 3-50 所示。

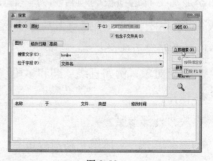

图 3-50

3.4.2 工具选项板

除了使用设计中心功能外，用户还可以使用工具选项板来进行绘图或添加工具选项。工具选项板是"工具选项板"窗口中的选项卡形式区域，它提供了一种用来组织、共享和放置块、图案填充及其他工具的有效方法。主要包括建模、注释和表格等选项板，如图 3-51 所示。

图 3-51

1. 从对象与图像创建及使用工具

可以通过将对象从图形拖至工具选项板来创建工具。然后可以使用新工具创建与拖至工具选项板的对象具有相同特性的对象。

添加到工具选项板的项目称为"工具"，可以通过将以下任何一项拖至工具选项板（一次一项）来创建工具。

- 几何对象（例如直线、圆和多段线）。
- 标注。
- 块、外部参照。
- 图案填充、实体填充和渐变填充。
- 光栅图像。

 注意

将对象拖动到工具选项板上时，可以通过在选项卡上悬停几秒钟以切换到其他选项卡。

然后使用新工具在图形中创建与拖至工具选项板的对象具有相同特性的对象。例如，如果将线宽为 0.05mm 的红色的圆从图形拖至工具选项板，则新工具将创建一个线宽为 0.05mm 的红色的圆。如果将块或外部参照拖至工具选项板，则新工具将在图形中插入一个具有相同特性的块或外部参照。

将几何对象或标注拖至工具选项板后，会自动创建带有相应弹出的新工具。例如，标注工具弹出将提供标注样式的分类，在工具选项板上单击工具图标右侧的箭头可以显示弹出。使用弹出的工具时，图形中对象的特性将与工具选项板上原始工具的特性相同。

2. 创建和使用命令工具

可以在工具选项板上创建执行单个命令或命令字符串的工具。

可以将常用命令添加到工具选项板。"自定义"对话框（如图 3-52 所示）打开后，就可以将工具从工具栏拖到工具选项板上，或者将工具从"自定义用户界面"（CUI）编辑器拖到工具选项板上。

将命令添加至工具选项板后，可以单击工具来执行此命令。例如，单击工具选项板上的"保存"工具可以保存图形，其效果与单击"标准"工具栏上的"保存"按钮相同。

也可以创建一个工具来执行一串命令或自定义命令（例如 AutoLISP 例程、VBA 宏或应用程序，或者脚本）。

图 3-52

即使显示"自定义用户界面"（CUI）编辑器时可以单击选项板上的工具，但也可能仍然无法预知最终的结果。显示"自定义用户界面"（CUI）编辑器时，最好不要使用选项板上的任何工具。

3.5 技能点拨：图层功能的增强

在 AutoCAD 2009 中，增强的视图和视口功能使用户按照一定比例、观察位置和角度来显示图形，方便了图形的绘制和编辑。

在 AutoCAD 的发展过程中，图层功能起到了很重要的作用。Autodesk 公司也在新版本中不断增强图层的相关功能，使得它成为用户提高绘图效率的强大利器。在 AutoCAD 2009 版本中，又增强了预览图层特性更改、并能自定义图层界面等功能，而且还能在不关闭图层窗口的情况下进行工作。

3.5.1　预览图层特性更改

从新版本开始，重新设计的"图层状态管理器"界面可以立即应用图层特性更改，而无需单击"应用"或"确定"按钮。

实例分析。

操作步骤

① 打开图 3-53 所示的图形，并将该图形的"图层特性管理器"窗口打开，用户可以看到该图层的各项参数。

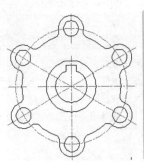

图 3-53

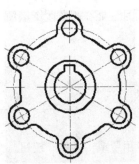

图 3-54

② 单击"图层特性管理器"窗口中"粗实线"图层上的"线宽"单元格,将该图层的线宽更改为 0.3mm,如图 3-54 所示。

③ 然后单击 确定 按钮,用户即可看到图形中该图层上的图形对象的线宽已经被修改,如图 3-55 所示。

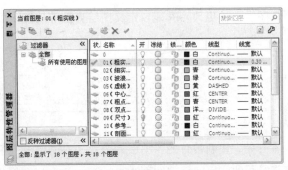

图 3-55

除了以上应用外,用户还可以在切换空间(从模型到布局或从布局到视口)后,增强的图层特性管理器将显示当前空间中图层特性的当前状态和选定的过滤器,将恢复显示相应的其他布局或视口特性。

切换文档后,图层特性管理器将更新,并显示当前文档中图层特性的当前状态和选定的过滤器。

3.5.2　自定义图层界面

增强的图层特性管理器支持双显示器方案。可以将其置于辅显示器上，而在主显示器上绘图。这样，绘图编辑器就变得简洁有序。

不需要时也可以将该对话框最小化或关闭，如图 3-56 所示。

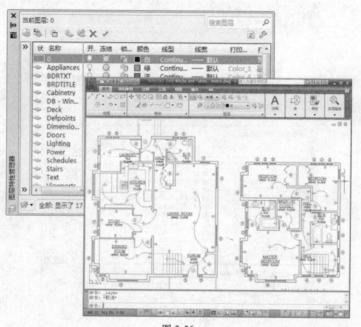

图 3-56

3.5.3　在"图层"选项板处于打开状态时工作

在图层特性管理器保持打开状态的同时，可以对多个图层特性进行更改。如选择希望可见的图层，无需单击"确定"或"应用"也无需重新打开和关闭对话框，即可查看图层特性更改（如图 3-57 所示）。

现在，可以实时地使用图层过滤器。选定的过滤器会实时反映在绘图任务中。通过"隐藏/显示图层过滤器窗格"按钮，可以控制图层过滤器窗格在图层特性管理器中的显示方式（如图 3-58 所示）。

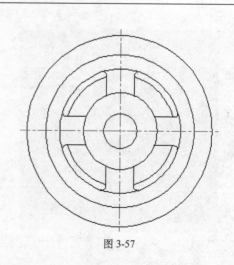

图 3-57

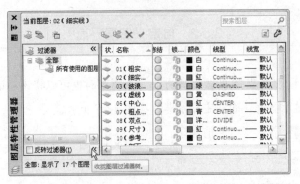

图 3-58

关闭完整的图层过滤器之后，单击"图层　　　当前文档中的图层过滤器，如图 3-59 所示。
过滤器"按钮可以访问过滤器。该操作将显示

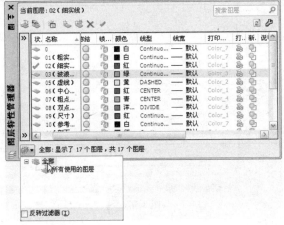

图 3-59

第4章

完善 AutoCAD 图形对象

前面主要讲解了二维平面绘图的基本操作和应用。

使用前面的讲解，我们能顺利地完成一些简单图形的绘制，但是要想绘制复杂的图形，仅能绘制出来还是不行的，这时就需要对图形进行简单地美化和完善。

如对图形添加尺寸和文字标注，这样才能让加工人员明白所要加工的零件长度尺寸、按照哪种方式加工等。

AutoCAD 2009

重点与难点

- 添加文字对象
- 添加尺寸标注
- 添加填充图案
- 完善图形注释
- 注释图形

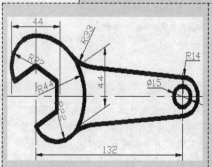

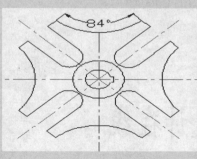

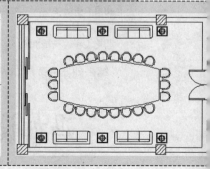

4.1 添加文字对象

AutoCAD 提供了多种创建文字的方法。对简短的输入项使用单行文字；对带有内部格式的较长的输入项使用多行文字（也称为多行文字），也可创建带有引线的多行文字。使用"文字"工具栏可以进行文字的创建和编辑，如图 4-1 所示。

对于不需要多种字体或多行的简短项，可以创建单行文字。单行文字对于标签非常方便。

图 4-1

4.1.1 单行文字的创建

单行文字每次只能输入一行文本，按 <Enter>键结束每行。每行文字都是独立的对象，可以重新定位、调整格式或进行其他修改。

书写单行文字有以下 4 种方式。

● 命令：DTEXT

● 菜单："绘图"→"文字"→"单行文字"
● 工具栏："文字"→"Ａ（单行文字）"
● 面板："注释"→"文字"→"Ａ（单行文字）"

执行该命令，AutoCAD 提示：

```
命令：_dtext
当前文字样式：仿宋体　当前文字高度：2.5000       // 显示当前系统文字样式和高度
指定文字的起点或 [对正（J）/样式（S）]：           // 指定文字对象的起点或输入选项
指定高度 <2.5000>：                                // 指定文字高度或按<Enter>键
指定文字的旋转角度 <0>：                           // 按<Enter>键
```

结果如图 4-2 所示。

冯如设计在线

图 4-2

注意

用于单行文字的文字样式与用于多行文字的文字样式相同。创建文字时，通过在"输入样式名"提示下输入样式名来指定现有样式。如果需要将格式应用到独立的词语和字符，则应该使用多行文字而不是单行文字。

4.1.2 对齐单行文字

创建单行文字时，要在命令行指定文字样式并设置对齐方式。文字"样式"设置文字对象的默认特征，"对正"决定字符的哪一部分与插入点对正。

AutoCAD 显示以下几种对正方式，说明如下。

● 对齐：通过指定基线端点来指定文字的高度和方向。选择该选项后，系统将提示用户确定文字串的起点和终点，系统根据用户输入将自动根据字符的高度按比例调整。文字字符串越长，字符越矮。

● 中心：从基线的水平中心对齐文字，此基线是由用户给出的点指定的。输入选项后，

在随后"指定文字的旋转角度"时，系统指定的旋转角度是指基线以中点为圆心旋转的角度，它决定了文字基线的方向，可通过指定点来决定该角度。文字基线的绘制方向为从起点到指定点。如果指定的点在中心点的左边，将绘制出倒置的文字。

● 中间：文字在基线的水平中点和指定高度的垂直中点上对齐。中间对齐的文字不保持在基线上。"中间"选项使用的中点是所有文字包括下行文字在内的中点。

● 右：在由用户给出的点指定的基线上右对正文字。

4.1.3 编辑单行文字

单行文字的编辑主要是修改文字内容和修改文字特性，可以使用文字编辑命令 DDEDIT，或者使用属性（PROPERTIES）值来编辑单行文字。

单行文字对象在基线左下角和对齐点还具有夹点，可用于移动、缩放和旋转。

修改文字特性有两种方法：（1）修改文字样式来修改文字的对正方式以及缩放比例；（2）选择文字后单击"标准注释"工具栏中的特性按钮，或者右击选择"特性"选项，即可打开"特性"选项板，如图 4-3 所示。

在该选项板中，用户可以在"文字"栏选择相应的选项来修改。

在实际的绘图设计中，除了输入普通文字和英文字符之外，还常常需要输入诸如"Φ（标

注直径）、°（标注度数）和 ±（标注正负公差）"之类的特殊符号，由于这些特殊符号无法直接输入，因此 AutoCAD 提供了相应的 Unicode 字符串和控制代码来输入特殊字符和带格式的文字，或者使用 Windows 系统提供的模拟键盘实现（如图 4-4 所示）。

图 4-3

图 4-4

(1) Unicode 字符串：创建特殊字符，包括度符号、正/负公差符号和直径符号等。

● \U+00B0 ：度符号（°）

● \U+00B1 ：公差符号（±）

● \U+2204 ：直径符号（Φ）

(2) 控制代码：为文字加上划线和下划线，或通过在文字字符串中包含控制信息来插入特殊字符。每个控制序列都需要通过一对百分号引入。

有些控制代码可使用标准 AutoCAD 文字字体和 Adobe PostScript 字体。

● %%nnn：绘制字符数 nnn。

下面这些控制代码只能使用标准 AutoCAD 文字字体。

● %%o：控制是否加上划线。

● %%u：控制是否加下划线。

● %%d：绘制度符号（°）。

● %%p：绘制正/负公差符号（±）。

● %%c：绘制圆直径标注符号（Φ）。

● %%%：绘制百分号（%）。

此外，还可同时为文字加上划线和下划线，上划线和下划线在文字字符串结束处自动关闭。

4.1.4　多行文字的创建

使用多行文字可以创建较为复杂的文字说明，如图样的技术要求和说明等。对于较长或者较为复杂的内容，可以创建多行或段落文字。

AutoCAD 2009 对多行文字编辑器进行了改进，使之更符合用户的使用习惯，从而提高工作效率。

创建多行文字有以下 4 种方式。

● 命令：MTEXT

● 菜单："绘图"→"文字"→"多行文字"

● 工具栏："绘图"→"Ａ（多行文字)"

● 面板："注释"→"文字"→"Ａ（多行文字)"

执行该命令，AutoCAD 提示：

```
命令:mtext
当前文字样式:"Standard"  当前文字高度:109. 3609
指定第一角点:
指定对角点或［高度（H）/对正（J）/行距（L）/
旋转（R）/样式（S）/宽度（W）］:
```

在绘图区域中指定文字的第一角点和对角点后系统打开多行文字功能区，包括了"样式"、"设置格式"等多个面板，如图 4-5 所示。

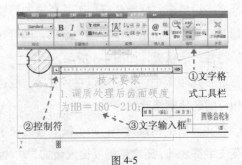

图 4-5

AutoCAD 2009 更新了多行文字编辑器的显示方式。当用户需要输入多行文字时，不再是显示"多行文字编辑器"选项板，而是直接将此整合到了当前的功能区中，显示为"多行文字"选项板，同时该选项卡下包括"样式"、"设置格式"和"段落"等多个面板。

下面简要将"多行文字"选项卡中的各个面板说明一下。

（1）样式和设置格式面板

该面板主要包括用户设置的多种文字样式、文字的高度和注释性等 3 个选项，如图 4-6 所示。

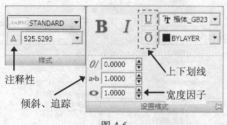

图 4-6

该面板中包含多个选项，简要说明如下。

● ：显示当前的文字样式，用户可以单击该选项来查看其他样式。

● ：显示当前的文字高度，用户可以在里面设置显示高度。

● B / I（粗体/斜体）：打开和关闭新文字或选定文字的粗体/斜体格式。此选项仅适用于使用 TrueType 字体的字符。

● T 楷体_GB23 ：为新输入的文字指定字体或改变选定文字的字体。

TrueTyp 字体按字体族的名称列出。AutoCAD 编译的形（SHX）字体按字体所在文件的名称列出。自定义字体和第三方字体在编辑器中显示为 Autodesk 提供的代理字体。

● BYLAYER ：指定新文字的颜色或更改选定文字的颜色。

（2）设置段落与插入点

"段落"面板主要用来设置文字的对齐方式，字体的样式、颜色等；"插入点"则用来指定插入符号、字段和列等信息，如图 4-7 所示。

图 4-7

主要选项简要说明如下。

● A（对正）：显示"多行文字对正"菜单，并且有 9 个对齐选项可用。"左上"为默认。

● （行距）：显示建议的行距选项或"段落"对话框。在当前段落或选定段落中设置行距。

● （编号）：显示"项目符号和编号"菜单，用于创建列表的选项。

● （段落）：单击该按钮显示"段落"对话框，如图 4-8 所示。

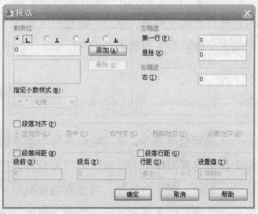

图 4-8

该对话框为段落和段落的第一行设置缩进。指定制表位和缩进，控制段落对齐方式、

89

段落间距和段落行距。

"符号"面板用来指定插入的符号、字段等。

● @ (符号)：在光标位置插入符号或不间断空格。也可以手动插入符号。

● (插入字段)：显示"字段"对话框，从中可以选择要插入到文字中的字段。关闭该对话框后，字段的当前值将显示在文字中。

● (栏)：显示栏弹出型菜单，该菜单提供 3 个栏选项："不分栏"、"静态栏"和"动态栏"，如图 4-9 所示。

图 4-9

（3）选项和关闭面板

"选项"面板用来指定插入与替换、拼写检查和打开选项菜单，"关闭"面板用来关闭当前的文字编辑器，如图 4-10 所示。

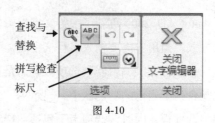

图 4-10

各选项含义如下。

● (选项)：显示其他文字选项列表，如图 4-11 所示。

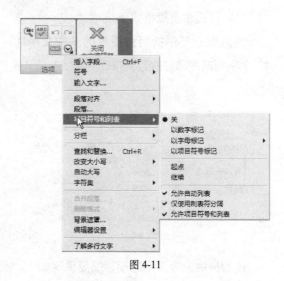

图 4-11

● (放弃/重做)：放弃/重做在"多行文字"功能区上下文选项卡中执行的操作，包括对文字内容或文字格式的更改。

4.1.5　编辑多行文字

无论行数是多少，单个编辑任务中创建的每个段落集将构成单个对象。用户可对其进行移动、旋转、删除、复制、镜像或缩放操作。多行文字的编辑选项比单行文字多，例如，可以将对下划线、字体、颜色和高度的修改应用到段落中的单个字符、单词或短语。

编辑文字时，直接双击即可在打开的"多行文字"功能区中修改。

另外，还可以在"特性"选项卡中修改多行文字的样式、对齐方式、宽度和旋转角度等参数，如图 4-12 所示。

单击"内容"编辑框右边的按钮 ，弹出"多行文字"功能区，输入内容将出现在文字编辑框中。

注意

多行文字的文字样式与单行文字的文字样式相同。创建文字时，可通过命令行"样式"提示中输入样式名来指定现有样式。如果需要将格式应用到独立的词语和字符，则应使用多行文字而不是单行文字。

图 4-12

4.2 添加尺寸标注

标注是向图形中添加测量注释的过程。AutoCAD 为机械对象提供多种设置标注格式的方法，可以在各个方向上为对象创建标注，也可以创建标注样式。为了便于管理，国家标准 GB/T 4454.4-1954 对尺寸标注的基本方法进行了一系列规定，用户在绘图过程中必须严格遵守，并要标注制造零件所需要的全部尺寸，不遗漏、不重复，确保标注尺寸符合设计和工艺要求，达到行业或项目标准。

在 AutoCAD 2009 中，用户可以使用"标注"工具栏和"标注"菜单对图形进行尺寸标注，如图 4-13 所示。

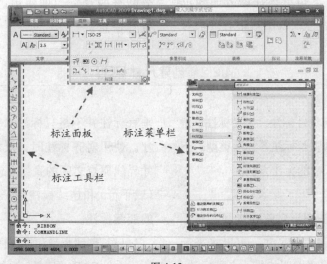

图 4-13

要了解具体的标注方法，首先应该了解一下尺寸标注中的基本元素，如尺寸标注规则、尺寸标注组成以及尺寸标注步骤等。

4.2.1 尺寸基本要素

一个完整的尺寸标注具有以下 3 个独特的元素：尺寸界线、尺寸线和标注文字，如图 4-14 所示。

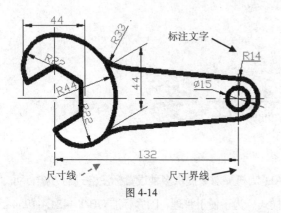

图 4-14

● 尺寸界线：也称为投影线，用细实线绘制，表示标注尺寸的起止范围，并用图形的轮廓线、轴线或对称中心线处引出，也可用这些线代替。

● 尺寸线：用于指示标注的方向和范围，用细实线绘制，一端或两端带有终端符号，如箭头或者斜线。尺寸线不能用其他图线代替，也不得与其他图线重合。标注线性尺寸时尺寸线必须与所标注的线段平行，相同方向各尺寸线之间距离要均匀，间隔不小于 5mm。

● 标注文字：尺寸文字是用于指示测量值的字符串。尺寸文字可以只反映基本尺寸，也可以包含前缀、后缀和公差，还可以按极限尺寸形式标注。一般应标注在尺寸线的上方，也可标注在尺寸线的中断处。标注为水平方向时字头向上，垂直方向时字头向左。尺寸数字不可被任何图线所通过，否则必须将该图线断开。

此外，可以使用圆心标记来表示圆心的位置，圆心标记指标记圆或圆弧的十字交叉线。还可以使用两条相互垂直且有部分断开的直线，即使用圆心线来表示圆心位置信息。

4.2.2 创建尺寸标注

尺寸标注主要有线性标注、半径标注、角度标注、坐标标注和弧长标注等标准类型。下面分别介绍这 5 种尺寸的标注方法。

1. 线性标注

线性标注指标注图形对象在水平方向、垂直方向或指定方向上的尺寸，可以水平、垂直或对齐放置。需要说明的是，水平标注、垂直标注并不是只标注水平边或垂直边的尺寸。使用对齐标注时，尺寸线将平行于两尺寸界线原点之间的直线（想象或实际），基线（或平行）和连续标注是一系列基于线性标注的连续标注。

（1）创建水平和垂直标注

AutoCAD 根据指定的尺寸界线原点或对

象的位置自动应用水平或垂直标注。默认为水平标注。

使用线性标注有以下 4 种方式。

● 命令：DIMLINEAR

● 菜单："标注" → "线性"

● 工具栏："标注" → "⊢⊣（线性）"

● 面板："注释" → "标注" → "⊢⊣（线性）"

执行该命令，AutoCAD 提示：

```
命令：_dimlinear
指定第一条尺寸界线原点或 <选择对象>：         // 指定标注的第一条尺寸原点
指定第二条尺寸界线原点：<对象捕捉 开>         // 指定标注的第二条尺寸原点
创建了无关联的标注。
指定尺寸线位置或
[多行文字(M)/文字(T)/角度(A)/水平(H)/垂直(V)/旋转(R)]：     // 按<Enter>键
标注文字 = 229


命令：_dimlinear
指定第一条尺寸界线原点或 <选择对象>：          // 指定标注的第一条尺寸原点
指定第二条尺寸界线原点：                      // 指定标注的第二条尺寸原点
指定尺寸线位置或
[多行文字(M)/文字(T)/角度(A)/水平(H)/垂直(V)/旋转(R)]：v    // 输入V标注类型
指定尺寸线位置或 [多行文字(M)/文字(T)/角度(A)]：           // 指定尺寸线位置
标注文字 = 274
```

如图 4-15 所示。

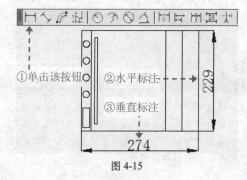

① 单击该按钮　　② 水平标注　　③ 垂直标注

229

274

图 4-15

（2）对齐标注

在对齐标注中，尺寸线平行于尺寸界线原点连成的直线。用户选定对象并指定对齐标注的位置，将自动生成尺寸界线。

使用对齐标注有以下 4 种方式。

● 命令：DIMLINEAR

● 菜单："标注" → "对齐"

● 工具栏："标注" → "↖（对齐）"

● 面板："注释" → "标注" → "↖（对齐）"

执行该命令，AutoCAD 提示：

```
命令：_dimaligned
指定第一条尺寸界线原点或 <选择对象>：         // 指定标注的第一条尺寸原点
指定第二条尺寸界线原点：                      // 指定标注的第二条尺寸原点
指定尺寸线位置或
[多行文字(M)/文字(T)/角度(A)]：
标注文字 = 17.32


命令：_dimaligned
指定第一条尺寸界线原点或 <选择对象>：         // 指定标注的第一条尺寸原点
指定第二条尺寸界线原点：                      // 指定标注的第二条尺寸原点
```

AutoCAD
2009

```
指定尺寸线位置或
[多行文字(M)/文字(T)/角度(A)]:
标注文字 = 18
```

如图 4-16 所示。

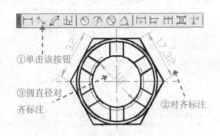

图 4-16

2. 创建半径标注

半径标注使用可选的中心线或中心标记测量圆弧和圆的半径和直径。如果"文字位置"设置为"在尺寸线之上",并带有引线,则同时应用标注与引线。

使用半径标注有以下 4 种方式。

- 命令:DIMRADIUS
- 菜单:"标注"→"半径"
- 工具栏:"标注"→"◎(半径)"
- 面板:"注释"→"标注"→"◎(半径)"

执行该命令,AutoCAD 提示:

```
命令:_dimradius
选择圆弧或圆:            //选择圆
标注文字 = 5.13          //显示标注尺寸
指定尺寸线位置或 [多行文字(M)/文字(T)/角
度(A)]:                //指定放置位置
```

如图 4-17 所示。

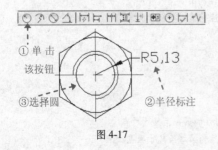

图 4-17

当通过"多行文字(M)"或"文字(T)"选项重新确定尺寸文字时,只有给输入的尺寸文字加前缀"R"才能标出半径尺寸符号,否则没有此符号。

如果圆弧或圆的圆心位于图形边界之外并且无法在其实际位置显示时,可以使用 DIMJOGGED 命令创建折弯标注,也可以在更方便的位置指定标注的原点(称为中心位置替代)来测量并显示其半径,如图 4-18 所示。

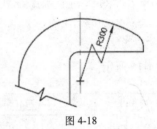

图 4-18

注意

当通过"多行文字(M)"或"文字(T)"选项重新确定尺寸文字时,只有给输入的尺寸文字加前缀"%%C"才能使标出的直径尺寸有直径符号,否则没有此符号。

直径标注与半径标注类似,这儿不再详加说明。

3. 创建角度标注

角度标注是测量两条直线或 3 个点之间的角度。要测量圆的两条半径之间的角度,可以选择此圆,然后指定角度端点。对于其他对象,需要选择对象然后指定标注位置,还可以通过指定角度顶点和端点标注角度。

注意

可以相对于现有角度标注创建基线和连续角度标注。基线和连续角度标注≤150°。要获得＞150°的基线和连续角度标注，请使用夹点拉伸现有基线或连续标注的尺寸界线位置。

使用角度标注有以下 4 种方式。

- 命令：DIMANGULAR
- 菜单："标注"→"角度标注"
- 工具栏："标注"→"△（角度）"
- 面板："注释"→"标注"→"△（角度）"

执行该命令，AutoCAD 提示：

```
命令: _dimangular
选择圆弧、圆、直线或 <指定顶点>:
指定角的第二个端点:
指定标注弧线位置或 [多行文字(M)/文字(T)/
角度(A)]:
标注文字 = 84
```

如图 4-19 所示。

图 4-19

用户在此提示下可标注圆弧的包含角、圆上某一段圆弧的包含角、两条不平行直线之间的夹角，或根据给定的 3 点标注角度。

4．创建弧长标注

用使用弧长标注来测量和显示圆弧的长度。使用弧长标注有以下 4 种方式。

- 命令：DIMARC
- 菜单："标注"→"弧长"
- 工具栏："标注"→"（弧长）"
- 面板："注释"→"标注"→"（弧长）"

执行该命令，AutoCAD 提示：

```
命令: _dimarc
选择弧线段或多段线弧线段:
指定弧长标注位置或 [多行文字(M)/文字(T)/
角度(A)/部分(P)/引线(L)]:
标注文字 = 18.22
```

如图 4-20 所示。

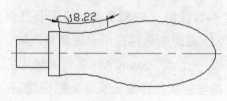

图 4-20

注意

弧长标注的典型用法包括测量围绕凸轮的距离。为区别它们是线性标注还是角度标注，默认情况下，弧长标注将显示一个圆弧符号。

圆弧符号（也称为"帽子"或"盖子"）显示在标注文字的上方或前方。可以使用"标注样式管理器"指定位置样式，也可以在"新建标注样式"对话框或"修改标注样式"对话框的"符号和箭头"选项卡上更改位置样式。

弧长标注的尺寸界线可以正交或径向，如图 4-21 所示。

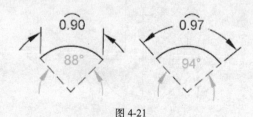

图 4-21

 注意

仅当圆弧的包含角度＜90°时才显示正交尺寸界线。

5. 创建坐标标注

坐标标注测量原点（称为基准）到标注特征的垂直距离。这种标注保持特征点与基准点的精确偏移量，从而避免增大误差。

坐标标注由 x 或 y 值和引线组成。x 基准坐标标注沿 x 轴测量特征点与基准点的距离，y 基准坐标标注沿 y 轴测量距离。如果指定一个点，AutoCAD 将自动确定它是 x 基准坐标标注还是 y 基准坐标标注，这称为自动坐标标注。如果 y 值距离较大，那么标注测量 x 值，否则测量 y 值，如图 4-22 所示。

AutoCAD 使用当前 UCS 的绝对坐标值确定坐标值。在创建坐标标注之前，通常需要重设 UCS 原点与基准相符，如图 4-23 所示。

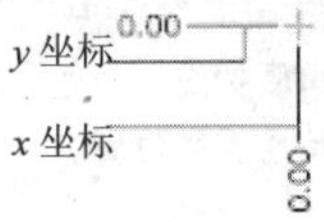

图 4-22

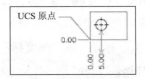

图 4-23

不管当前标注样式定义的文字方向如何，坐标标注文字总是与坐标引线对齐。

使用坐标标注有以下 4 种方式。

- 命令：DIMORDINATE
- 菜单："标注" → "坐标"
- 工具栏："标注" → "⊡（坐标）"
- 面板："注释" → "标注" → "⊡（坐标）"

执行该命令，AutoCAD 提示：

```
命令: _dimordinate
指定点坐标:                          // 确定要标注坐标的点
指定引线端点或 [X 基准 (X) /Y 基准 (Y) /多行文字 (M) /文字 (T) /角度 (A)]:
标注文字 = 11.4

命令: _dimordinate
指定点坐标:                          // 确定要标注坐标的点
指定引线端点或 [X 基准 (X) /Y 基准 (Y) /多行文字 (M) /文字 (T) /角度 (A)]:
标注文字 = 13.25
```

如图 4-24 所示。

②标注 x 坐标　①选择坐标点

图 4-24

如果在此提示下相对于标注点上下移动光标，将标注点的 x 坐标；若相对于标注点左右移动光标，则标注点的 y 坐标。确定点的位置后，AutoCAD 在该点标注出指定点的坐标。

4.2.3　尺寸标注的编辑

　　AutoCAD 2009 提供了多种方法编辑尺寸
标注，下面逐一介绍这些方法和命令。

　　编辑尺寸标注有以下 3 种方式。

- 命令：DIMEDIT
- 菜单："标注"→"编辑标注"
- 工具栏："标注"→"⬚（编辑标注）"

实例 4-1　编辑机械零件尺寸标注

录像文件　演示录像＼CH04＼0401

素材文件　Sample＼CH04＼0401.dwg

结果文件　Sample＼CH04＼0401-end.dwg

学习要点　练习使用编辑标注命令编辑尺寸标注

操作步骤

① 启动 AutoCAD 2009 中文版。

② 单击 ⬚（打开）按钮，打开 Sample/CH04/0401.dwg 图形文件，如图 4-25 所示。

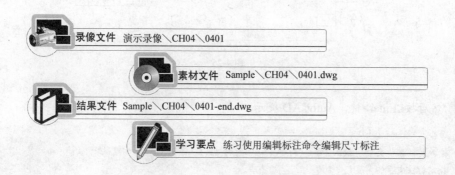

图 4-25

③ 单击"标注"工具栏上的 ⬚（编辑标注）按钮，输入编辑类型为旋转，设定旋转
角度为 30°，然后选择右侧的公差标注，如图 4-26 所示。

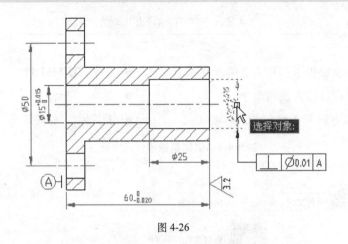

图 4-26

④ 然后按<Enter>键，AutoCAD 提示：

```
命令： _dimedit
输入标注编辑类型 [默认 (H) /新建 (N) /旋转 (R) /倾斜 (O)] <默认>： r
指定标注文字的角度： 30
选择对象： 找到 1 个
选择对象：
```

如图 4-27 所示。

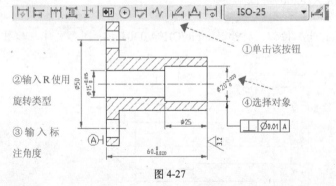

①单击该按钮

②输入 R 使用

旋转类型

③输入标

注角度

④选择对象

图 4-27

注意

编辑标注类型中的"新建"是用来重新输入尺寸标注文字；"倾斜 (O)"是使没有使用角度标注的尺寸界线旋转一个角度。

⑤ 选择"文件"→"另存为"命令，保存图形文件为 Sample/CH04/0401-end.dwg。

添加填充图案

图案填充功能在 AutoCAD 应用较多，可以使用图案填以及选定的图案或颜色填充区域，还可以创建区域覆盖对象来使区域空白。

4.3.1 面 域

面域是使用形成闭合环的对象创建的二维闭合区域，具有物理特性（例如形心或质量中心）。环可以是直线、多段线、圆、圆弧、椭圆、椭圆弧和样条曲线的组合，组成环的对象必须闭合或通过与其他对象共享端点而形成闭合的区域，如图 4-28 所示。

面域的边界由端点相连的曲线组成，曲线上的每个端点仅连接两条边。AutoCAD 不接受所有相交或自交的曲线。

创建面域有以下 4 种方式。

● 命令：REGION

● 菜单："绘图"→"面域"

● 工具栏："绘图"→"▣（面域）"

● 面板："常用"→"绘图"→"▣（面域）"

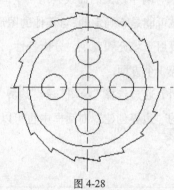

图 4-28

执行该命令，AutoCAD 提示：

```
命令：_region
选择对象：找到 1 个              // 选择直线 AB
选择对象：找到 1 个，总计 2 个    // 选择直线 BC
选择对象：找到 1 个，总计 3 个    // 选择直线 CD
选择对象：找到 1 个，总计 4 个    // 选择直线 DA
选择对象：                      // 按<Enter>键
已提取 1 个环。
已创建 1 个面域。
```

结果如图 4-29 所示。

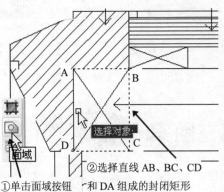
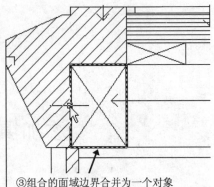

①单击面域按钮 和 DA 组成的封闭矩形　　　③组合的面域边界合并为一个对象
②选择直线 AB、BC、CD

图 4-29

默认情况下，AutoCAD 进行面域转换时将用面域对象取代原来的对象，并删除原对象。如果原始对象是图案填充对象，那么图案填充的关联性将丢失。

如果有两个以上的曲线共用一个端点，得到的面域可能是不确定的。与其他的图形相比，面域主要用于填充和着色、分析特性、提取设计信息等 3 个方面。

此外，通过选择"绘图"→"边界"菜单，在弹出的"边界创建"对话框中也可以设置生

成面域，应首先选择对象类型(0)：面域，然后单击 （拾取点）按钮，并在选定位置单击即可，如图 4-30 所示。

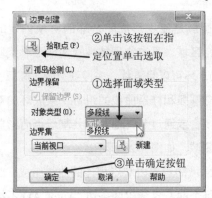

①选择面域类型
②单击该按钮在指定位置单击选取
③单击确定按钮

图 4-30

4.3.2　图 案 填 充

用户可以给图形指定填充图案以增强工程图形的可读性，如机械绘图中的剖切面、建筑绘图中的地板图案等，都可以使加工者知道该区域的用途。

可以使用预定义填充图案填充区域、使用当前线型定义简单的线图案，也可以创建更复杂的填充图案。有一种图案类型叫做实体，它使用实体颜色填充区域。

调用图案填充命令有以下 4 种方法。

● 命令：HATCH
● 菜单："绘图"→"图案填充"
● 工具栏："绘图"→" （图案填充）"
● 面板："常用"→"绘图"→" （图案填充）"

执行该命令，系统打开"图案填充和渐变色"对话框，如图 4-31 左所示。

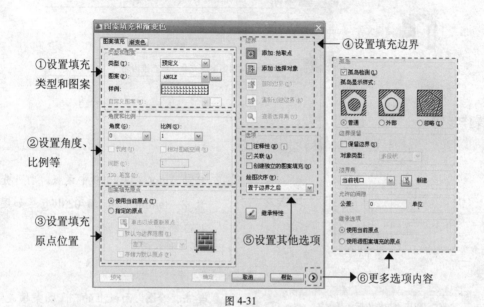

①设置填充类型和图案

②设置角度、比例等

③设置填充原点位置

④设置填充边界

⑤设置其他选项

⑥更多选项内容

图 4-31

另外，也可以单击 渐变色 选项卡创建渐变填充。渐变填充在一种颜色的不同灰度之间或两种颜色之间使用过渡，可用于增强演示图形的效果，使其呈现光在对象上的反射效果，也可以用作徽标中的背景，如图 4-32 所示。

使用渐变填充中的颜色可以从浅色到深色再到浅色，或者从深色到浅色再到深色平滑过渡，选择预定义的图案（例如，线性扫掠、球状扫掠或抛物面状图案）并为图案指定角度。在双色的渐变填充中，都是从浅色过渡到深色，从第一种颜色过渡到第二种颜色。

此外，在该对话框中还可以设置 ☑孤岛检测 (L) 和 □保留边界 (S) 等选项。

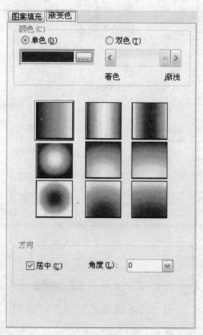

图 4-32

实例 4-2 给锥齿轮剖面图添加填充图案

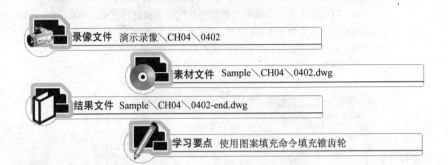

录像文件 演示录像＼CH04＼0402

素材文件 Sample＼CH04＼0402.dwg

结果文件 Sample＼CH04＼0402-end.dwg

学习要点 使用图案填充命令填充锥齿轮

操作步骤

图 4-33

① 启动 AutoCAD 2009 中文版，打开光盘中 Sample/CH04/0402.dwg，如图 4-33 所示。

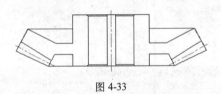
方法①：单击下拉列表框选择图案

方法②：单击该按钮，此处我们单击该按钮

图 4-34

② 单击"绘图"面板上的 （图案填充）按钮，弹出"图案填充和渐变色"对话框，如图 4-34 所示。

技巧

共包含 3 种填充方式，"预定义"是使用已定义在 ACAD.PAT 文件中的图案，存储在产品附带的 acad.pat 或 acadiso.pat 文件中；"用户定义"是使用当前线型定义的图案；自定义则是使用定义在其他 PAT 文件（非 ACAD.PAT）中的图案。

③ 用户可以直接在 ANSI31 框中选择图案样式。此处单击该框右侧的 ... 按钮，弹出"填充图案选项板"对话框，单击 ANSI 选项卡，选择 ANSI31 图案，如图 4-35 所示。

AutoCAD 提供了实体填充和120 多种符合工业标准的填充图案，另外还提供 14 种符合 ISO（国际标准化组织）标准的填充图案。

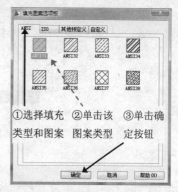

①选择填充 ②单击该 ③单击确
类型和图案 图案类型 定按钮

图 4-35

④ 单击 确定 按钮，返回到"图案填充和渐变色"对话框，选择的图案名称和样式将显示在图案和样例框中，在"角度和比例"选项区中将角度设置为 0，比例为 1 不变，如图 4-36 所示。

角度列表框是用来设置填充图案的填充角度，指定填充图案的角度（相对当前 UCS 坐标系的 x 轴）；比例则是放大或缩小预定义或自定义图案。只有将"类型"设置为"预定义"或"自定义"，此选项才可用。

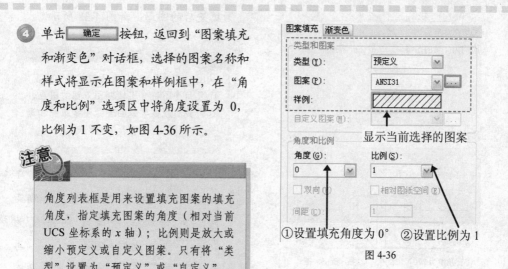

显示当前选择的图案

①设置填充角度为 0° ②设置比例为 1

图 4-36

⑤ 然后单击"边界"选项区中的 （添加：拾取点）按钮拾取一个内部点，AutoCAD 提示：

```
命令：_bhatch
拾取内部点或 [选择对象(S)/删除边界(B)]：正在选择所有对象...   // 单击填充区域内任意点A
正在选择所有可见对象...
正在分析所选数据...
正在分析内部孤岛...
拾取内部点或 [选择对象(S)/删除边界(B)]：                    // 按<Enter>键返回（见步骤⑥）
拾取或按 Esc 键返回到对话框或 <单击右键接受图案填充>：       // 按<Esc>键（见步骤⑦）
拾取或按 Esc 键返回到对话框或 <单击右键接受图案填充>：       // 见步骤⑧
```

如图 4-37 所示。

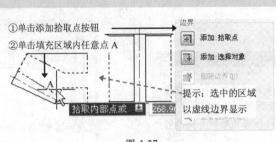

① 单击添加拾取点按钮

② 单击填充区域内任意点 A

边界

添加：拾取点

添加：选择对象

删除边界 (D)

提示：选中的区域
以虚线边界显示

拾取内部点或

268.96

图 4-37

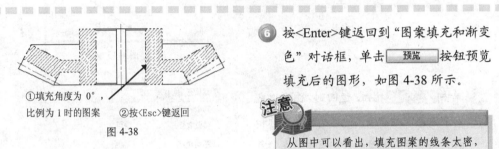

① 填充角度为 0°，
比例为 1 时的图案　　② 按 <Esc> 键返回

图 4-38

⑥ 按 <Enter> 键返回到 "图案填充和渐变色" 对话框，单击 **预览** 按钮预览填充后的图形，如图 4-38 所示。

注意

从图中可以看出，填充图案的线条太密，而且角度不符合机械制图方面的需要，这时我们就需要返回到 "图案填充和渐变色" 对话框来增大填充比例。

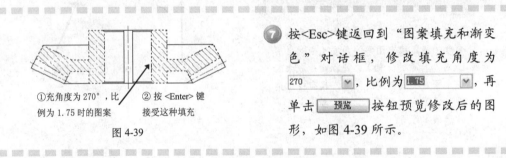

① 充角度为 270°，比
例为 1.75 时的图案　　② 按 <Enter> 键
接受这种填充

图 4-39

⑦ 按 <Esc> 键返回到 "图案填充和渐变色" 对话框，修改填充角度为 **270**，比例为 **1.75**，再单击 **预览** 按钮预览修改后的图形，如图 4-39 所示。

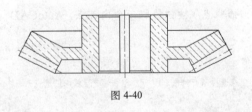

图 4-40

⑧ 该图形达到我们的要求，可以直接按 <Enter> 键接受图案填充，结果如图 4-40 所示。然后选择 "文件" → "另存为" 命令来保存图形文件 Sample/CH04/0402-end.dwg。

4.3.3　编辑图案填充

图案填充可以使图形更加明了，但是有时　　候选择的图案并不能反应建筑绘图中的实际情况，这时就需要用到图案填充的编辑。

实例 4-3 编辑零件剖面图

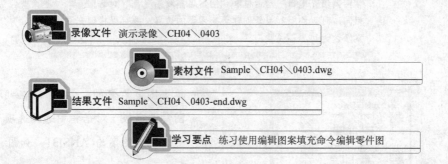

录像文件 演示录像＼CH04＼0403

素材文件 Sample＼CH04＼0403.dwg

结果文件 Sample＼CH04＼0403-end.dwg

学习要点 练习使用编辑图案填充命令编辑零件图

操作步骤

1. 启动 AutoCAD 2009 中文版，打开光盘中 Sample/CH04/0403.dwg，如图 4-41 所示。

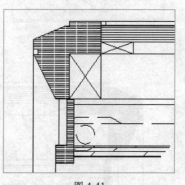

图 4-41

2. 由图可知，零件使用的填充图案不符合国内机械绘图的要求，这时就需要我们更改为符合要求的图案。选择"修改"→"对象"→"填充图案"命令，然后选择填充图案打开"图案填充编辑"对话框，在该对话框中可以看出开始填充时的图案类型和比例值，如图 4-42 所示。

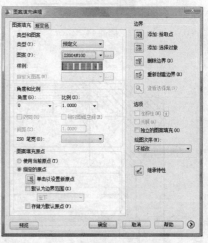

图 4-42

注意

"图案填充编辑"对话框和"图案填充和渐变色"对话框基本相同，可以删除和重新创建填充图案的边界，并可以将填充图案修改为边界不关联。

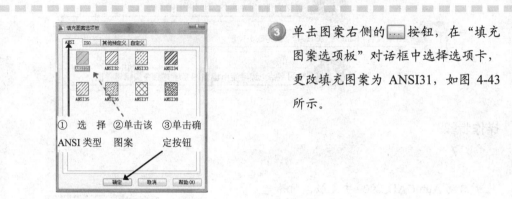

图 4-43

③ 单击图案右侧的 按钮，在"填充图案选项板"对话框中选择选项卡，更改填充图案为 ANSI31，如图 4-43 所示。

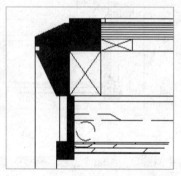

图 4-44

④ 单击 确定 按钮，返回到"图案填充编辑"对话框，单击 预览 按钮，结果如图 4-44 所示。

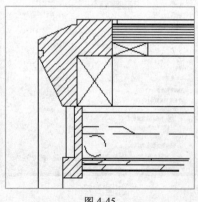

图 4-45

⑤ 填充图案是一个黑块，说明填充比例过小，返回"图案填充编辑"对话框中修改比例值为 100 ，其他保持默认值，继续预览结果，符合要求，按<Enter>键接受填充编辑，结果如图 4-45 所示。

4.4

技能点拨：完善图形注释

注释性是 AutoCAD 2009 新增加的一个功能，在绘制图形时，用户可以使用某些工具和特性以更加轻松地使用注释。

注释是说明或其他类型的说明性符号或对象，通常用于向图形中添加信息。

注释样例包括：说明和标签、表格、标注和公差、图案填充、标注和块。

用于创建注释的对象类型包括：图案填充、文字（单行和多行）、表格、标注、公差、引线和多重引线，以及图块和属性。

4.4.1 缩 放 注 释

通常用于注释图形的对象有一个特性称为注释性。使用此特性，用户可以自动完成缩放注释的过程，从而使注释能够以正确的大小在图纸上打印或显示。

用户不必在各个图层、以不同尺寸创建多个注释，而可以按对象或样式打开注释性特性，并设置布局或模型视口的注释比例。注释比例控制注释性对象相对于图形中的模型几何图形的大小。

以下对象通常用于注释图形，并包含注释性特性：

- 文字、标注和公差；
- 图案填充；
- 多重引线；
- 块、属性。

如果这些对象的注释性特性处于启用状态（设置为"是"），则其称为注释性对象。

用户为布局视口和模型空间设置的注释比例确定这些空间中注释性对象的大小。

4.4.2 添加注释比例

注释比例是与模型空间、布局视口和模型视图一起保存的设置。将注释性对象添加到图形中时，它们将支持当前的注释比例，根据该比例设置进行缩放，并自动以正确的大小显示在模型空间中。

将注释性对象添加到模型中之前，请设置注释比例。用户可以考虑在其中显示注释的视口的最终比例设置。注释比例（或从模型空间打印时的打印比例）应设置为与布局中的视口（在该视口中将显示注释性对象）比例相同。例如，如果注释性对象将在比例为 1:2 的视口中显示，请将注释比例设置为 1:2。

添加注释比例有以下 4 种方式。

● 命令：OBJECTSCALE

● 菜单："修改"→"注释性对象比例"→"添加/删除比例"

● 工具栏："标注"→"▨（添加/删除比例）"

● 面板："注释"→"注释缩放"→"▨（添加/删除比例）"

执行该命令，选择注释性对象后，即可创建注释比例。

实例 4-4　创建注释性对象

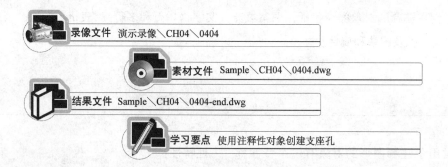

录像文件　演示录像＼CH04＼0404

素材文件　Sample＼CH04＼0404.dwg

结果文件　Sample＼CH04＼0404-end.dwg

学习要点　使用注释性对象创建支座孔

操作步骤

❶ 启动 AutoCAD 2009 中文版，打开 Sample/ CH04/0404.dwg，如图 4-46 所示。

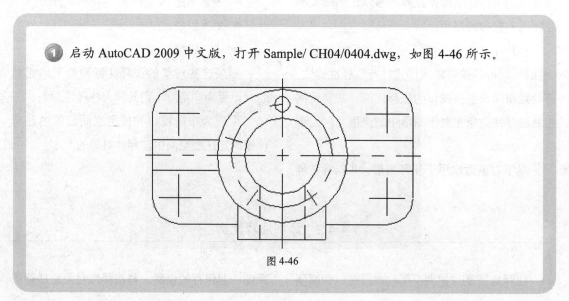

图 4-46

② 单击 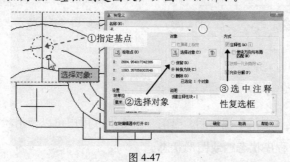（创建块）按钮创建孔注释性块，选中 ☑注释性(A) 复选框，并指定孔对象，然后以孔中心点为插入基点创建图块，如图 4-47 所示。

图 4-47

③ 单击"注释缩放"面板上的 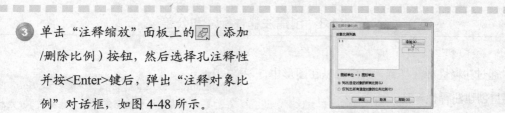（添加/删除比例）按钮，然后选择孔注释性并按<Enter>键后，弹出"注释对象比例"对话框，如图 4-48 所示。

图 4-48

④ 单击 添加(A)... 按钮，弹出"将比例添加到对象"对话框，选择 1:2 并单击 确定 按钮返回到"注释对象比例"对话框，选择 1:2 注释对象比例，然后单击"确定"按钮，如图 4-49 所示。

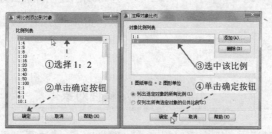

①选择 1：2
②单击确定按钮
③选中该比例
④单击确定按钮

图 4-49

⑤ 单击 （插入点）按钮，插入"孔"注释性块，单击 确定 按钮弹出"选择注释比例"对话框，然后选择注释比例为 1:2，结果如图 4-50 所示。

图 4-50

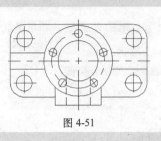

图 4-51

6 单击 [确定] 按钮，在合适的位置分别插入注释比例为 1:1 和 1:2 的块，结果如图 4-51 所示。

使用模型选项卡或选定某个视口后，当前注释比例将显示在应用程序状态栏或图形状态栏上。用户可以使用状态栏来更改注释比例。

4.4.3 创建注释性标注和公差

通过注释性标注样式，用户可以在图形中为测量创建注释性标注。

在由注释性标注样式创建的标注中，该标注所有的元素（例如文字、间距和箭头）均按照注释比例统一缩放，如图 4-52 所示。

图 4-52

注意

如果用户将某个标注与注释性对象相关联，则标注的关联性将丢失。

通过将某个现有的非注释性标注的注释性特性更改为"是"，用户可以将该标注更改为注释性，还可以创建注释性公差。形位公差表示特征的形状、轮廓、方向、位置和跳动的允许偏差。

4.4.4 显示注释性对象

对于模型空间或布局视口，用户可以显示所有的注释性对象，或仅显示那些支持当前注释比例的对象。

这样就减少了对使用多个图层来管理注释的可见性的需求。

使用应用程序或图形状态栏右侧的"注释可见性"按钮，可以选择注释性对象的显示设置。

默认情况下，注释可见性处于打开状态。注释可见性处于打开状态时，将显示所有的注释性对象。"注释可见性"处于关闭状态时，将仅显示使用当前比例的注释性对象。

通常，应使"注释可见性"保持关闭状态，除非要检验其他人创建的图形或向现有的注释性对象添加比例。要使注释性对象可见，必须打开该对象所在的图层。

如果某个对象支持多个注释比例，则该对象将以当前比例显示。

第**2**部分

进 阶 提 高

　　将第 1 部分学习完以后，用户应该对 AutoCAD 的基本绘图功能、编辑方式和提高工作效率，以及完善图形对象的应用等都有了初步的掌握。使用 AutoCAD 进行机械绘图是一个循序渐进的过程，再加上国家标准对机械应用方向都有非常明确的相关规定，仅掌握了 AutoCAD 的绘图知识还不够，还要能熟练的掌握国家标准，设计出符合工程要求的机械图纸。如国家标准对机械的规定、机械标准件和常用件的要点、三维机械图形的设计、机械模型效果的查看，以及打印和共享等后期处理信息。

　　本部分在前一部分的基础上，对 AutoCAD 在机械中的应用进行了更加深入地讲解，利用 AutoCAD 2009 提供的绘制和编辑功能创建符合国家标准的图形；使用动画、渲染和贴图功能给客户展示机械模型的效果图。从而掌握机械绘图国家标准，来提高绘图的准确性，满足客户的设计要求。

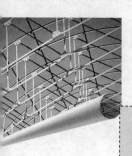

第5章

机械设计制图国家规范

前面讲解了如何应用 AutoCAD 进行绘制、编辑，以及各种应用技巧，从本章开始，我们开始学习机械工程图等基础和应用规范，以及和 AutoCAD 结合起来的各种应用。

在学习之前，首先要了解什么叫机械工程图，关于机械工程图，国家又有哪些规定来限制工程图的标准。我们又该如何来创建这些规范和标准文件。

重点和难点

- 机械绘图国家标准
- 创建机械标准样板
- 设置图层参数
- 文字和尺寸样式
- 自定义标题栏和明细栏

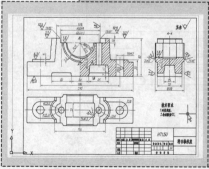

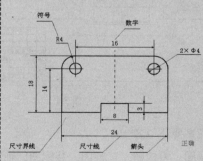

5.1 机械工程图

　　工程制图是一项严谨而细致的工作，所完成的机械图样是设计和制造机械、其他产品的重要资料，是交流技术思想的语言。对于机械图样的图形画法、尺寸标准等，都需要遵守一定的规范，如要遵守国家标准《机械制图》等。

　　机械制图标准可分为国家标准（ISO）、国家标准（GB）、专业标准和行业标准（如航空标准HB），以及企业内部的各种标准等。在实际工作中，由于技术交流的需要，还会有机会接触到其他一些国家标准，如 ANSI（美国）、JIS（日本）和 DIN（德国）等。

　　在进行绘图之前，需要根据标准或企业情况进行一些必要的设置，设置的内容包括图纸幅面和格式、绘图框、比例大小、字体样式、图线宽度、标题栏写法、注释文本以及尺寸标准等基本要素，如图 5-1 所示。

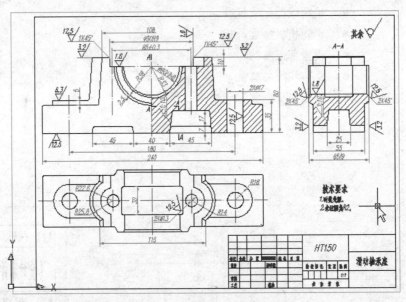

图 5-1

　　制图是机械设计中的重要环节之一。

　　主要包括以下几种视图：零件图、三视图、装配图、轴测图和三维机械图等，关于这几种视图的绘制方法和步骤，请参阅本书的第 3 部分。

5.2 机械绘图国家标准

GB/T 14689–1993 规定了有关于机械的各种标准，包括图幅图框的各种标准。

5.2.1　图幅图框的规定

图幅是指图纸幅度的大小，分为横式幅面和立式幅面两种，主要有 A0、A1、A2、A3、A4，图幅大小和图框有严格的规定。图纸以短边作为垂直边成为横式，以短边作为水平边的成为立式。一般 A0～A3 图纸宜横式使用，必要时，也可以立式使用。具体尺寸见表 5-1。

表 5-1　　　　　　　　　　　　　图幅和图框尺寸

大小/幅面代号	A0	A1	A2	A3	A4
B×L	841×1189	594×841	420×594	297×420	210×297
A	25				
C	10			5	
E	20		10		

注意

B、L 表示图纸的总长度和宽度；a 表示留给装订的一边的空余宽度；c 表示其他 3 条边的空余宽度；e 表示无装订边的各边空余宽度（如图 5-2～图 5-4 所示）。

必要时，可以按规定加长图纸的幅面。幅面的尺寸由基本幅面的短边成整数倍增加后得出。图中虚线为加长后的图纸幅面，如图 5-2 所示。

技巧

绘制图样时,优先采用表中规定的图纸幅面尺寸（A）。

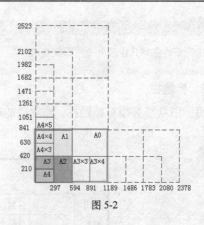

图 5-2

1．图框格式

格式分为留装订边和不留装订边两种，但同一产品的图样只能采用同一种格式，并

均应画出图框线和标题栏。图框线用粗实线绘制，一般情况下，标题栏位于图纸右下角，也允许位于图纸右上角。

图 5-3 所示为不留装订边的图框格式（a）

x 型（b）y 型。

图 5-4 所示为留装订边的图框格式（a）x 型（b）y 型。

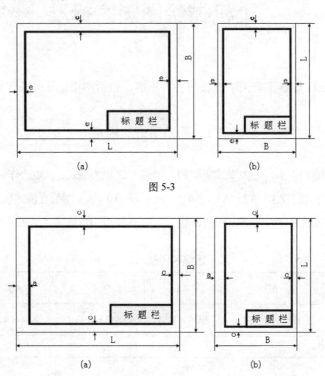

（a）　　　　　　　　　（b）

图 5-3

（a）　　　　　　　　　（b）

图 5-4

同一产品的图样只能采用一种图框格式，

2. 标题栏

每张图纸都必须有标题栏，标题栏的格式和尺寸应该符合 GB10609.1—1989 的规定。标题栏位于图纸的右下角，外框是粗实线，其右边的底线与图纸边框重合，其余是细实线，如图 5-5 所示。

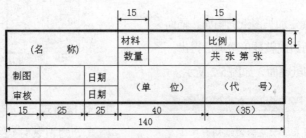

零件图中标题栏的形式

图 5-5

5.2.2　图线的规定

国家标准（GB）规定了技术制图所用图线的名称、形式、结构以及画法规则等。按 GB/T 4457.2—2005 规定，机械工程图样中的图线宽度有粗细两种，其线宽比为 2:1。线宽推荐系列为 0.13、0.18、0.25、0.35、0.5、0.7、1、1.4、2。

1．图线的宽度

机械制图中，国家标准（GB/T 17450—1998）

规定了绘制各种技术图样的基本线型、基本线型的变形和相互组合，适用于各种技术图样。图线的类型包含了一定的线型，如用来区分可见和不可见的元素、边界线和轮廓线，也有详尽的标准。而线宽和样式选择的问题，在实际制图中经常遇到。在 AutoCAD 中，有符合各种标准的线条样式，具体设置参考表 5-2。

表 5-2　　　　　　　　　　　　　图框线、标题栏线的宽度

图线名称和代号	图形宽度	应　用　范　围
粗实线 A	b（0.5mm～2mm）	A1 可见轮廓线 A2 可见过渡线
细实线 B	约 b/3	B1 尺寸线和尺寸界限 B2 剖面线 B3 重合剖面的轮廓线 B4 螺纹的牙底线和齿轮的齿根线 B5 引出线 B6 分界线和范围线 B7 折弯线 B8 辅助线 B9 不连续的同一表面的连线 B10 成规律分布的相同要素的连线
波浪线 C	约 b/3	C1 断裂处的边界线 C2 视图和剖视的分界线
双折线 D	约 b/3	D1 断裂处的边界线
虚线 F	约 b/3	F1 不可见轮廓线 F2 不可见过渡线
细点划线 G	约 b/3	G1 轴线 G2 对称中心线 G3 轨迹线 G4 节圆和节线
粗点划线 J	b	J1 有特殊要求的线或表面的表示线
双点划线 K	约 b/3	K1 相邻辅助零件的轮廓线 K2 极限位置的轮廓线 K3 坯料的轮廓线或毛坯图中制成品的轮廓线 K4 假想投影轮廓线 K5 试验或工艺用结构（成品上不存在）的轮廓线 K6 中断线

其中 14 种基本线型如图 5-6 所示。

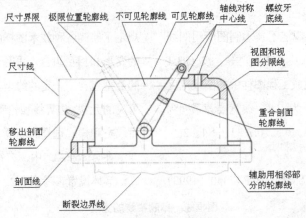

图 5-6

绘制图线时应注意以下几点。

● 同一图样中同类图线的线宽应一致。

● 虚线、点划线、双点划线的线段、短划长度和间隔各自大致相等。

● 绘制圆的中心线时，圆心应为点划线线段的交点。点划线的首末两端应为线段而不是短划，一般超过圆弧 2mm～3mm，不可任意画长。

在绘图时所用的图线，一般应按表 5-3 中提供的颜色显示，并要求相同类型的图线应采用同样的颜色。

表 5-3 图线表示方法

图线类型	图线样式	代码	图线颜色
粗实线		A	绿色
细实线		B	白色
波浪线		C	
双折线		D	
虚线		F	黄色
细点画线		G	红色
粗点画线		I	棕色
双点画线		K	粉色

2. 图线的构成和画法

图线都是点和短距离的线间隔而形成，各项长短见表 5-4。

除非另有规定，两条平行线之间的最小间隙不得小于 0.7mm；另外，两条直线相交时，应该注意以下几点：

(1) 基本线型 No.02～No.06 和 No.08～No.15 应恰当交于画线处，而不是点或间隔；

表 5-4　　　　　　线的构成

图　素	线　型	长　度
点	04～07，10～15	≤0.5d
短距离	02，04～15	3d
短划线	08，09	6d
划	02，05，10～15	12d
长划线	04～06，08，09	24d
间隔	05	18d

（2）虚线直接在实线延长线上相接时，虚线应留出间隙；

（3）虚线圆弧与实线相切时，虚线圆弧应留出间隙；

（4）画圆的中心线时，圆心应是画的交点，点划线两端应超出轮廓 2mm～5mm；当圆心较小时，允许用细实线代替点划线，如图 5-7 所示。

正确　　　　错误　　　　错误

图 5-7

画线时需要注意以下几点，如图 5-8 和图 5-9 所示。

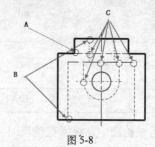

图 5-8

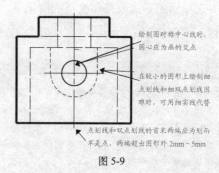

绘制圆对称中心线时，圆心应为画的交点

在较小的图形上绘制细点划线和细双点划线困难时，可用细实线代替

点划线和双点划线的首末两端应为划而不是点，两端超出图形外 2mm～5mm

图 5-9

A：虚线直接在实线延长线上相接时，虚线应留空间。

B：虚线与实线相交，不应留空间。

C：两虚线相交，应交在线段上。

5.2.3　字体的规定

《技术制图字体》GB/T 14691—1993 规定了图样中汉字、数字、字母的书写格式。

AutoCAD 使用当前的文字样式，该样式对文字标注有具体的技术要求，填写明细栏、标题栏和尺寸标注中，需要设置的字体、字号、倾斜角度、方向和其他文字特征，除了字体端正、笔画清楚、排列整齐和间隔均匀外，还有如下的具体要求。

（1）字体高度的公称尺寸为系列为 1.8、2.5、3.5、5、7、10、14 和 20，如果需要输入更大的字体，其字体高度一般按照 $\sqrt{2}$ 的比率递增，当然用户也可以根据自己具体的绘图需要自行设置字体的高度，字体高度代表字的号数。字体与图纸幅面之间的选用关系参见表 5-5。

注意

该标准和以前的标准稍微不同，用户可以根据各自的具体要求来进行选择。

AutoCAD 2009

表 5-5　　　　　　　　　　　字号与图纸幅面之间的关系

图幅 字体 h	A0	A1	A2	A3	A4
字母和数字	5mm		3.5mm		
汉字					

说明：h=汉字、字母和数字的高度

（2）机械绘图中，汉字在输出时为长仿宋体，并采用国家正式公布和推行的简化字，汉字高度 h 不应少于 3.5mm，字宽一般为 $h/\sqrt{2}$。

大标题、图形封面、地形图等标注汉字也可以采用其他字体，但是应该易于辨认，见表 5-6。另外，GB/T 18229 关于 CAD 工程制图中字体选用范围的规定是新增加的。现行技术制图和机械制图国家标准中均没有相应的内容。

（3）字母和数字分为 A 型和 B 型。其中 A 型字笔画宽度 d 为字高 h 的 1/14，B 型字笔画宽度为字高的 1/10。同一图样上，只允许选用一种型式的字体。

（4）字母和数字可写成斜体或者直体。斜体字头向右侧倾斜，与水平线成 75° 角。图样上一般采用斜体字。

（5）用作指数、分数和极限偏差、注脚等数字和字母，一般采用小一号的字体。

（6）标点符号应按其含义正确使用，小数点进行输出时应占一个字位，并位于中间靠下处。除省略号和破折号为两个字位外，其余均为一个符号一个字位。图样中的数学符号、物理量符号、计量单位符号和其他符号、代号，应该分别符合相应的标注规定。

字体的最小字（词）距、行距以及间隔线或基准线与书写字体的最小距离见表 5-7。

机械绘图中，用户可以根据此规定将书写文字简化为 3 种字体，即为长形字体尺寸、方形字体尺寸和宽形字体尺寸。

表 5-6　　　　　　　　　　　字体选用范围

汉 字 字 型	国 家 标 准	字体文件名	应 用 范 围
长仿宋体	GB/T 13362.4～13362.5—1992	HZCF	图中标注以及说明汉字、标题栏、明细栏等
单线宋体	GB/T 13844—1992	HZDX	大标题、小标题、图册封面、目录清单、标题栏中设计单位名称、图样名称、工程名称和地形图等
宋体	GB/T 13845—1992	HZST	
仿宋体	GB/T 13846—1992	HZFS	
楷体	GB/T 13847—1992	HZKT	
黑体	GB/T 13848—1992	HZHT	

表 5-7　　　　　　　　　　　字体与字距的关系

字　　体	最　小　距　离	数　　值
汉字	字距	1.5mm
	行距	2mm
	间隔线或基准线与汉字的距离	1mm
字母与数字	字距	0.5mm
	间距	1.5mm
	行距	1mm
	间隔线或基准线与字母、数字的间距	1mm
当汉字与字母、数字混合使用时，字体的最小字距、行距等应根据汉字的规定使用		

5.2.4　比例的规定

《技术制图比例》GB/T 14690-1993 中对比例的选用做了规定。比例为图样中机件要素的线性尺寸与实际机件相应要素的线性尺寸之比。绘制图样时应优先选用表 5-8 和表 5-9 中所规定的比例。

表 5-8　　　　　　　　　　　比例系列

与实际物体相同	1:1
放大	5:1　2:1 5×10n:1　2×10n:1　1×10n:1
缩小	1:2　1:5 1:5×10n　1:2×10n　1:1×10n

表 5-9　　　　　　　　　　必要时允许采用的规定比例

与实际物体相同	1:1
放大	4:1　2.5:1 4×10n:1　2.5×10n:1
缩小	1:5.5　1:2.5　1:3　1:4　1:6 1:5.5×10n　1:2.5×10n　1:3×10n

机械制图中绘制同一物体的各视图时，应采用相同比例，并将采用的比例同一填写在标题栏的"比例"项内。当某视图需采用不同比例绘制时，可在视图名称的下方进行标注。

使用 AutoCAD 绘制机械图纸时，在模型空间一般不设置比例，采用默认的 1:1 比例进行绘制。图形显示的大小利用视图控制来调整到适当大小，当图纸打印输出时可以设置打印比例。

右击图纸的"布局"选项卡，选择"页面设置管理器"命令，在弹出的对话框中单击"修改"按钮，如图 5-10（左）所示。在弹出的"页面设

AutoCAD
2009

置-布局 1"对话框中的打印比例选项区域可以对　打印的输出比例进行控制，如图 5-10（右）所示。

图 5-10

5.2.5 尺寸标注的规定

机械制图的尺寸标注有严格的国家标准，不熟悉的用户建议查阅相关的书籍或相关规定（GB/T 4455.4—1984 和 GB/T 16675.2—1996《机械制图尺寸标注》）。

1．基本规则

（1）机件的真实大小应用图样上所注的尺寸数值为依据，与图样的大小以及绘图的准确度无关。

（2）图样中（包括技术要求和其他说明）的尺寸，以 mm 为单位时，不需标注计量单位的代号和名称；如采用其他单位，则必须注明相应的计量单位的代号和名称。

（3）图样中标注的尺寸，为该图样所示机件的最后完工尺寸，否则另加说明。

（4）机件的每一个尺寸，一般只标注一次，并应标注在反映该结构最清晰的图形上。

图 5-11 所示即为一个标注图形。

另外，要注意以下几点。

● 为了使图面清晰，多数尺寸应该标注在视图的外面。

● 零件上每一形体的尺寸，最好集中地标注在反映该形体特征的视图上。

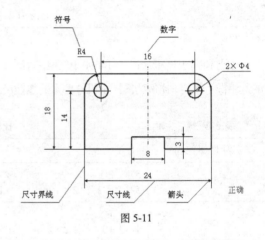

图 5-11

● 同心圆柱的尺寸，最好标注在非圆的视图上。

● 尽量避免尺寸线、尺寸界线之间的相交，相互平行的尺寸应该按照大小顺序排列，小的在内，大的在外。

● 内省尺寸和外形尺寸最好标注在图形的两侧。

机械制图的标注规则和惯例很多，应该在实际的制图过程中体会和学习，制图的经验和软件的用法都是需要学习的重要内容。

2．尺寸元素

尺寸线、尺寸界限和文字的介绍见第 4 章。

5.2.6　表面粗糙度

机械制图中特殊符号如表面粗糙度和形位公差等，需要着重注意。

1．表面粗糙度

零件表面无论加工的多么光滑，在放大镜或显微镜下都有瑕疵。高起的地方叫峰、低洼的部分叫谷。加工表面上具有的较小间距谷峰所组成的微观几何形状特性称为表面粗糙度，如图 5-12 所示。

图 5-12

它反映零件表面的光滑程度。零件各个表面

的作用不同，所需的光滑程度也不一样。表面粗糙度是衡量零件质量的标准之一，对零件的配合、耐磨程度、抗疲劳强度、抗腐蚀性和外观都有影响。

表面粗糙度一般标注在可见轮廓线、尺寸界线、引出线或他们的延长线上；在同一图样上，每一个表面一般只标注一次；当零件大多数表面或所有表面具有详图的表面粗糙度要求时，其代号可在图样的右上角同一标注。更详细的规定，请查阅相关标准：GB/T 3505—2000 和 GB/T 131—1993。

2．表面粗糙度符号的画法

GB/T131—93 规定，表面粗糙度代号是由规定的符号和有关参数组成，表面粗糙度符号的符号和意义见表 5-10。

AutoCAD 2009

表 5-10　　　　　　　　　　　　表面粗糙度的符号和意义

序号	符号	意　义
1	√	基本符号，表示表面可用任何方法获得。当不加注粗糙度参数值或有关说明时，仅适用于简化代号标注
2	√	表示表面是用去除材料的方法获得，如车、铣、钻、磨等
3	√	表示表面是用不去除材料的方法获得，如铸、锻、冲压、冷轧等
4	√ √ √	在上述三个符号的长边上可加一横线，用于标注有关参数或说明
5	√ √ √	在上述三个符号的长边上可加一小圆，表示所有表面具有相同的表面粗糙度要求
6		当参数值的数字或大写字母的高度为 2.5mm 时，粗糙度符号的高度取 8mm，三角形高度取 3.5mm，三角形是等边三角形。当参数值不是 2.5mm 时，粗糙度符号和三角形符号的高度也将发生

常用表面粗糙度 Ra 的数值与加工方法，见表 5-11。

3．表面粗糙度的选择

表面粗糙度的选择，既要考虑零件表面的

功能要求，又要考虑经济性，还要考虑现有的加工设备。一般应遵从以下原则：

（1）同一零件上工作表面比非工作表面的参数值要小；

表 5-11   常见表面粗糙度 **Ra** 值和加工方法

表 面 特 征	表面粗糙度（Ra）数值	加工方法举例
明显可见刀痕	100/ 50/ 25/	粗车、粗刨、粗铣、钻孔
微见刀痕	12.5/ 6.3/ 3.2/	精车、精刨、精铣、粗铰、粗磨
看不见加工痕迹，微辩加工方向	1.6/ 0.8/ 0.4/	精车、精磨、精铰、研磨
暗光泽面	0.2/ 0.1/ 0.05/	研磨、珩磨、超精磨

（2）摩擦表面要比非摩擦表面的参数小。有相对运动的工作表面，运动速度越高，其参数值越小；

（3）配合精度越高，参数值越小。间隙配合比过盈配合的参数值小；

（4）配合性质相同时，零件尺寸越小，参数值越小；

（5）要求密封、耐腐蚀或具有装饰性的表面，参数值要小。

如图 5-13 所示。

4．表面粗糙度的标注方法

（1）在同一图样上每一表面只注一次粗糙度代号，且应注在可见轮廓线、尺寸界线、引出线或它们的延长线上，并尽可能靠近有关尺寸线。

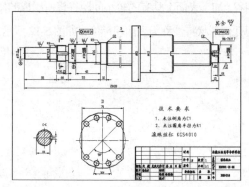

图 5-13

（2）符号的尖端必须从材料外指向表面。

（3）表面粗糙度参数值的大小方向与尺寸数字的大小方向一致。

各表面粗糙度代（符）号的注法见表 5-12。

表 5-12   表面粗糙度符号注法

图　示	表面粗糙度符号注法
（八边形轮廓图示）	表面粗糙度代号一般注在可见轮廓线、尺寸界线、引出线或它们的延长线上。符号尖端必须从材料外指向表面，表面粗糙度代号中数字及符号的方向必须按图中的规定标注
其余（套筒剖面图示）	代号中数字的方向必须与尺寸数字的方向一致。对其中使用最多的一种代（符）号可统一标注在图样的右上角，并加注"其余"两字，且高度是图样中代（符）号的 1.4 倍

续表

图　示	表面粗糙度符号注法
	对不连续的同一表面，可用细实线相连，其表面粗糙度代（符）号可只注一次
	齿轮、蜗轮等齿槽的粗糙度代（符）号可注在分度线的延长线上。键槽侧面的粗糙度代（符）号可注在引出线上
	同一表面上有不同的表面粗糙度时，用细实线画出其分界线，注出尺寸和相应的表面粗糙度代（符）号
	螺纹工作表面需要注出粗糙度代号而图形中又未画出螺纹牙型时，其粗糙度代号必须与螺纹代号一起注出

5.2.7　形位公差

形位公差表示特征的形状、轮廓、方向、位置和跳动的允许偏差。可以通过特征控制框来添加形位公差，这些框中包含单个标注的所有公差信息。

如果零件在加工时产生的形位误差过大，将会影响机器的质量。因此对零件上精度要求较高的部位，必须根据实际需要对零件加工提出相应的形状误差和位置误差的允许范围，即要在图纸上标出形位公差。

1. 公差介绍

特征控制框至少由两个组件组成。第一个特征控制框包含一个几何特征符号，表示应用公差的几何特征，例如位置、轮廓、形状、方向或跳动。形状公差控制直线度、平面度、圆度和圆柱度；轮廓控制直线和表面。如图 5-14

所示，特征就是位置。

图 5-14

标注形位公差时，选择"标注"→"公差"命令（输入 TOLERANCE），AutoCAD 将打开"形位公差"对话框，可以进行公差符号、值及基准等参数的设置，如图 5-15 所示。

单击"符号"选项区域中的按钮 可打开"特征符号"对话框，在该对话框中可以为第一个或第二个公差选择几何特征符号，如图 5-16 所示。

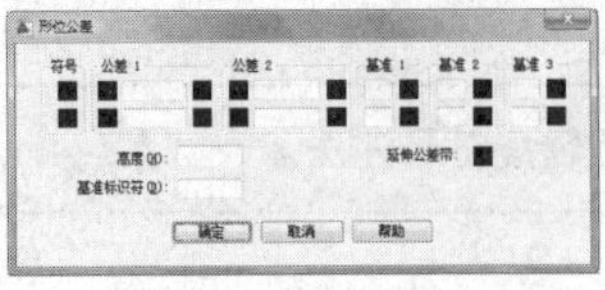

图 5-15

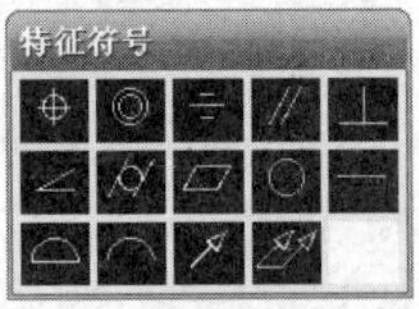

图 5-16

零件加工后，不仅会产生尺寸误差和表面粗糙度，而且会产生表面形状和位置误差。形状误差是指实际要素和理想要素的差异；位置误差是指相关的两个几何要素的实际位置相对于理想位置的差异。形状误差的允许变动量称为形状公差，位置误差的允许变动量称为位置公差。形状和位置公差简称形位公差。形位公差的名称和符号见表 5-13。

表 5-13　　形位公差的名称和示例

分　类	名　称	特征	符号	标 记 示 例	
形状公差	直线度	形状	—	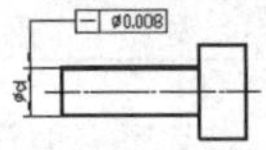	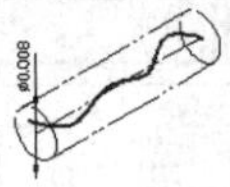
	平面度		▱	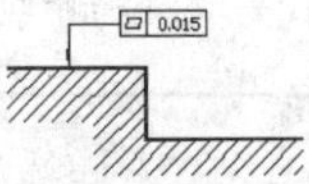	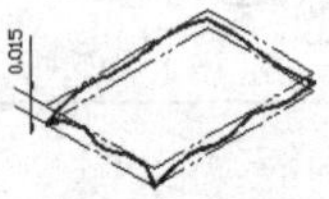
	圆度		○	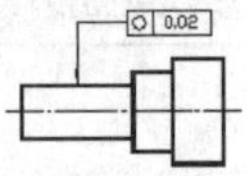	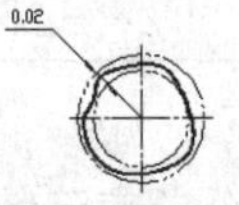
	圆柱度		⌭	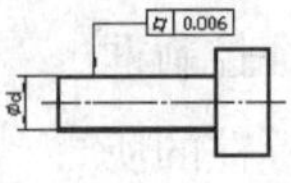	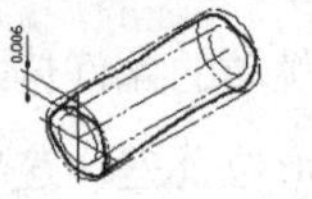
	线轮廓度	轮廓	⌒		
	面轮廓度		⌓		
位置公差	平行度	方向	//	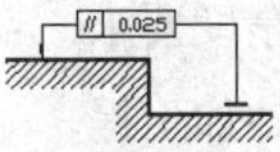	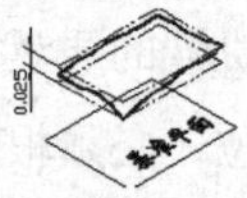
	垂直度		⊥	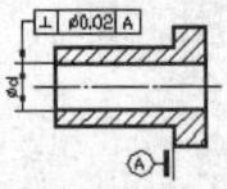	
	倾斜度		∠		
	同轴度	位置	◎	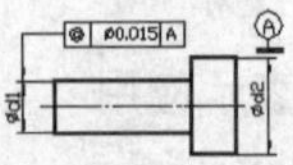	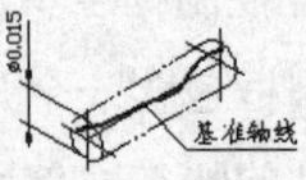
	对称度		⌯	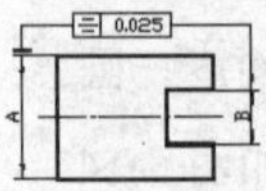	

分 类	名 称	特征	符号	标 记 示 例	
	位置度		⊕		
	圆跳动	跳动	↗		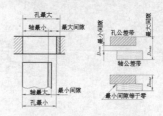
	全跳动		↗↗		

形位公差在图样中用指引线与框格代号相连接来表示,形位公差框格可画两格或多格,可水平放置也可垂直放置。框格内从左至右,第一格为形位公差项目符号,第二格为形位公差数值和有关符号,第三格以后为基准代号的字母和有关符号。指引线的箭头指向被测要素的表面或其延长线,箭头方向一般为公差带方向,h 为图样中字体的高度,b 为粗实线高度,框格中的字体高度为 h,基准符号中的字母永远水平书写,如图 5-17 所示。

图 5-17

GB/T 1182—1996 、GB/T 1184—1996、GB/T 4249—1996 和 GB/T 16671—1996 等国家标准对形位公差的属于、定义、符号、标注和图样中的表示方法等都作了详细的规定,摘要如下。

● 要素:可以是实际存在的零件轮廓上的点、线或面,也可以是有实际要素缺的的轴线或中心平面等。

● 被测要素:给出了形位公差要求的要素。

● 公差带:限制实际要素变动的区域,公差带有形状、方向、位置、大小等属性。公差带的主要形状有两等距直线之间的区域、两等距平面之间的区域、圆内的区域、两同心圆之间的区域、圆柱面内的区域、两同轴圆柱面之间的区域、球内的区域、两等距曲线之间的区域和两等距曲面之间的区域等。

图样中,形位公差的内容(特征项目符号、公差值、基准要素字母和其他要求)在公差框中给出。用带箭头的指引线(细实线)将框格与被测要素相连。有基准要求时,相对于被测要素的基准用基准符号表示。基准符号由带小圆的大写字母和与其用细实线相连的粗短横线组成。表示基准的字母也应注在公差框内。

2.标准公差和零线

标准公差是国标规定的用来确定公差带大小的标准化数值(见表 GB1800.3–1998)。

标准公差按基本尺寸范围和标准公差等级确定,分 20 个级别,即 IT01、IT0、IT1 至 IT18。随着 IT 值增大,精度依次降低,公差值也由小变大。IT01～IT11 用于配合尺寸,IT12～IT18 用于非配合尺寸。

在公差与配合图解中,表示基本尺寸的一条直线,它的偏差为 0。以其为基准确定偏差和公差,当零线沿水平方向绘制时,正偏差在其上方,负偏差在其下方。基本偏差系列如图 5-18 所示。

图 5-18

3. 尺寸公差带和基本偏差

在公差带图解中，由代表上下偏差极限值的两条直线所确定的一个区域称为公差带，简称公差带。它可以表示尺寸公差的大小和公差带相对于零线的位置。

用以确定公差带相对于零线位置的上偏差或下偏差，一般指靠近零线的那个偏差。若公差带位于零线之上，则下偏差为基本偏差；若公差带位于零线之下，则上偏差为基本偏差。

国家规定了轴和孔各有 28 个基本偏差，用拉丁字母表示。大写字母表示孔，小写字母表示轴。轴的基本偏差 a~h 为上偏差，j~zc 为下偏差，js 的基本偏差为（+ IT/2）或（ IT/2）；孔的基本偏差 A~H 为上偏差，J~ZC 为下偏差，JS 的基本偏差为（+IT/2）或（ IT/2）。

孔和轴公差带的代号，有基本偏差代号和公差等级代号组成。

4. 配合

配合是指基本尺寸相同，相互结合的孔和轴公差带之间的关系。配合分为间隙配合、过盈配合和过渡配合 3 种。

● 间隙配合：孔的公差带完全在轴的公差带之上，任取一对孔与轴配合，孔轴之间总有间隙（包括最小间隙为 0），如图 5-19 所示。

● 过盈配合：孔的公差带完全在轴的公差带之下，任取一对孔与轴配合，孔轴之间总有过盈（包括最小过盈为 0），如图 5-20 所示。

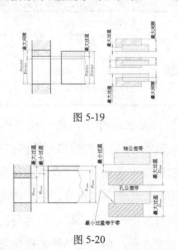

图 5-19

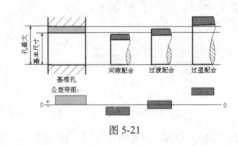

图 5-20

● 过渡配合：孔和轴的公差带相互交叠，任取其中一对孔与轴相配，孔轴之间可能有间隙，也可能有过盈，如图 5-21 所示。

图 5-21

配合的代号由孔和轴的公差带代号组成，写成分数形式，分子为孔的公差带代号，分母为轴的公差带代号。

5.3 创建机械标准样板

用户可以自己创建设置好的图样作为 AutoCAD 的样板文件，也可以使用系统自带的样板文件，从中选择一种即可。使用统一的样板文件可以节省大量的时间，而且提高了绘图精度。默认情况下，样板文件都保存在 Template 文件夹中，新建图形文件并选择样板时，系统会自动指向该文件夹。

　　下面我们根据国家标准来创建一个属于我们自己的标准图纸模板（.dwt）。

实例 5-1　创建国家标准机械样板图

录像文件　演示录像＼CH05＼0501

结果文件　Sample＼CH05＼0501.dwg

学习要点　练习使用机械国家标准创建标准样板图形

操作步骤

① 启动 AutoCAD 2009 中文版，新建一个以 Acadiso.dwt 为模板的图形文件。

5.3.1　设置绘图界限

　　在 AutoCAD 2009 中，根据零件的大小、复杂程度、绘图比例等因素来确定图纸的大小。这时，我们可以在模型空间中设置一个假定的矩形绘图区域，称为图形界限，用来规定当前图形的边界和控制边界的检查。

② 选择"格式"→"图形界限"命令，使用 A3 为底板绘制，AutoCAD 提示：

```
命令: limits
重新设置模型空间界限:
指定左下角点或 [开(ON)/关(OFF)] <0.0000,0.0000>:    // 提示输入左下角的位置, 默认为(0, 0)
指定右上角点 <420.0000,297.0000>:420,297        // 提示输入右上角的位置, 默认为(420, 297)
```

　　图 5-22 所示为使用 ZOOM 命令将所有图幅都显示，并且使用栅格来表示。

图 5-22

5.3.2　设置图形单位

绘制机械图形时，其大小、精度以及所采　　用的单位是保证绘图准确的前提之一。

图 5-23

③ 选择"格式"→"单位"命令，弹出"图形单位"对话框，设置"长度"精度为 0.00，插入比例单位为毫米，如图 5-23 所示。

④ 单击 确定 按钮接受单位的设置。

5.4 设置图层参数

设置完绘图环境后，即可根据机械零件的特点来设置相应的图层。将颜色、线型和线宽等属性赋予到不同图层，并将同类型零件放置到相应的图层上，可以方便对不同零件进行编辑。

这时 AutoCAD 默认的 0、default 这样的单一图层就无法满足要求，需要创建新图层。创建新图层主要包括如下内容：设置图层名称、设置图层颜色、设置图层线型以及设置图层线宽等。

5.4.1　新 建 图 层

图层的合理应用可以减轻绘图时的工作，特别是在后期的图形修改中提供了极大地方便。将中心线、轮廓线、辅助线、文字标注和尺寸标注等分别放到不同的图层中，可以方便地进行绘图。绘制机械绘图时，一般包含了诸多图素，如果仅在一个图层上绘制，则显得非常凌乱。这时，为了便于绘图和更改，往往需要建立很多个图层。

⑤　单击 (图层特性) 按钮，弹出图 5-6 所示的 "图层特性管理器" 对话框。单击 按钮，新建 "图层 1" 图层，如图 5-24 所示。

注意

当要建立的图层不只一个时，可以在建立一个新图层并命名后，直接输入 "，（逗号）" 或按 <Enter> 键两次，系统会自动新建一个图层。如果在创建新图层时选择了一个现有图层，或指定了图层特性，那么以后创建的新图层将继承先前图层的一切特性，如颜色、状态、线型等。

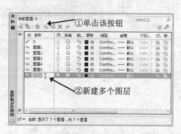

图 5-24

5.4.2　设置图层名称

可以为在设计概念上相关的一组对象（例如标注）创建和命名图层，并为这些图层指定通用特性。通过将对象分类放到各自的图层中，可以快速有效地控制对象的显示以及对其进行修改。

在默认情况下，AutoCAD 会自动创建一个 0 图层。要设置图层名称，可以选中 "图层 1" 的新图层，两次单击（不是双击）"名称" 单元格即可更改名称。

⑥　修改所有的图层名称，如 "中心线"、"粗实线" 和 "文字标注" 等，如图 5-25 所示。

注意

绘图时一般不在系统提供的 "Defoints" 层上绘图，因为此层绘制的图形系统默认不打印；另外 0 图层不能重命名。

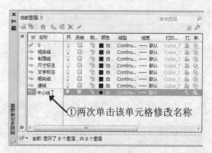

图 5-25

5.4.3　设置图线颜色

图线颜色可以单独设置，也可以在图层中设置，下面以中心线图层为例来讲解设置颜色

步骤。

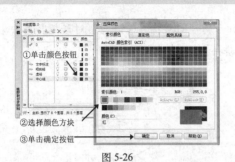

图 5-26

⑦ 单击"中心线"图层对应的颜色小方块,弹出"选择颜色"对话框,如图5-26所示。

⑧ 选择红色后单击 [确定] 按钮,返回到"图层特性管理器"对话框将红色指定给中心线图层,使用同样的方法设置其他图层的颜色。

5.4.4 设置图层线型

国家标准规定了使用不同线型来绘制机械图形。线型是由沿图线显示的线、点和间隔组成的图样,如中心线、虚线等。在 AutoCAD 2009 中,图层的默认线型为 Continuous(实线)。

图 5-27

⑨ 在"图层特性管理器"对话框中,单击"中心线"图层上"线型"单元格 [Contin..] 选项,打开"选择线型"对话框,由于该列表中没有需要的线型,于是单击 [加载(L)...] 按钮打开"加载或重载线型"对话框,如图5-27所示。

⑩ 选中加载的 CENTER 线型然后单击 [确定] 按钮,返回到"选择线型"对话框中,再选择 CENTER 线型,再单击 [确定] 按钮,如图5-28所示,将线型附着到中心线图层上。

图 5-28

注意

在"加载或重载线型"对话框中输入另一个 LIN(线型定义)文件名,或者单击"文件"按钮,可在打开的"选择线型文件"对话框中选择不同的线型文件。

5.4.5　设置图层线宽

用不同宽度的线条表现不同对象的大小或者类型，可以提高图形的表达能力和可读性。

为了便于机械工程的 CAD 制图需要，将 GB/T 17450 中所规定的 8 种线型分为以下 5 组，见表 5-14。

在机械制图中一般优先采用第 4 组。另外，GB 还规定因绘图工具偏差引起的线宽误差不得大于 ±0.1d。

表 5-14　　　　　　　　　　　　　机械制图的线宽标准

组别	1	2	3	4	5	一　般　用　途
线宽 (mm)	2.0	1.4	1.0	0.7	0.5	粗实线、粗点画线
	1.0	0.7	0.5	0.35	0.25	细实线、波浪线、双折线、虚线、细点画线、双点画线

⑪ 单击粗实线图层上的"线宽"单元格 ──默认 选项打开"线宽"对话框，在"线宽"列表框中选择某一线宽值（如 0.30 毫米），如图 5-29 所示。

图 5-29

⑫ 单击 确定 按钮将该线宽赋予到粗实线图层中。然后使用同样的方法设置其他图层，结果如图 5-30 所示。

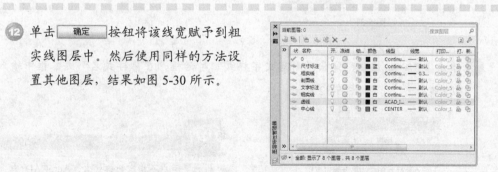

图 5-30

⑬ 设置完成后，单击 （保存）按钮，保存图形文件为 Sample/CH05/0501.dwg。

5.5 设置文字样式

在机械绘图中，除了必要的图形外，还需要用文字、数字或字母等来说明机件的大小、技术要求和其他描述性内容。图样中的字体要求字体工整、笔画清晰、间隔均匀、排列整齐。

5.5.1 创建机械文字国家标准

AutoCAD 2009 提供众多的文字供用户选　择。下面就说明一下如何创建机械文字国标。

操作步骤

1 启动 AutoCAD 2009 中文版，打开 Sample/CH05/0501.dwg。

除了系统默认的 STANDARD 文字样式外，用户还可以创建任何所需的文字样式。

图 5-31

2 选择"格式"→"文字样式"命令，弹出"文字样式"对话框，如图 5-31 所示。

3 单击 新建(N)... 按钮，弹出"新建文字样式"对话框，在"样式名"文本框中输入 仿宋体 ，如图 5-32 所示。

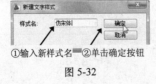

①输入新样式名 ②单击确定按钮

图 5-32

如果用户不指定新样式名，AutoCAD 自动将文字样式命名为"样式 n"名称（n=1、2……）。

④ 单击 确定 按钮，在"样式名"选项区显示新建的文字样式，如图 5-33 所示。

图 5-33

5.5.2 设置字体和文字效果

设置完样式名以后，用户还可以在"字体"和"效果"选项区中设置文字样式中字体的样式和屏幕上的文字显示效果。

⑤ 取消"字体"选项区中 ☑ 使用大字体 (U) 复选框，并单击"字体名"下拉框设置"仿宋"为当前字体，然后系统自动指定"字体样式"为"常规"，如图 5-34 所示。

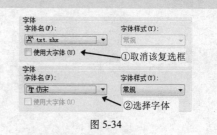

图 5-34

注意

☑ 使用大字体 (U) 就是指定亚洲语言的大字体文件。只有在"字体名"中指定 SHX 文件，才能"使用大字体"，并且只有 SHX 文件可以创建"大字体"。选择字体名时，在 VISTA 系统中，是"仿宋"，在 XP/2000 等系统中，该字体为"仿宋_GB2312"。

⑥ 在"大小"选项区中，设置"高度"为 0，即表示当前不设置字体高度，在"效果"选项区中，设置"宽度比例"为 0.8000 ，"倾斜角度"为 0，表示无倾角。单击 应用 (A) 按钮，即完成仿宋体文字样式的创建，用于工程图中的文字对象标注，如图 5-35 所示。

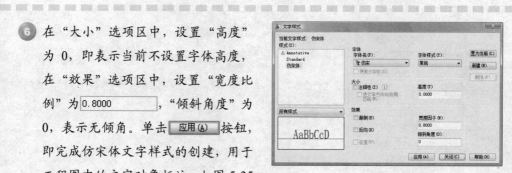

图 5-35

AutoCAD 2009

图 5-36

7 重复以上步骤，创建"标注字母-3.5"文字样式，用于标注直体字母和数字。其中"字体"为 gbenor.shx，选中复选框，"大字体"样式为 gbcbig.shx，设置高度为 3.5，宽度比例为 1.0，结果如图 5-36 所示。

8 选择"仿宋体"，并单击 置为当前(C) 按钮将仿宋体置为当前文字样式，然后单击 关闭(C) 按钮关闭"文字样式"对话框。

5.6 设置尺寸标注

在绘制专业的机械工程图中，由于图形尺寸比较大，用户一般不能使用 AutoCAD 提供的默认标注样式来创建工程图的尺寸标注，而是根据国家对机械绘图的标准规范来设置相适应的尺寸标注样式。

5.6.1 新建机械标注样式

标注样式命令用于设置、修改、代替或比较各种尺寸样式的工具，我们根据一般图形的种类、大小等因素来设置各种不同的尺寸标注样式。继续以上一节的文件来创建。

操作步骤

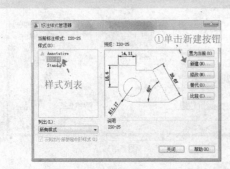

图 5-37

1 选择"格式"→"标注样式"命令，弹出"标注样式管理器"对话框，如图 5-37 所示。

② 单击 新建(N)... 按钮，建立样式名为"机械工程图标注"，其他使用默认值，如图 5-38 所示。

技巧

"基础样式"是用于选择一种基础样式，新样式将在该基础样式上进行修改；用于则是指定新建标注样式的适用范围，如"所有标注"、"线性标注"、"角度标注"、"半径标注"、"直径标注"、"坐标标注"和"引线和公差"。

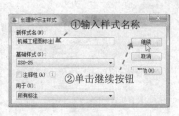

图 5-38

5.6.2 设置直线

标注尺寸线是标注中的一个重要部分。

③ 单击 继续 按钮，弹出"新建标注样式"对话框。将 线 选项卡中的"基线间距"设置为 7，"超出尺寸线"设为 2，"起点偏移量"为 1，如图 5-39 所示。

技巧

机械标准规范对"基线间距"的设置值为 7mm～10mm，"超出尺寸线"为 2mm～3mm。起点偏移量不小于 2。

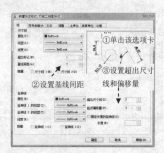

图 5-39

5.6.3 设置符号和箭头

在"新建标注样式"对话框中，单击 符号和箭头 选项卡，可以设置尺寸标注的箭头、圆心标记、弧长符号和半径标注折弯等选项。

④ 单击 符号和箭头 选项卡，箭头大小为 3.5；圆心标记为 ⊙无(N)；弧长符号为 ⊙标注文字的上方(A)；半径标注折弯角度为 90°，设置结果如图 5-40 所示。

① 单击该选项卡
② 设置箭头大小为 3.5
④ 设置弧长符号位置
③ 设置无圆心标记
⑤ 设置折弯角度

图 5-40

技巧

AutoCAD 2009 新增了向线性标注中添加折弯线的功能，用来表示实际测量值与尺寸界线之间的长度不同。

5.6.4 设置文字

在"新建标注样式"对话框中，单击 文字 选项卡，可以设置标注文字的外观、位置和对齐方式。

① 单击该选项卡
② 选择文字样式、颜色和大小
③ 设置尺寸线偏移

图 5-41

⑤ 单击 文字 选项卡，选择文字样式为"标注字母-3.5"；文字位置为上、居中，尺寸偏移距离为 0.875，如图 5-41 所示。

5.6.5 设置主单位

在"新建标注样式"对话框中，单击 主单位 选项卡，可以设置主单位的格式与精度，并设置标注文字的前缀和后缀等属性。

⑥ 单击 主单位 选项卡，设置"线型标注"的"单位格式"为小数，精度为 0.00，小数分隔符为"句点"，舍入为 0，角度标注单位格式为十进制度数，精度为 0.00，将线性标注的后续零取消，其他设置保持默认状态，如图 5-42 所示。

①单击该选项卡

②设置格式、精度和分隔符

③设置角度格式和精度

④消去后续零

图 5-42

⑦ 单击 确定 按钮返回到"标注样式管理器"中。选择"机械工程图标注"样式并单击 置为当前(U) 按钮，将该样式设置为当前标注样式，然后单击 关闭 按钮保存新建的标注样式，如图 5-43 所示。

当创建注释性对象后，标注样式名称前面将自动添加"⚠"图标符号，如图 5-13 所示。

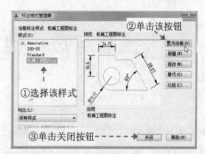

②单击该按钮

①选择该样式

③单击关闭按钮

图 5-43

⑧ 单击 📄 按钮，保存创建的标注样式为样板文件。输入"文件名"为"机械标注"，文件类型为"AutoCAD 图形样板"，如图 5-44 所示。

①输入文件名 ②选择类型 ③单击保存按钮

图 5-44

⑨ 单击 保存(S) 按钮，弹出"样板选项"对话框。输入"说明"文字，系统默认"测量单位"为"公制"，单击 确定 按钮即可，如图 5-45 所示。

图 5-45

AutoCAD 2009

139

⑩ 选择"文件" → "另存为"命令，保存
图形文件为 Sample/CH05/0502.dwg。

注意

此处创建的"机械标注"尺寸样式是一种
适用于机械标注的通用样式，而不是最终
打印到图纸的尺寸效果，在具体的绘图过
程中各尺寸参数需要乘上出图比例才能
获得最终的打印效果。

5.7
技能点拨：自定义标题栏和明细栏

前面我们详细说明了如何创建图形样板等文件，但在 AutoCAD 机械绘图中，除了绘图外，
我们还需要对该图做出各种说明，如制作这个零件的材料是什么，是谁绘制的，由谁来审核。这
样后期的修改才能迅速定位。

5.7.1　自定义标题栏

标题栏格式由前述的 GB/T 10609.1—1989
确定，它不但可以使用直线、偏移等功能来创
建，而且还可以使用表格来快速地进行创建。

使用表格方式来创建标题栏时，需要首先
设置好表格的样式，以便于用户能对表格进行
方便地填充文字和图形。

实例 5-2　使用表格来创建标题栏

录像文件　演示录像＼CH05＼0503

结果文件　Sample＼CH05＼0503.dwg

学习要点　练习根据国家标准创建标题栏

操作步骤

① 启动 AutoCAD 2009 中文版，以前面创建的"机械标注.DWT"样板图来新建一个图形文件。

② 单击"表格"面板上的 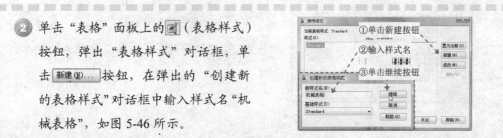（表格样式）按钮，弹出"表格样式"对话框，单击 新建(N)... 按钮，在弹出的"创建新的表格样式"对话框中输入样式名"机械表格"，如图 5-46 所示。

图 5-46

③ 单击 继续 按钮，弹出"新建表格样式"对话框。单击"单元格式"列表框中的"数据"选项，然后选择"文字"选项卡中的文字样式为 标注字母-3.5 ；然后选择"常规"选项卡，设置对齐方式为 正中 ，并设定"水平"和"垂直"页边距均为 0，其他使用默认设置，如图 5-47 所示。

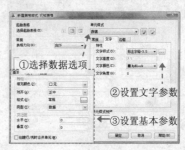

图 5-47

④ 选择"表头"选项，表头的各项设置和数据的完全一致。标题的各项设置也和数据的保持一致，并且取消"标题"选项中"常规"选项卡的 □创建行/列时合并单元(M) 复选框，使它们和数据行完全一致，如图 5-48 所示。

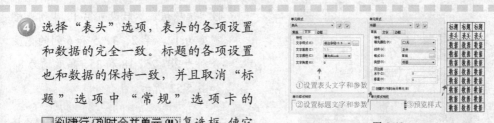

图 5-48

⑤ 单击 确定 按钮返回到"表格样式"对话框中，选中"机械表格"，然后单击 置为当前(U) 按钮将该样式置为当前，并单击 关闭 按钮关闭该对话框，如图 5-49 所示。

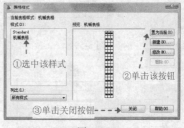

图 5-49

AutoCAD 2009

⑥ 单击 ▦（保存）按钮保存当前图形为 "JXBG.dwt" 样板文件。

图 5-50

⑦ 单击 ▦（表格）按钮，弹出 "插入表格" 对话框，指定 "插入方式" 为 ◉ 指定插入点(I) 选项区中，并设置行列数和行高、列高，如图 5-50 所示。

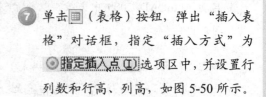

图 5-51

⑧ 单击 ［确定］ 按钮即可在绘图窗口指定一点来创建一个 5 行 6 列的表格，如图 5-51 所示。

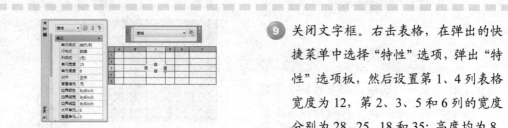

图 5-52

⑨ 关闭文字框。右击表格，在弹出的快捷菜单中选择 "特性" 选项，弹出 "特性" 选项板，然后设置第 1、4 列表格宽度为 12，第 2、3、5 和 6 列的宽度分别为 28、25、18 和 35；高度均为 8，如图 5-52 所示。

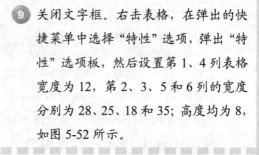

图 5-53

⑩ 关闭 "特性" 选项板。按住<Shift>键选择第 4~5 行和 D~F 列，然后单击 "表格" 工具栏上的 "合并单元" 按钮，在弹出的菜单中选择 "全部" 选项，将选中的几个单元格进行合并，如图 5-53 所示。

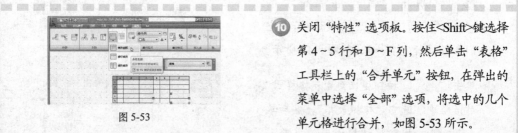

图 5-54

⑪ 使用同样的方法对其他部分进行合并，结果如图 5-54 所示。

12 然后在相应的单元格中输入国家规定
的标题栏文字，结果如图 5-55 所示。

（设计零件名称）		比例			（图号）
		数量			
制图	（姓名）	（日期）	材料		共 张 第 张
审核	（姓名）	（日期）		翼 翔 科 技	
工艺	（姓名）	（日期）			

图 5-55

5.7.2　利用块来创建明细栏

明细栏则由 GB/T 10609.2—1989 规定绘制，也可以根据企业的具体要求来创建各自的标题栏、明细栏格式。明细栏主要反映装配图中各零件的代号、名称、材料和数量等信息，在装配图中应用较多。

明细栏不但可以使用直线、表格来创建，还可以使用带属性的块方式来创建。由于明细栏一般在标题栏的上方，按由下而上的顺序进行填写，其栏的数目根据绘图的实际需要来进行增减。当右侧位置不足时，还可以在标题栏的左侧由下而上地进行延伸。

绘制标题栏和明细栏时应注意以下问题。

（1）标题栏和明细栏的分界线是粗实线，明细栏的外框竖线是粗实线，明细栏的横线和内部竖线均为细实线（包括最上一条横线）。

（2）序号应自下而上的顺序填写，如向上延伸位置不够，可以在标题栏紧靠左边自下而上延续。

（3）标准件的国标代号可写入备注栏。

实例 5-3　创建明细栏

录像文件　演示录像＼CH05＼0504

结果文件　Sample＼CH05＼0504.dwg

学习要点　使用机械国家标准创建明细栏

操作步骤

1 启动 AutoCAD 2009 中文版，打开前一实例保存的图形文件，如图 5-56 所示。

（设计零件名称）		比例			（图号）
		数量			
制图	（姓名）	（日期）	材料		共 张 第 张
审核	（姓名）	（日期）		翼 翔 科 技	
工艺	（姓名）	（日期）			

图 5-56

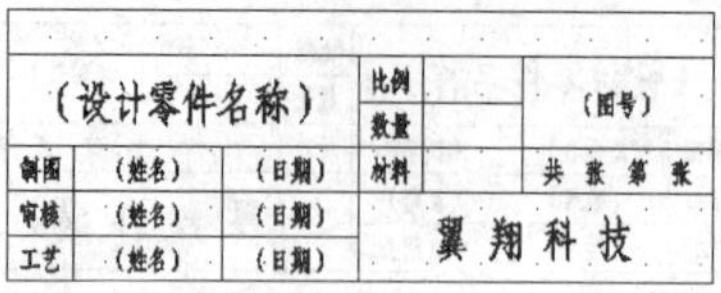

图 5-57

② 切换"粗实线"为当前图层。然后单击 □（矩形）按钮，以标题栏右上角作为矩形右下角点，绘制一个长为130、高为 8 的矩形，如图 5-57 所示。

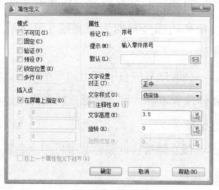

图 5-58

③ 切换"细实线"为当前图层。单击 ╱（直线）按钮，在离矩形左侧边 12 位置处绘制一条长为 8 的竖直直线。然后单击 ⚏（偏移）按钮偏移向右该直线，偏移距离分别为 28、53、65、83，如图 5-58 所示。

图 5-59

④ 选择"绘图"→"块"→"定义属性"命令，弹出"属性定义"对话框，设置最左侧单元格的属性值，如图 5-59 所示。

其他单元格文本框中的属性值见表 5-15。

表 5-15　　　　　　　　　　　　　属性参数

属 性 标 记	属 性 提 示	文 字 对 正	文 字 样 式	文 字 高 度
（序号）	输入零件序号	正中	仿宋体	3.5
（代号）	输入零件代号	正中	仿宋体	3.5
（名称）	输入零件名称	正中	仿宋体	3.5
（数量）	输入零件数量	正中	仿宋体	3.5
（材料）	输入零件材料	正中	仿宋体	3.5
（备注）	输入零件备注	正中	仿宋体	3.5

设置完成后，结果如图 5-60 所示。

（序号）	（代号）	（名称）	（数量）	（材料）	（备注）
（设计零件名称）			比例		（图号）
			数量		
制图	（姓名）	（日期）	材料		共 张 第 张
审核	（姓名）	（日期）			
工艺	（姓名）	（日期）		翼 翔 科 技	

图 5-60

⑤ 单击"二维绘图"面板上的 ▢（创建块）按钮，弹出"块定义"对话框，输入块名称为"明细栏"，然后单击选择所有的明细栏对象，设定将该图形 ⊙ **转换为块（C）**，并指定右下角作为插入基点，如图 5-61 所示。

图 5-61

⑥ 单击 确定 按钮，弹出"编辑属性"对话框，在该对话框中输入相应的数据即可创建一行明细栏，如图 5-62 所示。

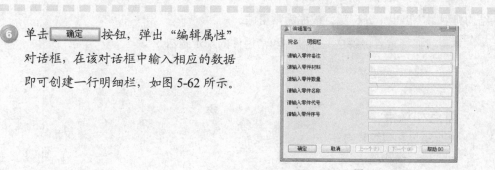

图 5-62

⑦ 单击 确定 按钮完成属性块的创建。以后需要明细栏时，选择"插入"→"块"命令即可完成明细栏的创建。

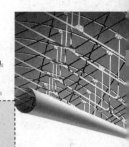

第6章

机械标准件和常用件

　　组成机器设备的众多零件中有些零件应用十分广泛，如螺栓、螺母、垫圈、键、销、滚动轴承等。为了适应专业化大批量生产，提高产品质量，降低生产成本，国家标准对这类零件的结构尺寸和加工要求等作了一系列的规定，是已经标准化、系列化了的零件，这类零件就称为标准件。另有一些零件，如齿轮、弹簧等，国家标准只对其部分尺寸和参数作了规定，这类零件结构典型，应用也十分广泛，被称为常用件。

　　本章我们将重点讲解这些标准件和常用件的规定画法。

重点和难点

- 螺纹和螺纹紧固件
- 键联结和画法
- 弹簧的画法
- 滚动轴承的画法
- 机械常用件绘制技巧

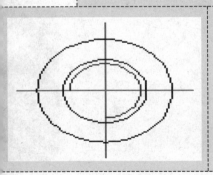

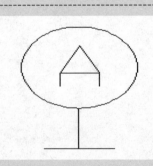

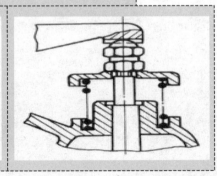

6.1

螺 纹

圆柱面上一动点绕圆柱轴线作等速转动的同时，又沿圆柱母线作等速直线运动而形成的运动轨迹，称为螺旋线。

一平面图形（如三角形、梯形、锯齿形等）沿圆柱表面上的螺旋线运动形成的具有相同断面的连续凸起和沟槽就称为螺纹。螺纹是零件上一种常见的标准结构，在圆柱外表面上形成的螺纹称为外螺纹；在圆柱内表面形成的螺纹称为内螺纹。

紧固件：将两个或两个以上零件（或构件）紧固连接成为一件整体时所采用的一类机械零件的总称。市场上也称为标准件。

6.1.1 螺纹的成型及定义

螺纹是零件上一种常见的标准结果，将工件装夹在与车床主轴相连的卡盘上，使它随主轴作等速旋转，同时使车刀沿主轴轴线方向作等速移动，当车刀切入工件达一定深度时，就在工件表面上车制出螺纹。在圆柱外表面上形成的螺纹称为外螺纹；在圆柱内表面上形成的螺纹称为内螺纹，如图 6-1 所示。

牙型、直径、线数、螺距和导程、旋向称为螺纹的基本要素，其中牙型、直径、螺距 3

项都符合国家标准规定的螺纹称为标准螺纹。

图 6-1

根据螺纹使用场合的不同，可选择不同的几何形状的刀具来得到各种牙型的螺纹。

6.1.2 外螺纹的规定画法

螺纹的牙顶（大径）及螺纹终止线用粗实线绘制，牙底（小径）用细实线绘制（d=0.85D），并应画进倒角内。在投影为圆的视图中，表示牙底的细实线圆只画约 3/4 圈，

倒角圆省略不画。当需要表示螺纹收尾时，螺尾部分的牙底用与轴线成 30°角的细实线绘制，下面通过 M8 螺栓的实际绘制步骤为例进行详细讲解。

AutoCAD 2009

实例 6-1 M8 内六角圆柱头螺栓

 录像文件 演示录像\CH06\0601

 结果文件 Sample\CH06\0601

 学习要点 练习外螺纹的画法

操作步骤

① 启动 AutoCAD 2009 中文版，新建一个图形文件。

图 6-2

② 单击"图层"面板上的 (图层特性管理器)按钮，弹出"图层特性管理器"选项板，建立"粗实线"、"细实线"、"中心线"、"标注" 4 个图层，如图 6-2 所示。

③ 切换"中心线"设置为当前层，单击 按钮绘制中心线，AutoCAD 提示：

```
命令: _LINE 指定第一点:
指定下一点或 [放弃(U)]: @90,0
指定下一点或 [放弃(U)]:        //按<Enter>键结束命令
```

结果如图 6-3 所示。

———— — — ————

图 6-3

④ 将"粗实线"设置为当前层，单击 按钮绘制螺纹的外径，AutoCAD 提示：

```
命令: _LINE 指定第一点: fro 基点:        //单击图中 A 点
<偏移>: @-2,6.5
指定下一点或 [放弃(U)]: @0, -13
指定下一点或 [放弃(U)]: @-8, 0
指定下一点或 [闭合(C)/放弃(U)]: @0, 13
指定下一点或 [闭合(C)/放弃(U)]: C        //按<Enter>键

命令: _line 指定第一点: _from 基点:        //单击图中 B 点
<偏移>: @0,4
```

指定下一点或 [放弃(U)]: @-68,0
指定下一点或 [放弃(U)]: @0,-8
指定下一点或 [闭合(C)/放弃(U)]: @68,0
指定下一点或 [闭合(C)/放弃(U)]:　　　　　　　//按<Enter>键结束命令

结果如图 6-4 所示。

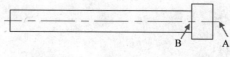

图 6-4

⑤ 单击按钮偏移命令绘制螺纹的终止线，AutoCAD 提示：

命令: _OFFSET
当前设置：删除源=否　图层=源　OFFSETGAPTYPE=0
指定偏移距离或 [通过(T)/删除(E)/图层(L)] <通过>: 40
选择要偏移的对象，或 [退出(E)/放弃(U)] <退出>:　　　　　　//选择螺纹末端线
指定要偏移的那一侧上的点，或 [退出(E)/多个(M)/放弃(U)] <退出>:　　//在右方单击一点
选择要偏移的对象，或 [退出(E)/放弃(U)] <退出>:

结果如图 6-5 所示。

注意

螺纹的公称直径（外径）及终止线用粗实线绘制。

图 6-5

⑥ 单击按钮对螺纹端部进行 45°倒角，AutoCAD 提示：

命令:_ CHAMFER
（"修剪"模式）当前倒角距离 1 = 0.0000, 距离 2 = 0.0000
选择第一条直线或 [放弃(U)/多段线(P)/距离(D)/角度(A)/修剪(T)/方式(E)/多个(M)]: d
指定第一个倒角距离 <0.0000>: 1
指定第二个倒角距离 <1.0000>:　　　　　　//按<Enter>键接受默认值
选择第一条直线或 [放弃(U)/多段线(P)/距离(D)/角度(A)/修剪(T)/方式(E)/多个(M)]: m
选择第一条直线或 [放弃(U)/多段线(P)/距离(D)/角度(A)/修剪(T)/方式(E)/多个(M)]:
选择第二条直线，或按住<Shift>键选择要应用角点的直线:
……
选择第一条直线或 [放弃(U)/多段线(P)/距离(D)/角度(A)/修剪(T)/方式(E)/多个(M)]:

命令_ LINE 指定第一点:
指定下一点或 [放弃(U)]:　　　　　　//指定点 C
指定下一点或 [放弃(U)]　　　　　　//指定点 D

图 6-6

结果如图 6-6 所示。

⑦ 将"细实线"设置为当前层，单击 ✏ 按钮绘制螺纹的底径，AutoCAD 提示：

```
命令: _LINE 指定第一点: fro 基点:                    //单击图中 E 点
<偏移>: @0,-0.6
指定下一点或 [放弃(U)]:
指定下一点或 [放弃(U)]:                              //按<Enter>键结束命令

命令: LINE 指定第一点: fro 基点:                     //单击图中 F 点
<偏移>: @0, 0.6
指定下一点或 [放弃(U)]:
指定下一点或 [放弃(U)]:                              //按<Enter>键结束命令
```

结果如图 6-7 所示。

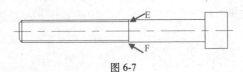

图 6-7

技巧

底径用细实线绘制，而且底径为公称直径（外径）的 0.85，并画进倒角内。

⑧ 单击 ⬜ 按钮对螺栓头部以及光杆和螺栓头部连接部分进行工艺倒角，AutoCAD 提示：

```
命令: _FILLET
当前设置: 模式 = 修剪, 半径 = 0.0000
选择第一个对象或 [放弃(U)/多段线(P)/半径(R)/修剪(T)/多个(M)]: r
指定圆角半径 <0.0000>: 0.4
选择第一个对象或 [放弃(U)/多段线(P)/半径(R)/修剪(T)/多个(M)]: m
选择第一个对象或 [放弃(U)/多段线(P)/半径(R)/修剪(T)/多个(M)]:
选择第二个对象，或按住<Shift>键选择要应用角点的对象:
……
```

结果如图 6-8 所示。

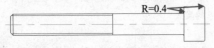

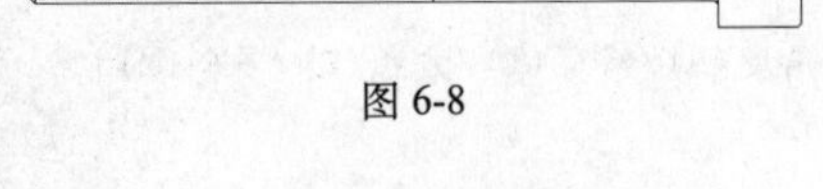

R=0.4

图 6-8

注意

在对光杆和螺栓头部之间进行工艺倒角的时候要选择"不修剪模式"，倒圆角后用圆弧将多余的线修剪掉，由于篇幅有限这里不在赘述。

⑨ 将"中心线"设置为当前层，单击 / 按钮绘制螺栓左视图的中心线，AutoCAD 提示：

```
命令: _ LINE 指定第一点:                  //单击图中 G 点
指定下一点或 [放弃(U)]:@ 17, 0
指定下一点或 [放弃(U)]:                   //按<Enter>键结束

命令_LINE 指定第一点: fro 基点:          //捕捉图中 H 点
<偏移>: @0,8.5
指定下一点或 [放弃(U)]: @0, -17
指定下一点或 [放弃(U)]:
```

结果如图 6-9 所示。

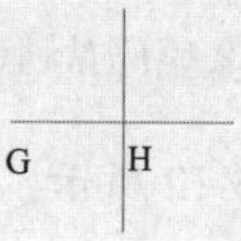

图 6-9

⑩ 将"粗实线"设置为当前层，单击 ⊘ 按钮绘制螺纹左视图的外径，AutoCAD 提示：

```
命令: _CIRCLE 指定圆的圆心或 [三点(3P)/两点(2P)/相切、相切、半径(T)]:      //选中中心
线的交点
指定圆的半径或 [直径(D)]: 6.5

命令:_CIRCLE 指定圆的圆心或 [三点(3P)/两点(2P)/相切、相切、半径(T)]:   //选中中心线的交点
指定圆的半径或 [直径(D)] <6.5000>: 4
```

结果如图 6-10 所示。

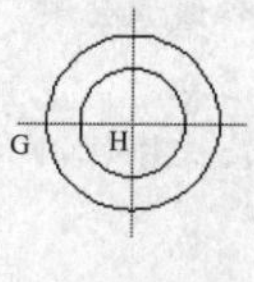

图 6-10

⑪ 将"细实线"设置为当前层，单击 ⊘ 按钮绘制螺纹左视图的底径，AutoCAD 提示：

```
命令: _CIRCLE 指定圆的圆心或 [三点(3P)/两点(2P)/相切、相切、半径(T)]:      //选中中心
线的交点
指定圆的半径或 [直径(D)]:<4.0000>:3.4
```

结果如图 6-11 所示。

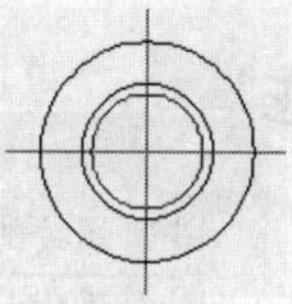

图 6-11

AutoCAD 2009

⑫ 单击 ✁ 按钮，将底径修剪为 3/4 圆，AutoCAD 提示：

```
命令: _TRIM
当前设置:投影=UCS, 边=延伸
选择剪切边...
选择对象或 <全部选择>:  找到 1 个
选择对象: 找到 1 个, 总计 2 个                    //选择两条中心线
选择对象:                                        //按<Enter>键结束选择
选择要修剪的对象, 或按住<Shift>键选择要延伸的对象, 或
[栏选(F)/窗交(C)/投影(P)/边(E)/删除(R)/放弃(U)]:        //选择要修剪的部分
选择要修剪的对象, 或按住 Shift 键选择要延伸的对象, 或
[栏选(F)/窗交(C)/投影(P)/边(E)/删除(R)/放弃(U)]:        //按<Enter>键结束修剪
```

结果如图 6-12 所示。

图 6-12

⑬ 将"标注"设置为当前层，单击 ✁ 按钮，对刚绘制的螺栓进行标注，AutoCAD 提示：

```
命令: _DIMLINEAR
指定第一条延伸线原点或 <选择对象>:
指定第二条延伸线原点:
指定尺寸线位置或
[多行文字(M)/文字(T)/角度(A)/水平(H)/垂直(V)/旋转(R)]:
标注文字 =68
……
```

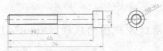

结果如图 6-13 所示。

图 6-13

⑭ 另存图形文件为 Sample/CH06/0601. dwg。

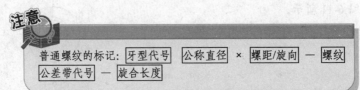

注意

普通螺纹的标记: 牙型代号 公称直径 × 螺距/旋向 — 螺纹
公差带代号 — 旋合长度

普通螺纹牙型代号为 M。普通粗牙螺纹省略标注螺距。右旋螺纹不需要标注旋向，左旋螺纹应该注"左"字。

普通螺纹的公差带代号由表示公差等级的数字及表示公差带位置的字母组成，大写字母表示内螺纹，小写字母表示外螺纹。普通螺纹应注明中径和顶径公差代号，两者相同，则可以只注一个，例如本例的中径和顶径公差代号均为 6e。

普通螺纹的旋合长度规定了短、中、长 3 种，其中代号分别为 S、N、L。在一般情况下其螺纹按中等长度确定并不注明旋合长度，必要时可标注 S 或 L 或旋合长度数字。

6.1.3　内螺纹的规定画法

内螺纹（螺孔）一般应画成剖视图。在剖视图中内螺纹的牙底（大径）用细实线绘制，牙顶（小径）及螺纹终止线用粗实线绘制，剖面线画到粗实线处。在投影为圆的视图中，表示牙底的细实线圆只画约 3/4 圈，倒角圆省略不画，如图 6-14（a）所示，不剖时，牙底、牙顶和螺纹终止线皆画成虚线，如图 6-14（b）所示。

螺母画法的基本规定可以由示意图 6-15 来进行解释各尺寸之间的相互关系。

其中 d=0.85D（公称直径及螺母的底径）。

图 6-15

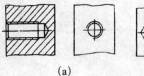

　(a)　　　　　　　　　(b)

图 6-14

注意

下面实例中所有尺寸都是按螺母画法的基本规定的尺寸之间的关系计算得出的，读者自行计算，在绘图过程中直接应用不再解释。

实例 6-2　M8 六角螺帽

录像文件　演示录像＼CH06＼0602

结果文件　Sample＼CH06＼0602

学习要点　练习内螺纹的画法

操作步骤

❶ 启动 AutoCAD 2009 中文版，新建一个图形文件。

② 单击"图层"工具栏上的 （图层特性管理器）按钮，弹出"图层特性管理器"选项板，建立"粗实线"、"细实线"、"中心线"、"标注"和"剖面线"5 个图层，如图 6-16 所示。

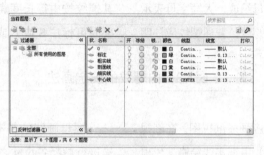

图 6-16

③ 切换"中心线"设置为当前层，单击 ✏ 按钮绘制中心线，AutoCAD 提示：

```
命令: _LINE 指定第一点:
指定下一点或 [放弃(U)]: @0,7.44
指定下一点或 [放弃(U)]:              //按<Enter>键结束命令
```

结果如图 6-17 所示。

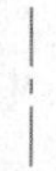

图 6-17

④ 将"粗实线"设置为当前层，单击 ▭ 按钮绘制螺帽外轮廓，AutoCAD 提示：

```
命令: _ RECTANG
    指定第一个角点或 [倒角(C)/标高(E)/圆角(F)/厚度(T)/宽度(W)]: fro 基点:          //单击图
中A点
    <偏移>: @-6.8,-1
    指定另一个角点或 [面积(A)/尺寸(D)/旋转(R)]: @13.6,-5.44
```

结果如图 6-18 所示。

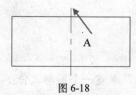

图 6-18

⑤ 单击 按钮将上步中绘制的矩形分解。

⑥ 选择"格式"→"点样式"命令，打
开"点样式"对话框，并选择图 6-19
所示中的样式。

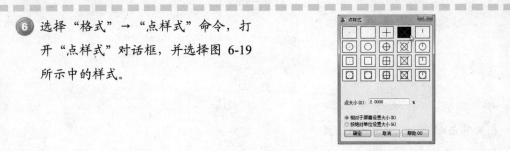

图 6-19

⑦ 选择"绘图"→"点"→"定数等分"命令，AutoCAD 提示：

```
命令: _DIVIDE
选择要定数等分的对象:                        //选择矩形的上边
输入线段数目或 [块(B)]: 8
```

结果如图 6-20 所示。

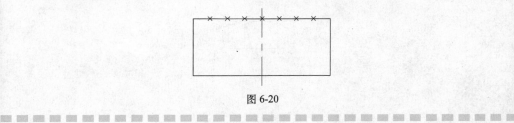

图 6-20

⑧ 单击 按钮利用对象捕捉，捕捉图中两等分点绘制两条直线，结果如图 6-21 所示。

注意

在捕捉图中的两个点时，选中对象捕捉中
的节点。

图 6-21

⑨ 单击 按钮绘制圆，AutoCAD 提示：

```
命令: CIRCLE
指定圆的圆心或 [三点(3P)/两点(2P)/相切、相切、半径(T)]: fro 基点:   //捕捉图中上边中点
<偏移>: @0,-10.2
指定圆的半径或 [直径(D)] <0.0000>: 10.2
```

结果如图 6-22 所示。

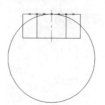

图 6-22

⑩ 单击 按钮，AutoCAD 提示：

```
命令：_OFFSET
当前设置：删除源=否  图层=源  OFFSETGAPTYPE=0
指定偏移距离或 [通过(T)/删除(E)/图层(L)] <通过>：              //选择图中 B 点
指定第二点：                                                  //选择图中 C 点
选择要偏移的对象，或 [退出(E)/放弃(U)] <退出>：                //选择被等分的直线
指定要偏移的那一侧上的点，或 [退出(E)/多个(M)/放弃(U)] <退出>：  //在直线下方单击一点
选择要偏移的对象，或 [退出(E)/放弃(U)] <退出>：                //按<Enter>键结束命令
```

结果如图 6-23 所示。

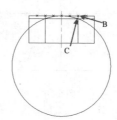

图 6-23

⑪ 单击 绘制圆弧，AutoCAD 提示：

```
命令：ARC 指定圆弧的起点或 [圆心(C)]：        //选择图中 D 点
指定圆弧的第二个点或 [圆心(C)/端点(E)]：      //选择图中 E 点
指定圆弧的端点：                            //选择图中 F 点
```

结果如图 6-24 所示。

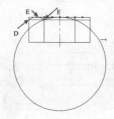 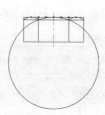

图 6-24

(12) 重复步骤 (11)，绘制右侧的圆弧，结果
如图 6-25 所示。

图 6-25

(13) 单击 -/-- 按钮对上面绘制的图形进行
修剪，结果如图 6-26 所示。

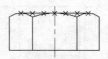

图 6-26

(14) 选择 "格式" → "点样式" 命令，并
选择图 6-27 所示中的样式。

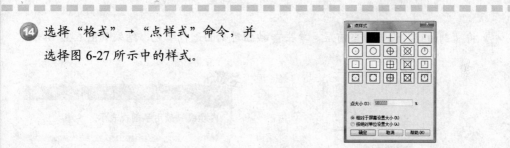

图 6-27

(15) 重复上面步骤绘制螺帽的另一侧，结
果如图 6-28 所示。

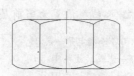

图 6-28

(16) 单击 / 按钮，绘制两条直线，结果如
图 6-29 所示。

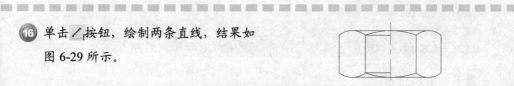

图 6-29

(17) 将 "细实线" 设置为当前层，单击 / 绘制螺帽的底径，AutoCAD 提示：

```
命令: _LINE 指定第一点: fro 基点:          //选择图中 G 点
<偏移>: @-4,0
指定下一点或 [放弃(U)]:
指定下一点或 [放弃(U)]:
```

结果如图 6-30 所示。

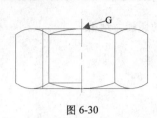

图 6-30

18 单击 ⊶ 按钮对上面绘制的图形进行修剪，结果如图 6-31 所示。

图 6-31

19 将 "剖面线" 设置为当前层，单击 ▨ 按钮对剖面进行填充，结果如图 6-32 所示。

图 6-32

注意

内螺纹一般用半剖视表示。

20 将 "中心线" 设置为当前层，单击 ╱ 按钮绘制俯视图中心线，AutoCAD 提示：

```
命令: LINE 指定第一点:
指定下一点或 [放弃(U)]:@ 0, -15.6
指定下一点或 [放弃(U)]                    //按<Enter>键结束命令
LINE 指定第一点: fro 基点:                 //选择刚才绘制的直线的中点
<偏移>: @-7.8,0
指定下一点或 [放弃(U)]: @15.6, 0
指定下一点或 [放弃(U)]:                    //按<Enter>键结束命令
```

结果如图 6-33 所示。

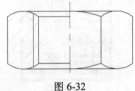

图 6-33

㉑ 将"粗实线"设置为当前层，单击 ⬡ 按钮绘制螺母俯视图的外轮廓，AutoCAD 提示：

命令：_ POLYGON 输入边的数目 <6>：
指定正多边形的中心点或 [边(E)]：e
指定边的第一个端点：   //选择图中 H 点
指定边的第二个端点   //选择图中 I 点

结果如图 6-34 所示。

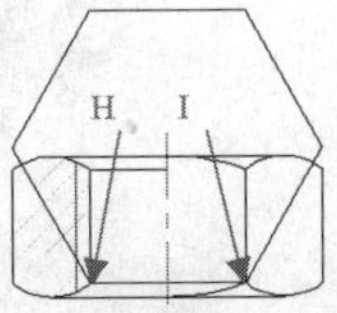

图 6-34

㉒ 单击 ✥ 按钮，将上步中绘制的正六边形
移到合适的位置，如图 6-35 所示。

图 6-35

㉓ 单击 ⊘ 按钮绘制圆，AutoCAD 提示：

命令：_CIRCLE 指定圆的圆心或 [三点(3P)/两点(2P)/相切、相切、半径(T)]：   //捕捉中心线的交点
指定圆的半径或 [直径(D)]：   //捕捉与六边形的垂足
CIRCLE 指定圆的圆心或 [三点(3P)/两点(2P)/相切、相切、半径(T)]：   //捕捉中心线的交点
指定圆的半径或 [直径(D)] <5.8890>：3.4

结果如图 6-36 所示。

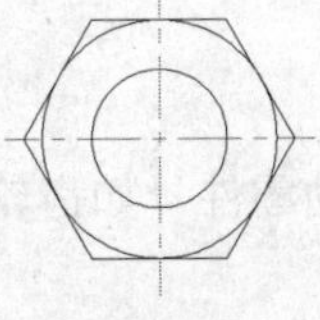

图 6-36

㉔ 将"细实线"设置为当前层，单击 ⊘ 按钮绘制螺母的顶径，AutoCAD 提示：

命令：_CIRCLE 指定圆的圆心或 [三点(3P)/两点(2P)/相切、相切、半径(T)]：   //捕捉中心线的交点
指定圆的半径或 [直径(D)] <3.4000>：4

结果如图 6-37 所示。

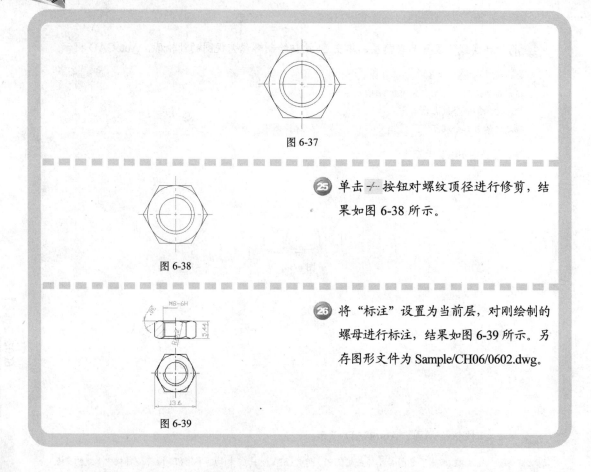

图 6-37

㉕ 单击 ⊢ 按钮对螺纹顶径进行修剪，结果如图 6-38 所示。

图 6-38

㉖ 将"标注"设置为当前层，对刚绘制的螺母进行标注，结果如图 6-39 所示。另存图形文件为 Sample/CH06/0602.dwg。

图 6-39

6.2

键、销

键主要用于连接轴和装在轴上的转动零件（如齿轮、带轮等），起传递扭矩的作用。销在机器设备中，主要用于定位、连接和锁定。

6.2.1　键连接及花键的绘制

键主要用于连接轴和装在轴上的转动零件（如齿轮、带轮等），起传递扭矩的作用。常用的键有普通平键、半圆键、钩头楔键和花键等几种，如图 6-40 所示。本节我们重点讲解外花键的画法。

花键的代号一般表示形式为：N×d×D×

B。其中 N 表示花键的齿数，d 表示花键的小径，D 表示花键的大径，B 表示花键的齿宽。例如：8×32×36×6 表示小径为 32，大径为 36 齿宽为 6 的 8 齿花键。

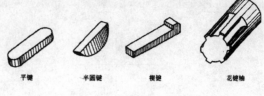

平键　　半圆键　　楔键　　花键轴

图 6-40

实例 6-3　8×32×36×6 花键的画法

录像文件　演示录像＼CH06＼0603

结果文件　Sample＼CH06＼0603

学习要点　练习外花键轴的画法

操作步骤

① 启动 AutoCAD 2009 中文版，新建一个图形文件。

② 单击"图层"工具栏上的 （图层特性管理器）按钮，弹出"图层特性管理器"选项板，建立"粗实线"、"中心线"、"标注" 3 个图层，如图 6-41 所示。

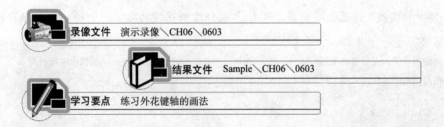

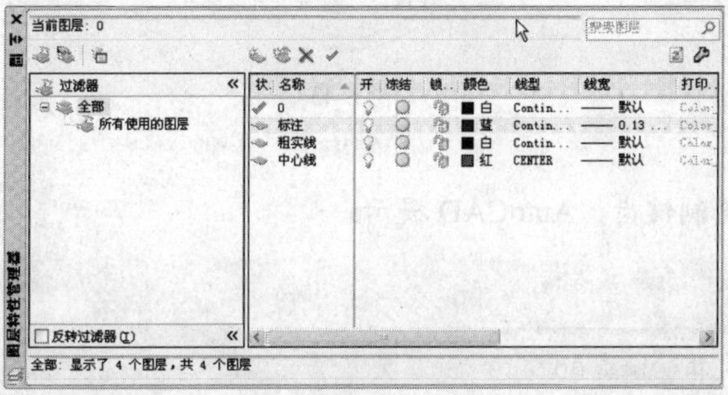

图 6-41

③ 将"中心线"设置为当前层，单击 按钮绘制中心线，AutoCAD 提示：

```
命令: LINE 指定第一点:
指定下一点或 [放弃(U)]:@40, 0
指定下一点或 [放弃(U)]                //按<Enter>键结束命令
LINE 指定第一点: fro 基点:            //选择刚才绘制的直线的中点
<偏移>: @0, 20
指定下一点或 [放弃(U)]: @0, -40
指定下一点或 [放弃(U)]:               //按<Enter>键结束命令
```

结果如图 6-42 所示。

图 6-42

④ 将"粗实线"设置为当前层,单击 ⊘ 按钮绘制花键的大径和小径,AutoCAD 提示:

```
命令: _CIRCLE
指定圆的圆心或 [三点(3P)/两点(2P)/相切、相切、半径(T)]:       //捕捉中心线的交点
指定圆的半径或 [直径(D)]:18

命令: CIRCLE
指定圆的圆心或 [三点(3P)/两点(2P)/相切、相切、半径(T)]:       //捕捉中心线的交点
指定圆的半径或 [直径(D)] <18.0000>: 16
```

结果如图 6-43 所示。

图 6-43

⑤ 单击 ✎ 按钮绘制键齿,AutoCAD 提示:

```
LINE 指定第一点: fro 基点:                                //捕捉中心线的交点
<偏移>: @3,20
指定下一点或 [放弃(U)]: @0,-40
指定下一点或 [放弃(U)]:
```

结果如图 6-44 所示。

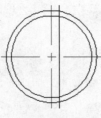

图 6-44

6 单击 ⫽ 按钮绘制键齿，AutoCAD 提示：

```
命令: _MIRROR
选择对象: 找到 1 个                        //选择上步中绘制的直线
选择对象:                                 //按<Enter>键结束选择
指定镜像线的第一点:                       //捕捉垂直中心线的一个端点
指定镜像线的第二点:                       //捕捉垂直中心线的另一个端点
要删除源对象吗? [是(Y)/否(N)] <N>:        //按<Enter>键接受默认值
```

结果如图 6-45 所示。

图 6-45

7 单击 ⊹ 按钮修剪出齿宽，结果如图 6-46 所示。

图 6-46

8 单击 ⊞ 按钮，弹出"阵列"对话框阵列其他轮齿。设置为"环形阵列"，并设置阵列数目为 8、填充角度为 360°，以圆中心点为阵列中心，参数设置如图 6-47 所示。

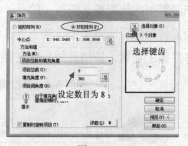

图 6-47

9 设置完成后，单击确定按钮，结果如图 6-48 所示。

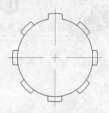

图 6-48

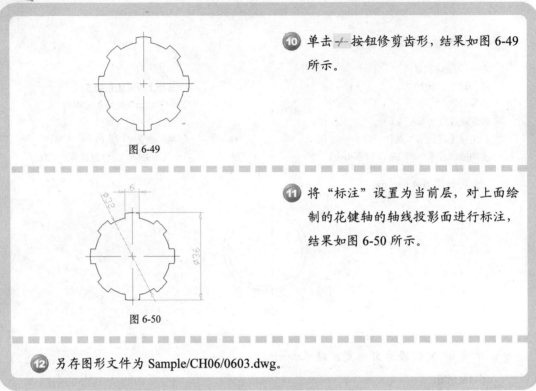

⑩ 单击 ┱ 按钮修剪齿形，结果如图 6-49 所示。

图 6-49

⑪ 将"标注"设置为当前层，对上面绘制的花键轴的轴线投影面进行标注，结果如图 6-50 所示。

图 6-50

⑫ 另存图形文件为 Sample/CH06/0603.dwg。

6.2.2 销连接及开口销的画法

常用的有圆柱销、圆锥销、开口销等 3 种。圆柱销和圆锥销的装配要求较高，销孔一般要在被连接零件装配后同时加工，这一要求需在相应的零件图上注明。锥销孔的公称直径指小端直径，标注时采用旁注法。锥销孔加工时按公称直径先钻孔，再选用定值绞刀扩铰成锥孔。

由于圆柱销和圆锥销的画法比较简单，因此本节选用开口销的画法来讲解销的规定画法。

实例 6-4　开口销（GB/T91-2000 2×20）的画法

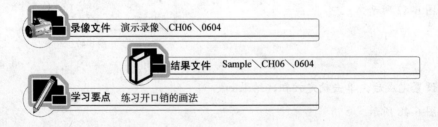

录像文件	演示录像＼CH06＼0604
结果文件	Sample＼CH06＼0604
学习要点	练习开口销的画法

操作步骤

① 启动 AutoCAD 2009 中文版，新建一个图形文件。

② 单击"图层"工具栏上的 （图层特性管理器）按钮，弹出"图层特性管理器"选项板，建立"粗实线"、"中心线"、"标注"和"细实线"4个图层，如图 6-51 所示。

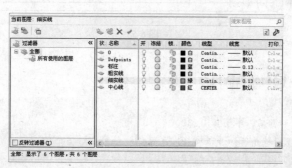

图 6-51

③ 将"粗实线"图层置为当前图层，利用"圆"命令绘制圆，AutoCAD 提示：

命令：_circle 指定圆的圆心或 [三点(3P)/两点(2P)/相切、相切、半径(T)]：
指定圆的半径或 [直径(D)] <5.0000>：1.8

命令：_line 指定第一点：   //选中圆心
指定下一点或 [放弃(U)]：<正交 开> 30
指定下一点或 [放弃(U)]：

结果如图 6-52 所示。

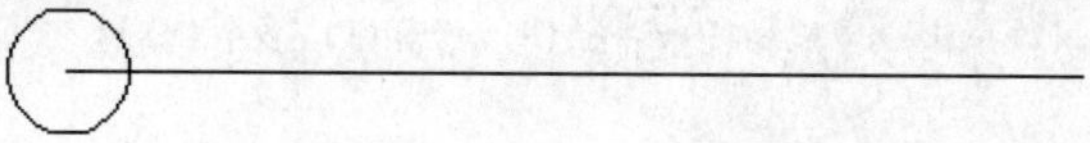

图 6-52

④ 单击 按钮偏移圆和水平线，圆向内偏移 0.9，直线分别向上下偏移 0.9，AutoCAD 提示：

命令：_offset
当前设置：删除源=否 图层=源 OFFSETGAPTYPE=0
指定偏移距离或 [通过(T)/删除(E)/图层(L)] <通过>：0.9
选择要偏移的对象，或 [退出(E)/放弃(U)] <退出>：   // 选择圆
指定要偏移的那一侧上的点，或 [退出(E)/多个(M)/放弃(U)] <退出>： // 圆内一点
选择要偏移的对象，或 [退出(E)/放弃(U)] <退出>：   // 选择水平线
指定要偏移的那一侧上的点，或 [退出(E)/多个(M)/放弃(U)] <退出>： // 上方
选择要偏移的对象，或 [退出(E)/放弃(U)] <退出>：   //选择水平线
指定要偏移的那一侧上的点，或 [退出(E)/多个(M)/放弃(U)] <退出>： //下方
选择要偏移的对象，或 [退出(E)/放弃(U)] <退出>：   // 按<Enter>键结束命令

AutoCAD 2009

结果如图 6-53 所示。

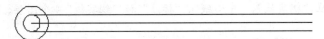

图 6-53

⑤ 单击 □ 按钮，AutoCAD 提示：

```
命令: _fillet
当前设置: 模式 = 修剪, 半径 = 0.0000
选择第一个对象或 [放弃(U)/多段线(P)/半径(R)/修剪(T)/多个(M)]: m
选择第一个对象或 [放弃(U)/多段线(P)/半径(R)/修剪(T)/多个(M)]: r
指定圆角半径 <0.0000>: 2

选择第一个对象或 [放弃(U)/多段线(P)/半径(R)/修剪(T)/多个(M)]:    // 选择大圆和上直线
选择第二个对象, 或按住<Shift>键选择要应用角点的对象:
选择第一个对象或 [放弃(U)/多段线(P)/半径(R)/修剪(T)/多个(M)]:    // 选择大圆和下直线
选择第二个对象, 或按住<Shift>键选择要应用角点的对象:
选择第一个对象或 [放弃(U)/多段线(P)/半径(R)/修剪(T)/多个(M)]: r
指定圆角半径 <2.0000>: 1

选择第一个对象或 [放弃(U)/多段线(P)/半径(R)/修剪(T)/多个(M)]:    // 选择小圆和中直线
选择第二个对象, 或按住<Shift>键选择要应用角点的对象:
选择第一个对象或 [放弃(U)/多段线(P)/半径(R)/修剪(T)/多个(M)]:    // 选择小圆和中直线
选择第二个对象, 或按住<Shift>键选择要应用角点的对象:
选择第一个对象或 [放弃(U)/多段线(P)/半径(R)/修剪(T)/多个(M)]:    // 按<Enter>键结束偏移
```

结果如图 6-54 所示。

图 6-54

⑥ 单击 "修改" → "拉长" 命令，AutoCAD 提示：

```
命令: LENGTHEN
选择对象或 [增量(DE)/百分数(P)/全部(T)/动态(DY)]: t
指定总长度或 [角度(A)] <20.0000)>: 22.5
选择要修改的对象或 [放弃(U)]: // 指定上面的直线
选择要修改的对象或 [放弃(U)]:                // 按<Enter>键结束命令
```

结果如图 6-55 所示。

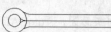

图 6-55

⑦ 单击 ⁄ 按钮，绘制上面直线和下面直线经过右端点的垂直线，AutoCAD 提示：

```
命令: _line 指定第一点:
指定下一点或 [放弃(U)]: _per 到
指定下一点或 [放弃(U)]:                    //使用垂直方式来绘制直线

命令:LINE 指定第一点:
指定下一点或 [放弃(U)]: _per 到            //使用垂直方式来绘制直线
指定下一点或 [放弃(U)]:
```

结果如图 6-56 所示。

图 6-56

⑧ 将"中心线"图层置为当前图层，单击 ⁄ 按钮绘制中心线，结果如图 6-57 所示。

图 6-57

⑨ 单击 ⊜ 按钮，偏移左侧垂直中心定义 AutoCAD 提示：

```
命令: _OFFSET
当前设置: 删除源=否  图层=源  OFFSETGAPTYPE=0
指定偏移距离或 [通过(T)/删除(E)/图层(L)] <通过>: 15
选择要偏移的对象, 或 [退出(E)/放弃(U)] <退出>:          //选择垂直中心线
指定要偏移的那一侧上的点, 或 [退出(E)/多个(M)/放弃(U)] <退出>: //在中心线右侧单击鼠标
选择要偏移的对象, 或 [退出(E)/放弃(U)] <退出>:          //按<Enter>键结束复制
```

结果如图 6-58 所示。

图 6-58

⑩ 单击 ⁄ 按钮修剪多余的线，结果如图 6-59 所示。

图 6-59

⑪ 将"粗实线"图层置为当前图层，绘制断面圆，AutoCAD 提示：

命令：_circle 指定圆的圆心或 [三点(3P)/两点(2P)/相切、相切、半径(T)]：   //捕捉图中
A点
指定圆的半径或 [直径(D)] <0.8123>：0.9

结果如图 6-60 所示。

图 6-60

图 6-61

⑫ 将"细实线"图层置为当前图层，单击 ⊞ 按钮填充图案，使用 ANSI31，比例为 0.1，结果如图 6-61 所示。

⑬ 将"标注"图层置为当前图层，对开口销进行尺寸标注，结果如图 6-62 所示。

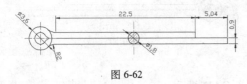

图 6-62

注意

在标注时如果文字和箭头显得过大或过小，可以单击"格式"→"标注样式……"对话框来改变文字和箭头的大小以调整到合适的效果。

⑭ 另存图形文件为 Sample/CH06/0604.dwg。

6.3 弹 簧

弹簧利用材料的弹性和结构特点，在工作中产生变形，把机械功或动能转变成为变形能，或把变形能转换为机械能或动能。由于这种特性，弹簧的主要功用有：(1) 缓冲或减震；(2) 机械的储能；(3) 控制运动；(4) 测力装置。

6.3.1 弹簧的功用和类型

按照所承受的载荷不同，弹簧可以分为拉伸弹簧、压缩弹簧、扭转弹簧和弯曲弹簧等 4 种；而按照弹簧的形状不同，又可分为螺旋弹簧、环形弹簧、碟形弹簧、板簧和盘簧等。表 6-1 列出了弹簧的基本类型。

在一般机械中，最常用的是圆柱螺旋弹簧，本节将以圆柱压缩弹簧为例来讲解弹簧的画法。

表 6-1 弹簧的基本类型

按载荷分 / 按形状分	拉　伸	压　缩		扭　转	弯　曲
螺旋形	圆柱螺旋拉伸弹簧 	圆柱螺旋压缩弹簧 	圆锥螺旋压缩弹簧 	圆柱螺旋扭转弹簧 	
其他形	-	环形弹簧 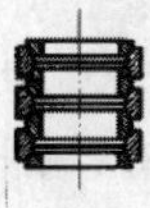	碟形弹簧 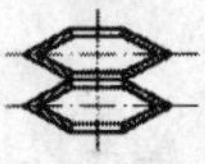	蜗卷形盘簧 	板簧 

6.3.2 圆柱螺旋弹簧的规定画法

由于圆柱螺旋弹簧运用及其广泛，所以机械制图特别规定了其画法，具体如下。

（1）在平行于螺旋压缩弹簧轴线的投影面的视图中，各圈的轮廓线画成直线。

（2）有效圈数在 4 圈以上的螺旋弹簧，可以只画出其两端的 1~2 圈（支撑圈除外），中间只需用簧丝断面中心的细点画线连起来，且可适当缩短图形长度。

（3）有支撑圈时，均按 2.5 圈绘制。必要时，也可按支撑圈的实际结构绘制。

（4）螺旋弹簧均可画成右旋，但左旋弹簧不论画成左旋还是右旋，都要加注"左"字。

6.3.3 圆柱螺旋压缩弹簧的绘制实例

根据圆柱螺旋压缩弹簧的外径 D1、簧丝直径 d、节距 t 和圈数，即可计算出弹簧中径 D 和自由高度 H0，就能绘制出圆柱螺旋压缩弹簧的图。

实例 6-5　圆柱螺旋压缩弹簧的绘制

 录像文件　演示录像＼CH06＼0605

 结果文件　Sample＼CH06＼0605

 学习要点　练习圆柱螺旋压缩弹簧的画法

操作步骤

① 启动 AutoCAD 2009 中文版，新建一个图形文件。

图 6-63

② 单击"图层"工具栏上的 （图层特性管理器）按钮，弹出"图层特性管理器"选项板，建立"粗实线"、"中心线"、"标注"和"细实线"4 个图层，如图 6-63 所示。

③ 切换"中心线"设置为当前层，单击 ╱ 按钮绘制中心线，AutoCAD 提示：

```
命令: _LINE 指定第一点:
指定下一点或 [放弃(U)]: @118,0
指定下一点或 [放弃(U)]:            //按<Enter>键结束命令
```

结果如图 6-64 所示。

图 6-64

④ 单击 ▣ 按钮，将中心线向上下各偏移 12.5 得到弹簧的中径距，AutoCAD 提示：

```
命令: _OFFSET
当前设置：删除源=否  图层=源  OFFSETGAPTYPE=0
指定偏移距离或 [通过(T)/删除(E)/图层(L)] <通过>: 12.5
选择要偏移的对象，或 [退出(E)/放弃(U)] <退出>:            //选择中心线
指定要偏移的那一侧上的点，或 [退出(E)/多个(M)/放弃(U)] <退出>:    //在中心线上方单击鼠标
选择要偏移的对象，或 [退出(E)/放弃(U)] <退出>:
指定要偏移的那一侧上的点，或 [退出(E)/多个(M)/放弃(U)] <退出>:    //在中心线下方单击鼠标
选择要偏移的对象，或 [退出(E)/放弃(U)] <退出>:            //按<Enter>键结束复制
```

结果如图 6-65 所示。

图 6-65

⑤ 切换"粗实线"设置为当前层,单击 ╱ 按钮,AutoCAD 提示:

命令: _LINE 指定第一点:fro 基点: <偏移>: @5,0   //单击图中 A 点
指定下一点或 [放弃(U)]: @0,27
指定下一点或 [放弃(U)]:   //按<Enter>键结束命令

命令: _LINE 指定第一点:fro 基点: <偏移>: @-5,0   //单击图中 B 点
指定下一点或 [放弃(U)]: @0,27
指定下一点或 [放弃(U)]:   //按<Enter>键结束命令

结果如图 6-66 所示。

图 6-66

⑥ 切换"中心线"设置为当前层,单击 ╱ 按钮,AutoCAD 提示:

命令: _LINE
指定第一点:fro 基点:
<偏移>: @2,-3   //单击图中 C 点
指定下一点或 [放弃(U)]: @0,6
指定下一点或 [放弃(U)]:   //按<Enter>键结束命令

_LINE 指定第一点:
fro 基点: <偏移>: @4,3   //单击图中 D 点
指定下一点或 [放弃(U)]: @0,-6
指定下一点或 [放弃(U)]:   //按<Enter>键结束命令

结果如图 6-67 所示。

图 6-67

⑦ 切换"粗实线"设置为当前层,单击 ⊙ 按钮,以刚才绘制的直线与中心线交点为圆心绘制两个圆,AutoCAD 提示:

命令: _CIRCLE 指定圆的圆心或 [三点(3P)/两点(2P)/切点、切点、半径(T)]:
指定圆的半径或 [直径(D)] <2.0000>: 2

图 6-68

然后继续以 B 点为圆心绘制半径为 2 的圆，结果如图 6-68 所示。

图 6-69

⑧ 单击 按钮，修剪去多余的直线，结果如图 6-69 所示。

图 6-70

⑨ 单击 按钮，将步骤⑥、⑦中绘制的中心线和圆相对于水平中心线左右对称，结果如图 6-70 所示。

⑩ 单击 按钮，AutoCAD 提示：

```
命令: _ COPY
选择对象: 指定对角点: 找到 2 个
选择对象: 指定对角点: 找到 2 个, 总计 4 个          //选择 6-71 图中虚线图形
选择对象:                                          //按<Enter>键
当前设置: 复制模式 = 多个
指定基点或 [位移(D)/模式(O)] <位移>: -8,0
指定第二个点或 <使用第一个点作为位移>:              //按<Enter>键
```

结果如图 6-71 所示。

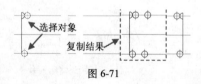

图 6-71

图 6-72

⑪ 重复步骤⑩，复制另一端的断面圆，结果如图 6-72 所示。

图 6-73

⑫ 单击 按钮，将弹簧的轮廓连接起来，结果如图 6-73 所示。

13 将"细实线"图层置为当前图层，单击 📋 按钮填充图案，使用 ANSI31，比例为 0.2，结果如图 6-74 所示。

图 6-74

14 将"标注"图层置为当前图层，对所绘制的弹簧进行尺寸标注，结果如图 6-75 所示。

图 6-75

15 另存图形文件为 Sample/CH06/0605.dwg。

6.4 滚动轴承

滚动轴承在机器中用于支撑转动轴，规格型式很多，且都已标准化。滚动轴承一般由外圈、内圈、滚动体和保持架 4 部分组成。

6.4.1 滚动轴承的类型、代号

轴承代号由基本代号、前置代号和后置代号构成。

基本代号表示轴承的基本类型、机构和尺寸，是轴承代号的基础。轴承类型代号用数字（阿拉伯数字）或字母（大写拉丁字母）表示，见表 6-2。

尺寸系列代号由轴承宽（高）度系列代号和直径系列代号组合而成，均用两位数字表示。它主要作用是区别内径相同而宽（高）度和外径不同的轴承。

前置、后置代号是轴承在结构形状、尺寸、公差、技术要求等有改变时，在其基本代号左、右添加的补充代号。前置代号用字母表示，后置代号用字母或字母加数字表示，如图 6-76 所示。

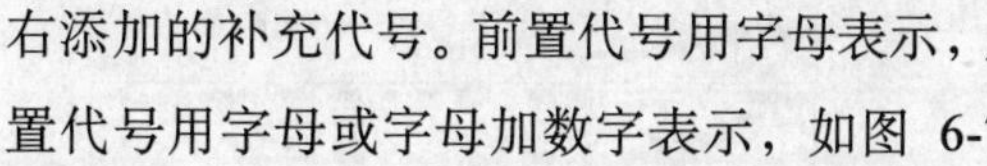

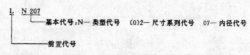

图 6-76

表 6-2   轴承类型代号（GB/T 272—1993）

代号	0	1	2	3	4	5	6	7	8	N	U	QJ
轴承类型	双列角接触球轴承	调心球轴承	调心滚子轴承和推力调心滚子轴承	圆锥滚子轴承	双列深沟球轴承	推球轴承	深沟球轴承	角接触球轴承	推力圆柱滚子轴承	圆柱滚子轴承	外球面球轴承	四点接触球轴承

6.4.2 深沟球轴承的规定画法

滚动轴承是标准件，由专门的工厂生产，使用单位一般不必画出其部件图。在装配图中，可根据国标规定采用简化通用画法、特征画法及规定画法，其具体规定如下。

（1）滚动轴承剖视图外轮廓按外径 D、内径 d、宽度 B 等实际尺寸绘制，而轮廓内可用通用画法或特征画法绘制。

（2）在装配图中需详细表达滚动轴承的主要结构时，可采用规定画法，滚动轴承一侧采用规定画法时，另一侧用通用画法画出。

（3）同一轴上相同型号的轴承，在不致引起误解时，可采用特征画法。

（4）同一图样中应采用同一种画法。

由于篇幅关系，本节将重点以深沟球轴承的规定画法为例来讲解轴承的绘制方法。

实例 6-6 深沟球轴承的绘制

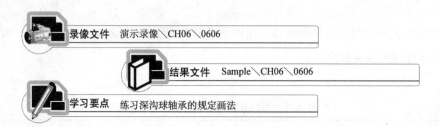

录像文件 演示录像＼CH06＼0606

结果文件 Sample＼CH06＼0606

学习要点 练习深沟球轴承的规定画法

操作步骤

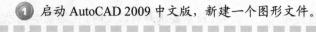

① 启动 AutoCAD 2009 中文版，新建一个图形文件。

图 6-77

② 单击"图层"工具栏上的（图层特性管理器）按钮，弹出"图层特性管理器"选项板，建立"粗实线"、"中心线"、"标注"和"细实线"4 个图层，如图 6-77 所示。

③ 切换"中心线"设置为当前层，单击 ✎ 按钮绘制中心线，AutoCAD 提示：

命令：_LINE 指定第一点：
指定下一点或 [放弃(U)]：@0,13
指定下一点或 [放弃(U)]：   //按<Enter>键结束命令

　结果如图 6-78 所示。

图 6-78

④ 切换"粗实线"设置为当前层，单击 ✎ 按钮，AutoCAD 提示：

命令：_ LINE 指定第一点：fro 基点：   //基点选择图中 A 点
 <偏移>：@21,2
指定下一点或 [放弃(U)]：<正交 开> -@42,0
指定下一点或 [放弃(U)]：@0,9
指定下一点或 [闭合(C)/放弃(U)]：@42,0
指定下一点或 [闭合(C)/放弃(U)]：c

　结果如图 6-79 所示。

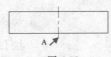

A

图 6-79

⑤ 切换"中心线"设置为当前层，单击 ✎ 按钮绘制中心线，AutoCAD 提示：

命令：_ LINE 指定第一点：
fro 基点：   //捕捉图中 B 点
<偏移>：@1.5,4.5
指定下一点或 [放弃(U)]：@5.5,0
指定下一点或 [放弃(U)]：

命令：LINE 指定第一点：
fro 基点：   //捕捉图中 B 点
<偏移>：@4.25,1.75
指定下一点或 [放弃(U)]：@0,5.5
指定下一点或 [放弃(U)]：

　结果如图 6-80 所示。

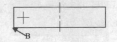

B

图 6-80

AutoCAD
2009

⑥ 切换"粗实线"设置为当前层，单击 按钮绘制轴承的滚球，AutoCAD 提示：

命令_CIRCLE
指定圆的圆心或 [三点(3P)/两点(2P)/切点、切点、半径(T)]： //捕捉中心线交点。
指定圆的半径或 [直径(D)]： 2.125

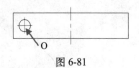

结果如图 6-81 所示。

图 6-81

⑦ 切换"细实线"设置为当前层，单击 ✓ 按钮绘制辅助线，AutoCAD 提示：

命令： _ LINE 指定第一点：   //捕捉圆心
指定下一点或 [放弃(U)]： @10<60
指定下一点或 [放弃(U)]：

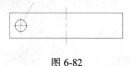

结果如图 6-82 所示。

图 6-82

图 6-83

⑧ 切换"粗实线"设置为当前层，单击 ✓ 按钮绘制保持架轮廓线，结果如图 6-83 所示。

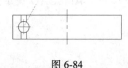

图 6-84

⑨ 单击 按钮，将步骤 ⑧ 中绘制的直线分别沿圆的两条中心线对称，结果如图 6-84 所示。

⑩ 切换"粗实线"设置为当前层，单击 ✓ 按钮绘制轴承内圈轮廓线，AutoCAD 提示：

命令： _LINE 指定第一点： fro 基点：   //捕捉图中 C 点
<偏移>： @12.5,0
指定下一点或 [放弃(U)]：
指定下一点或 [放弃(U)]：   //按<Enter>键结束命令
命令： _LINE 指定第一点： fro 基点：   //捕捉图中 C 点
<偏移>： @-12.5,0
指定下一点或 [放弃(U)]：
指定下一点或 [放弃(U)]：   //按<Enter>键结束命令

结果如图 6-85 所示。

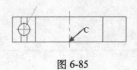

图 6-85

11 单击 ✐ 按钮用特征画法绘制轴承的另一端结构，结果如图 6-86 所示。

在需要详细表达滚动轴承的主要结构时，可采用规定画法，滚动轴承一侧也采用规定画法，另一侧则用特征画法画出即可。

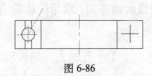

图 6-86

12 将"细实线"图层置为当前图层，单击 ▦ 按钮填充图案，使用 ANSI31，比例为 0.4，结果如图 6-87 所示。

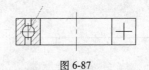

图 6-87

13 将"标注"图层置为当前图层，对所绘制的轴承进行尺寸标注，结果如图 6-88 所示。

由于篇幅原因，轴承的圆角没有做，有兴趣的读者可自行倒圆角 r=0.3。

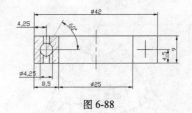

图 6-88

14 另存图形文件为 Sample/CH06/0606.dwg。

6.5 技能点拨：机械常用件绘制技巧

本章简单说明了标准件和常用件之间中的几个具有代表性的零件。除了这些零件外，机械图形还有许多这样的常用件，如圆柱齿轮。下面对这些图形的绘制方法加以简单说明，不再给出详

细的绘制步骤。

6.5.1 齿轮分类

齿轮是传动零件，在机器中它的作用是把一根轴上的旋转运动传到另一轴上，以传递动力，改变转速或运动方向。常用的齿轮有 3 种，如图 6-89 所示。

圆柱齿轮，用于平行轴之间的传动，如图 6-89（a）所示；圆锥齿轮，用于相交两轴之间的传动，如图 6-89（b）所示；蜗轮与蜗杆，用

于交叉两轴之间的传动，如图 6-89（c）所示。

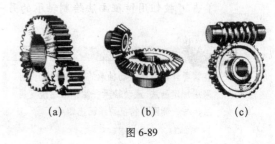

(a)　　　　(b)　　　　(c)

图 6-89

6.5.2 直齿圆柱齿轮的画法

图 6-90 所示为相互啮合的一对标准直齿圆柱齿轮的示意图。图中给出了齿轮各部分名称和代号。

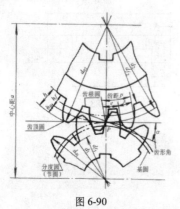

图 6-90

下面对各参数作一简单说明。

（1）齿顶圆：通过齿顶端的圆称为齿顶圆，其直径以 da 表示。

（2）齿根圆：通过齿根部分的圆称为齿根圆，其直径以 df 表示。

（3）分度圆：当齿轮的齿厚弧长（s）与齿间弧长（c）相等时所在的位置的圆称为分度

圆，其直径以 d 表示。

当一对啮合齿轮安装后，两个分度圆是相切的，此时的分度圆也称为节圆，切点 P 叫做节点。

（4）齿高：齿顶圆与齿根圆之间的径向距离称为齿高，以 h 表示。其中，分度圆与齿顶圆之间径向距离称为齿顶高，以 ha 表示，分度圆与齿根圆之间的径向距离称为齿根高，以 hf 表示。可见，齿高是齿顶高与齿根高之和，即

$$h=ha+hf$$

（5）齿距：分度圆上相邻两齿的对应点之间弧长称为齿距，以 P 表示。

（6）模数：若齿轮的齿数用 Z 表示，则齿轮分度圆周长为 πd=ZP，即

$$d=P/\pi$$

令 P/π＝m，则 d＝mz，称 m 为模数。

模数 m 是设计和制造齿轮的一个重要参数。从 m=p/π 可看出模数大小与齿距成正比，若齿轮的模数大，齿轮的轮齿就大，齿轮能承受的力量就大。

根据模数选用相应的齿轮刀具去加工齿轮，国家标准对模数规定了标准，见表6-3。

表6-3 渐开线圆柱齿轮模数的标准系列（根据 GB 1357—87）

系 列 说 明	详 细 参 数
第一系列	0.1、0.12、0.15、0.25、0.3、0.4、0.5、0.6、0.8、1、1.25、1.5、2、2.5、3、4、5、6、8、10、12、16、20、25、32、40、50
第二系列	0.35、0.7、0.9、1.75、2.25、2.75、（3.25）、3.5、（3.75）、4.5、5.5、（6.5）、7、9、（11）、14、18、22、28、36、45

（7）齿形角（压力角）：两个相啮合的轮齿齿廓在节点 P 处的公法线与分度圆的公切线的夹角称为齿形角，以 α 表示。我国常用的齿形角为20°。

只有模数和齿形角都相同的一对齿轮才能相互啮合。

6.5.3 圆柱齿轮的规定画法（GB 4459.2—84）

齿轮的轮齿部分按图6-91所示的规定绘制。各参数说明如下。

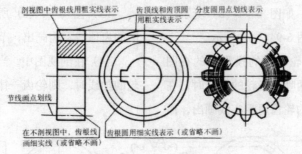

图 6-91

（1）齿顶圆和齿顶线用粗实线绘制。

（2）分度圆和分度线用细点画线绘制。

（3）齿根圆和齿根线用细实线绘制，也可以省略不画。在剖视图中齿根线用粗实线绘制。

（4）在剖视图中，当剖切平面通过齿轮的轴线时，轮齿一律按不剖处理，即轮齿部分不画剖面线。

（5）在需要表示齿轮齿线的形状时，可用与齿线方向一致的 3 条细实线表示，如图 6-92 所示。直齿则不需表示。

图 6-93 所示是圆柱齿轮的零件图，图中除标注尺寸和技术要求外，还在图样的右上角列出一个参数表，注明模数、齿数、齿形角、精度等级等。

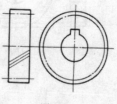

图 6-92

绘制一对啮合齿轮时，应注意其啮合部分的画法，如图 6-94 所示。

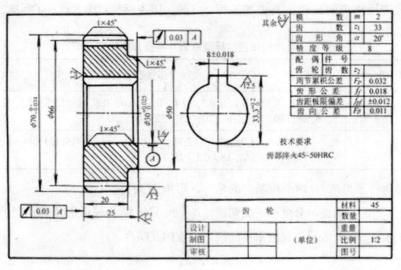

模　　　数	m	2
齿　　　数	z	33
齿　形　角	α	20°
精　度　等　级		8
配　偶　件　号		
齿　轮　齿　数	z_2	
周节累积公差	F_p	0.032
齿形公差	f_f	0.018
齿距极限偏差	f_{pt}	±0.012
齿向公差	$F_β$	0.011

技术要求
齿部淬火45~50HRC

齿 轮			材料	45
			数量	
设计			重量	
制图		（单位）	比例	1:2
审核			图号	

图 6-93

（1）在垂直于齿轮轴线的投影面的视图上，两个齿轮的分度圆是相切的，啮合区的齿顶圆均用粗实线绘制，如图 6-94（b）所示；也可以省略不画，如图 6-94（d）所示。

（2）在平行于齿轮轴线的投影面的视图上，当剖切平面通过两啮合齿轮的轴线时，在啮合区内将一个齿轮的轮齿用粗实线画出，而另一个齿轮的轮齿被遮住的部分用虚线绘制，如图 6-94（a）所示，或省略不画。

（3）图 6-94（e）所示是不剖画法，啮合区的齿顶线不需画出，节线用粗实线绘制。

（4）在剖视图中，当剖切平面通过啮合齿轮的轴线时，则轮齿一律按不剖绘制。

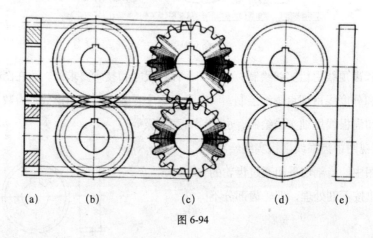

(a)　　　(b)　　　(c)　　　(d)　　　(e)

图 6-94

第7章

创建与编辑三维机械模型

　　三维图形因为具有较强的立体感和真实感，能更清晰地、全面地表达构成空间立体各组成部分的形状以及相对位置，所以在进行设计时，设计人员往往首先是从构思三维立体模型开始来进行设计。三维实体是具有质量、体积、重心和惯性矩等特征的对象。在 AutoCAD 2009 中，用户除了可以直接使用系统提供的命令创建长方体、球体及圆锥体等实体外，还可以通过旋转和拉伸二维对象来创建实体对象。

　　复杂的三维形状可以看成是基本三维形状的组合，使用三维实体可以轻松地合成复杂的三维实体。

重点与难点

- 观察机械模型
- 创建表面
- 创建三维实体
- 编辑三维对象
- 三维观察新增功能

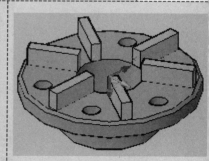

7.1 观察机械模型

AutoCAD 在创建三维视图方面，新增了多段体、螺旋和棱锥柱的功能。另外，还新增了创建实体、曲面和通过扫描创建实体、通过放样创建实体以及平曲面等功能。

在绘制三维图形时，为了便于绘图操作，需要先来了解一下相关操作，如在三维空间中的不同视图，可以方便地查看三维效果。

7.1.1 三维建模空间

所谓三维建模工作空间，就是 AutoCAD 为了方便用户而新增的一个工作界面，和 AutoCAD 经典（即通常所说的二维绘图界面）平行。三维建模工作空间包括新面板，可方便地访问新的三维功能。

启动 AutoCAD 2009 后，进入三维建模空间有以下 3 种方式。

● 命令：WSCURRENT

● 菜单："工具"→"工作空间"→"三维建模"

● 工具栏："工作空间"→"三维建模 ▾"

另外，还可以在"二维草图与注释"、"三维建模"和"AutoCAD 经典"这 3 种空间中选择初始工作空间，如图 7-1 所示。

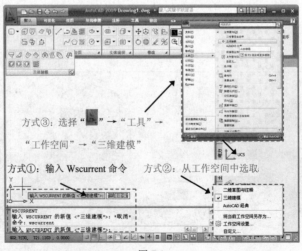

图 7-1

执行上面方法中的任何一种，均可以快速切换到"三维建模"工作空间，如图 7-2 所示。

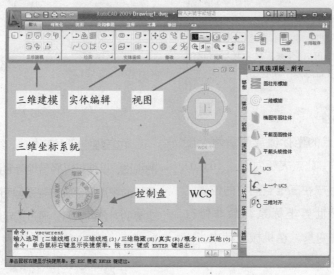

图 7-2

无论选择何种工作空间，都可以在以后对其进行更改。也可以自定义并保存该工作空间。

该空间包括"三维操作"、"实体编辑"、"视图"等多种工具面板。另外，在 AutoCAD 2009 版本中，新增"WCS"、"ShowMotion（控制盘）"和"SteeringWheel"等功能，更详细的说明请参阅本章的"技能点拨"。

三维建模工作空间中的绘图区域可以显示渐变背景色、地平面或工作平面（UCS 的 xy 平面）以及新的矩形栅格，它增强了三维效果和三维模型的构造。

关于三维建模更详细的信息，请参阅《AutoCAD 2009 中文版自学手册》第 9 章。

7.1.2　在三维空间查看平行投影

创建三维模型后，用户可以从模型空间的任意位置查看三维模型的平行投影。在 AutoCAD 中，视点就是观察图形的方向。当用户指定视点后，AutoCAD 将该点与坐标系原点的连线方向作为观察方向，并在屏幕上按该方向显示出图形的投影。

1. 在三维空间查看平行投影

要确定模型空间中的点或角度，可以：

● 从工具栏中选择预置的三维视图；

● 输入表示三维空间中观察位置的坐标或角度；

● 修改当前 UCS、保存的 UCS 或 WCS 的 xy 平面视图；

● 使用定点设备动态修改三维视图；

● 设置前向剪裁平面和后向剪裁平面，以限制当前显示的对象。

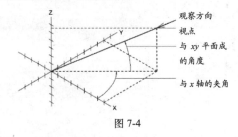

图 7-4

注意

在三维空间中查看仅限于模型空间。如果在图纸空间中工作，则不能使用三维查看命令（如 VPOINT、DVIEW 或 PLAN）来定义图纸空间视图，图纸空间的视图始终为平面视图。

正交视图和等轴测视图。

在三维空间中工作时，经常要显示几个不同的视图，以便可以轻易地查看图形的三维效果。最常用的视点是等轴测视图，使用它可以减少视觉上重叠的对象的数目。通过选定的视点，可以创建新的对象、编辑现有对象、生成隐藏线或着色视图。

在 AutoCAD 2009 的三维建模空间中，一般都是通过其右侧的"视图"工具栏，来对三维模型进行方位变换观察。

快速设置视图的方法是选择预定义的三维视图，根据名称或说明选择预定义的标准正交视图和等轴测视图。这些视图代表常用 6 个视图方向：俯视、仰视、主视、左视、右视和后视。此外，还可以从 4 个等轴测选项来设置视图：SW（西南）等轴测、SE（东南）等轴测、NE（东北）等轴测和 NW（西北）等轴测（图 7-5 所示为同一个实体分别在"仰视"和"西南等轴测"视图观察到的情况）。

2．设置观察角度

可以根据一个点的坐标值或测量两个旋转角度定义观察方向。此点表示向原点（0,0,0）方向观察模型时，用户在三维空间中的位置。视点坐标值相对于世界坐标系，除非修改 WORLDVIEW 系统变量。在机械设计中，xy 平面的正交视图是主视图。

使用预置视点有以下两种方式。

● 命令：DDVPOINT

● 菜单："视图"→"三维视图"→"视点预置"

输入该命令，弹出"视点预设"对话框，如图 7-3 所示。

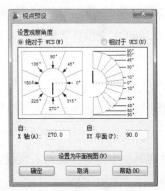

图 7-3

可以使用 DDVPOINT 旋转视图，图 7-4 所示显示了由两个相对于 WCS 的 x 轴和 xy 平面的角度所定义的视图。

3．选择预置视图

可以根据名称或说明选择预定义的标准

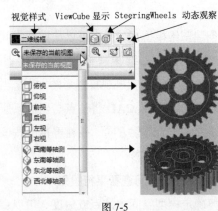

图 7-5

7.1.3 三维动态观察

AutoCAD 的动态观察可以动态、交互式而且直观地显示三维模型，从而在检查创建的实体是否符合要求时更加方便。

在 AutoCAD 2009 中，加强了三维动态观察的查看方式。由以前简单的动态观察器扩展到现在的"受约束的动态观察"、"自由动态观察"和"连续动态观察"3 种方式，如图 7-6 所示。

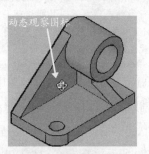

图 7-7

技 巧

要想从"视图"上调用，必须按住 （受约束的动态观察）按钮，才能将这 3 种方式显示完整。

技 巧

和下面的自由动态观察不同，在进行受约束的动态观察时，垂直方向的坐标轴（通常是 z 轴）会一直保持垂直，这对于工程模型特别是在建筑建模时非常有用，这个观察器将保持在建筑模型的墙体一直是垂直的，不会将模型旋转到一个很难理解的倾斜角度。

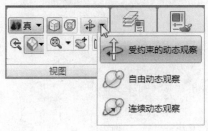

图 7-6

选中任意一种观察器，即可启动动态观察。下面分别说明这 3 种方式的特点。

1. （受约束的动态观察）

这是从 AutoCAD 2008 版本开始新增的更易用的观察器。单击该按钮，或选择"视图"→"三维动态观察"→"受约束的动态观察"命令，进入受约束的动态观察状态，在视图中显示为两条线环绕着的小球体，单击并拖动光标可以沿 xy 轴和 z 轴约束三维动态观察，如图 7-7 所示。

2. （自由动态观察）

单击该按钮，进入自由动态观察状态。三维动态观察器有一个三维动态圆形轨道，轨道的中心是目标点。当光标位于圆形轨道的 4 个小圆上时，关闭图形变成椭圆形状，此时拖动鼠标，三维模型将会绕中心的水平轴或垂直轴旋转；当光标在圆形内轨道拖动时，三维模型绕目标点旋转，当光标在轨道外旋转时，三维模型将绕目标点顺时针（或逆时针）旋转，如图 7-8 所示。

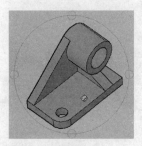

图 7-8

AutoCAD 2009

用户可以使用若干命令控制三维动态观察器的显示、投影和可视化工具，也可以从三维动态观察器或三维动态观察器工具栏访问平移和缩放选项。还可以在"自由动态观察"处于激活状态时选择视图的透视图或平行投影。

选择显示三维动态观察器视图中一个或多个形象化辅助工具（指南针、栅格和 UCS 图标），处于活动状态的右键快捷菜单中将显示复选标记（如图 7-9 所示），除非将 SHADEMODE 设置为二维线框，否则退出 3DORBIT 时激活的形象化辅助工具，将一直在三维动态观察器视图以外的视图中保持激活状态。

● 指南针：在包含 3 条表示 x、y 和 z 轴直线的转盘内绘制球体，如图 7-9 所示。

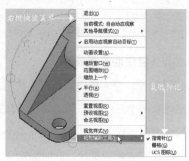

图 7-9

● 栅格：在平行于当前 xy 平面，垂直于 z 轴的平面上绘制一系列直线，如图 7-10 所示。

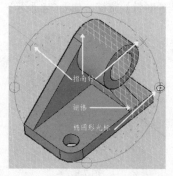

图 7-10

启动 3DORBIT 之前，可以使用 GRID 命令设置用于控制栅格显示的系统变量。主栅格直线的数目与使用 GRID 的"栅格间距"选项所设置的值相对应。

缩放三维动态观察器视图时，栅格直线的数目将有所变化，以便清楚地观察这些直线。

● UCS 图标：打开或关闭 UCS 图标显示。如果在启动 3DORBIT 时显示 UCS 图标，则会在三维动态观察器视图中显示一个着色的三维 UCS 图标。在三维 UCS 图标上，x 轴为红色、y 轴为绿色、z 轴为蓝色或青色，如图 7-11 所示。

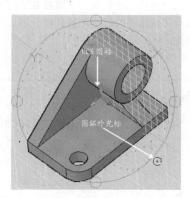

图 7-11

当"自由动态观察"状态处于激活时，用户无法在命令行上输入命令。但是如果尚未激活，则可以在输入启动 3DORBIT 的同时激活其中某个选项的命令。

3. （连续动态观察）

单击该按钮时，进入连续动态观察状态，按住鼠标左键并拖动三维动态观察器视图启动连续运动。释放定点设备上的拾取键时，模型会沿着拖动的方向继续旋转，旋转的速度取决于拖动模型时的速度。用户可以通过再次单击并拖动鼠标来改变连续动态观察的方向或单击一次来停止转动。

在动态观察时，可以在更改视图的同时显示更改视点的效果。使用此方法，还可以通过只选择用于确定视图的对象，临时的简化视图。

如果在没有选择任何对象的情况下按<Enter>键,三维动态观察器视图将显示小房间的模型,而不是实际图形。用户可以使用此房间定义观察角度和距离。完成调整并退出该命令后,AutoCAD 将在当前视图中应用对整个三维模型所作的修改。

7.2 三维对象

虽然创建三维模型比创建二维对象的三维视图费时费力，但三维建模具有能从任何有利位置观察模型，以及消除隐藏线并进行真实感着色等多种优点。

AutoCAD 支持 3 种类型的三维建模：线框模型、曲面模型和实体模型，每种模型都有自己的创建方法和编辑技术。

简要说明如下。

● 线框模型：是描绘三维对象的骨架。线框模型中没有面，只有描绘对象边界的点、直线和曲线。用 AutoCAD 可以在三维空间的任何位置放置二维（平面）对象来创建线框模型。由于构成线框模型的每个对象都必须单独绘制和定位，因此，这种建模方式花费时间最长，如图 7-12 所示。

● 曲面建模：比线框建模更为复杂，它不仅定义三维对象的边而且定义面。AutoCAD 曲面模型使用多边形网格定义镶嵌面。由于网格面是平面的，因此网格只能近似于曲面，AutoCAD 称镶嵌面为网格，如图 7-13 所示。

● 实体建模：是最容易使用的三维建模类型。利用 AutoCAD 实体模型，可以通过创建以下基本三维形状来创建三维对象：长方体、圆锥体、圆柱体、球体、楔体和圆环体实体，如图 7-14 所示。

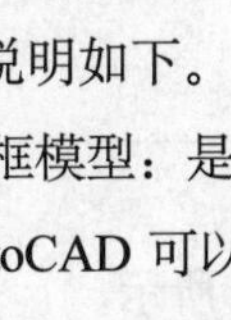

图 7-12

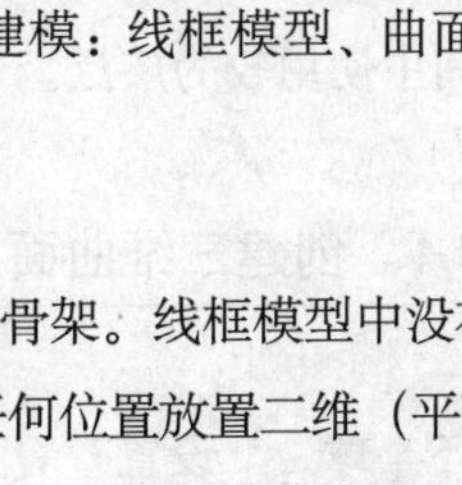

图 7-13

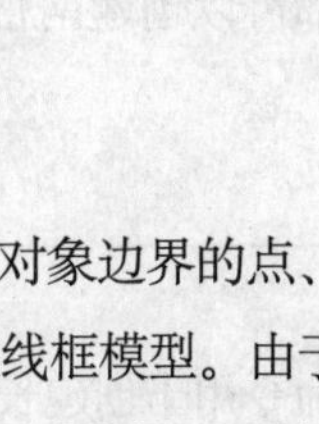

图 7-14

AutoCAD 2009

由于各种建模采用不同的方法来构造三维模型，并且各种编辑方法对不同类型的模型产生的效果也不同，因此建议不要混合使用建模方法。不同的模型类型之间只能进行有限的转换，可以从实体到曲面或从曲面到线框，但不能从线框转换到曲面，或从曲面转换到实体。

7.3 创 建 表 面

网格是使用平面镶嵌面表示对象的曲面。网格密度（或镶嵌面的数目）由包含 M 乘 N（M 和 N 分别指定给定顶点的列和行的位置）个顶点的矩阵定义，和行和列组成的栅格类似。在二维和三维中都可以创建网格，但在三维空间中使用较为广泛。

7.3.1　创建三维曲面

三维命令用于创建长方体、圆锥体、下半球面、上半球面、网格、棱锥面、球体、圆环和楔体。除非使用了 HIDE、RENDER 或 SHADEMODE，否则这些网格都显示为线框形式。

要更清楚地查看正使用三维命令创建的对象，请使用 3DORBIT、DVIEW 或 VPOINT

设置查看方向，如图 7-15 所示。

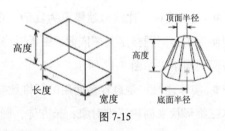

图 7-15

7.3.2　创建直纹曲面

使用 RULESURF 命令，可以在两个对象之间创建曲面网格。使用两个不同的对象定义直纹网格的边：直线、点、圆弧、圆、椭圆、椭圆弧、二维多段线、三维多段线或样条曲线。

作为直纹网格"轨迹"的两个对象必须都开放或都闭合，点对象可以与开放或闭合对象成对使用。

创建直纹网格有以下 3 种方式。

● 命令：RULESURF

● 菜单："绘图"→"建模"→"网格"→"直纹网格"

● 面板："默认"→"三维建模"→"（直纹曲面）"

执行该命令，AutoCAD 提示：

> 当前线框密度：SURFTAB1=当前值
> 选择第一条定义曲线：
> 选择第二条定义曲线：

如图 7-16 所示。

所选择的对象用于定义直纹网格的边，该对象可以是点、直线、样条曲线、圆、圆弧或多段线。如果有一个边界是闭合的，那么另一个边界必须也是闭合的。将一个点作为开放或闭合曲线的另一个边界，但是只能有一个边界曲线可以是一个点。(0,0) 顶点是最靠近用来选择曲线的点的每条曲线的端点，也可以在闭合曲线上指定任意两点来完成 RULESURF。对于开放曲线，AutoCAD 基于曲线上指定点的位置构造直纹网格。

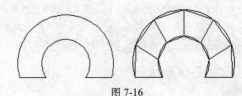

图 7-16

7.3.3　创建平移曲面

创建多边形网格，该网格表示通过指定的方向和距离（称为方向矢量）拉伸直线或曲线（称为路径曲线）定义的常规平移曲面。方向矢量可以是直线，也可以是开放的二维或三维多段线。路径曲线可以是直线、圆弧、圆、椭圆、椭圆弧、二维多段线、三维多段线或样条曲线。

创建平移曲面有以下 3 种方式。

● 命令：TABSURF

● 菜单："绘图"→"建模"→"网格"→"平移网格"

● 面板："默认"→"三维建模"→"（平移曲面）"

执行该命令，AutoCAD 提示：

> 命令：TABSURF
> 当前线框密度：SURFTAB1=6
> 选择用作轮廓曲线的对象：　　// 选择多边形
> 选择用作方向矢量的对象：　　// 选择直线

结果如图 7-17 所示。

图 7-17

绘制平移曲面时，必须事先绘制原对象和方向矢量。

7.3.4　创建旋转曲面

通过将路径曲线或轮廓（直线、圆、圆弧、椭圆、椭圆弧、闭合多段线、多边形、闭合样条曲线或圆环）绕指定的轴旋转创建一个近似于旋转曲面的多边形网格。

创建旋转曲面有以下 3 种方式。

● 命令：REVSURF

● 菜单："绘图"→"建模"→"网格"
→"旋转网格"

● 面板："默认"→"三维建模"→"（旋转曲面）"

执行该命令，AutoCAD 提示：

```
命令: _revsurf
当前线框密度: SURFTAB1=6  SURFTAB2=6       // SURFTAB1=当前值
选择要旋转的对象：               // 选择直线、圆弧、圆或二维、三维多段线
选择定义旋转轴的对象：           // 选择直线或开放的二维、三维多段线
指定起点角度 <0>：               // 指定起点角度
指定包含角（+=逆时针，-=顺时针）<360>：150   //指定包含角角度
```

如图 7-18 所示。

用于选择旋转轴的点会影响旋转的方向。

图 7-18

7.4 创建三维实体

实体对象表示整个对象的体积。在各类三维建模中，实体的信息最完整，歧义最少，复杂实体比线框和网格更容易构造和编辑。

用户可以根据基本实体（长方体、圆锥体、圆柱体、球体、圆环体和楔体）来创建复合实体，也可以通过沿路径拉伸二维对象或者绕轴旋转二维对象来创建实体。

与网格类似，实体显示为线框，直至用户将其隐藏、着色或渲染。另外，还可以分析实体的质量特性（体积、惯性矩、重心等）。可以输出实体对象的数据，供数控铣床使用或进行 FEM（有限元法）分析。或者将实体分解为网格和线框对象。

7.4.1 创建长方体

可以使用 BOX 创建长方体，长方体的底面总与当前 UCS 的 xy 平面平行。

创建长方体对象有以下 4 种方式。

● 命令：BOX

● 菜单："绘图"→"建模"→"长方体"

● 工具栏："建模"→"（长方体）"

● 面板："默认"→"三维建模"→"（长方体）"

执行该命令，AutoCAD 提示：

```
命令： _box
指定第一个角点或 [中心(C)]：                // 指定原点作为第一个角点
指定其他角点或 [立方体(C)/长度(L)]：@200,300   // 输入另一角点坐标
指定高度或 [两点(2P)]：200                  // 指定长方体高度
```

结果如图 7-19 所示。

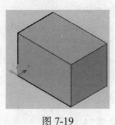

图 7-19

根据长度、宽度和高度绘制长方体时，长、宽、高的方向分别与当前 UCS 的 x、y、z 轴方向平行。

AutoCAD 提示输入长度、宽度以及高度时，输入的值可正、可负。正值表示沿相应坐标轴的正方向绘制长方体，反之沿坐标轴的负方向绘制长方体。

7.4.2 创建圆锥体

圆锥体是由圆或椭圆底面以及顶点所定义的。默认情况下，圆锥体的底面位于当前 UCS 的 xy 平面上，高度可为正值或负值，且平行于 z 轴，顶点确定圆锥体的高度和方向。

创建圆锥体对象有以下 4 种方式。

● 命令：CONE

● 菜单："绘图"→"建模"→"圆锥体"

● 工具栏："建模"→"（圆锥体）"

● 面板："默认"→"三维建模"→"（圆锥体）"

执行该命令，AutoCAD 提示：

```
命令： _cone
指定底面的中心点或 [三点(3P)/两点(2P)/相切、相切、半径(T)/椭圆(E)]：  // 指定原点
指定底面半径或 [直径(D)]：200                              // 输入底面半径
指定高度或 [两点(2P)/轴端点(A)/顶面半径(T)] <-200.0000>：400   // 指定高度为400
```

如图 7-20 所示。

要创建截断的圆锥体或特定锥角的圆锥体，请绘制二维圆并使用 EXTRUDE 使圆沿 z 轴按一定锥角形成锥形。要完成截断，请使用 SUBTRACT 命令从圆锥体的顶部截去一段。

图 7-20

技 巧

除了该命令外，用户还可以使用 CIRCLE 命令创建圆，然后可以使用 EXTRUDE 命令及其"倾斜"选项创建圆锥体。三维命令用于创建仅由表面定义的圆锥形。

7.4.3 创建圆柱体

可以以圆或椭圆作为底面创建圆柱体，圆柱的底面位于当前 UCS 的 xy 平面上。

要构造具有特定细节的圆柱体（例如沿其侧向有凹槽），请先使用闭合的 PLINE 命令创建圆柱底面的二维轮廓，然后使用 EXTRUDE 命令沿 z 轴定义高度。

创建圆柱体对象有以下 4 种方式。

● 命令：CYLINDER

● 菜单："绘图"→"建模"→"圆柱体"

● 工具栏："建模"→"▣（圆柱体）"

● 面板："默认"→"三维建模"→"▣（圆柱体）"

执行该命令，AutoCAD 提示：

```
命令：_cylinder
    指定底面的中心点或 [三点(3P)/两点(2P)/相
切、相切、半径(T)/椭圆(E)]：
    指定底面半径或 [直径(D)] <200.0000>：30
    指定高度或 [两点(2P)/轴端点(A)]
<400.0000>：50
```

结果如图 7-21 所示。

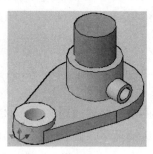

图 7-21

7.4.4 创建楔体

创建楔体时，楔体的底面平行于当前 UCS 的 xy 平面，斜面正对第一个角点，高度既可以为正值也可以为负值，且平行于 z 轴。

创建楔体实体有以下 4 种方式。

● 命令：WEDGE

● 菜单："绘图"→"建模"→"楔体"

● 工具栏："建模"→"◪（楔体）"

● 面板："默认"→"三维建模"→"◪（楔体）"

执行该命令，AutoCAD 提示：

```
命令：_wedge
指定第一个角点或 [中心(C)]：                    // 指定第一角点
指定其他角点或 [立方体(C)/长度(L)]：@180,150    // 指定第二角点
指定高度或 [两点(2P)] <-52.6442>：100           // 输入楔体高度
```

结果如图 7-22 所示。

注意

该三维命令用于创建仅由表面定义的楔体形。

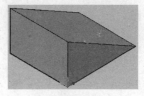

图 7-22

7.4.5　创建拉伸和旋转实体

除了通过基本的实体模型来创建实体外，用户还可以通过二维平面图形来通过拉伸或旋转进行创建，如拉伸和旋转线条和面即可创建相应的实体图形。

1．拉伸实体

使用 EXTRUDE 命令可以通过拉伸选定的对象来创建实体。可以拉伸闭合的对象（如多段线、多边形、矩形、圆、椭圆、闭合的样条曲线、圆环和面域），但是不能拉伸三维对象，包含在块中的对象，有交叉或横断部分的多段线或非闭合多段线。创建拉伸实体时，既可以沿路径拉伸对象，也可以指定高度值和斜角，如图 7-23 所示。

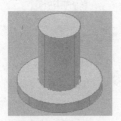

图 7-23

使用 EXTRUDE 命令可以从对象的公共轮廓创建实体，例如齿轮或链轮。如果对象包含圆角、倒角和其他不用轮廓很难重新制作的细部图，那么 EXTRUDE 命令尤其有用。如果使用直线或圆弧创建轮廓，请使用 PEDIT 命令的"合并"选项将它们转换为单个多段线

对象，或者在使用 EXTRUDE 命令之前将其转变为面域。

对于侧面成一定角度的零件来说，倾斜拉伸特别有用，例如铸造车间用来制造金属产品的铸模。

注意

在拉伸成侧面的角度时，请不要使用太大的倾斜角度。如果角度过大，轮廓可能在达到所指定高度以前就倾斜为一个点。

2．旋转实体

使用 REVOLVE 命令，可以通过将一个闭合对象围绕当前 UCS 的 x 轴或 y 轴旋转一定角度来创建实体。与 EXTRUDE 命令类似，如果对象包含圆角或其他使用普通轮廓很难制作的细部图，那么可以使用 REVOLVE 命令。

可以对闭合对象（例如多段线、多边形、矩形、圆、椭圆和面域）使用 REVOLVE 命令。

注意

不能对以下对象使用 REVOLVE 命令：三维对象，包含在块中的对象，有交叉或横断部分的多段线或非闭合多段线，如图 7-24 所示（左图为原来多段线，中间图形是绕 x 轴旋转的实体，右图是绕 y 轴选转的实体，点 1、2 是旋转轴上的点）。

AutoCAD 2009

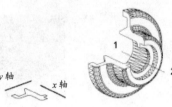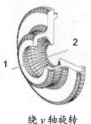

原多段线　　绕 *x* 轴旋转　　绕 *y* 轴旋转

图 7-24

7.4.6 创建球体

放置球体使其中心轴平行于当前用户坐标系（UCS）的 *z* 轴。纬线与 *xy* 平面平行。

创建球体对象有以下 4 种方式。

- 命令：SPHERE
- 菜单："绘图"→"建模"→"球体"
- 工具栏："建模"→"（球体）"
- 面板："默认"→"三维建模"→"（球体）"

执行该命令，AutoCAD 提示：

```
命令: _sphere
指定中心点或 [三点(3P)/两点(2P)/相切、相切、
半径(T)]:              //指定球心
指定半径或 [直径(D)]:     // 输入半径
```

结果如图 7-25 所示。

技巧

系统变量 ISOLINES 用来确定每个面上的网格线数，默认为 4。

要创建上半球面或下半球面，请先将球面和长方体组合起来，然后使用 SUBTRACT 命令。要创建具有附加细节的球面对象，则先创建一个二维轮廓，然后使用 REVOLVE 定义绕 *z* 轴的旋转角。

图 7-25

7.5 编辑三维实体

在对象的选定面上操作可以编辑三维实体对象。

编辑实体对象时，可以拉伸、移动、旋转、偏移、倾斜、删除或复制实体对象，或者改变面的颜色。

7.5.1　拉伸实体上的面

可以沿一条路径拉伸平面，或者指定一个高度值和倾斜角。每个面都有一个正边，该边在面（正在处理的面）的法线上。输入一个正值可以沿正方向拉伸面（通常是向外）；输入一个负值可以沿负方向拉伸面（通常是向内）。

以正角度倾斜选定的面将向内倾斜面，以负角度倾斜选定的面将向外倾斜面。默认角度为 0，可以垂直于平面拉伸面。如果指定了过大的倾斜角度或拉伸高度，可能使面在到达指定的拉伸高度之前先倾斜成为一点，AutoCAD 拒绝这种拉伸。面沿着一个基于路径曲线（直线、圆、圆弧、椭圆、椭圆弧、多段线或样条曲线）的路径拉伸。

拉伸实体表面有以下 3 种方式。

● 菜单："修改"→"实体编辑"→"拉伸面"

● 工具栏："实体编辑"→"⬚（拉伸）"

● 面板："默认"→"实体编辑"→"⬚（拉伸面）"

执行该命令，AutoCAD 提示：

```
命令：_solidedit
实体编辑自动检查：SOLIDCHECK=1
输入实体编辑选项 [面(F)/边(E)/体(B)/放弃(U)/退出(X)] <退出>：_face
输入面编辑选项
[拉伸(E)/移动(M)/旋转(R)/偏移(O)/倾斜(T)/删除(D)/复制(C)/颜色(L)/材质(A)/放弃(U)/退出(X)]
<退出>：_extrude
选择面或 [放弃(U)/删除(R)]：找到一个面        // 选择要拉伸表面对象
选择面或 [放弃(U)/删除(R)/全部(ALL)]：
指定拉伸高度或 [路径(P)]：5        // 指定拉伸高度或输入 P
指定拉伸的倾斜角度 <0>：        // 指定拉伸角度

已开始实体校验。
已完成实体校验。

输入面编辑选项
[拉伸(E)/移动(M)/旋转(R)/偏移(O)/倾斜(T)/删除(D)/复制(C)/颜色(L)/材质(A)/放弃(U)/退出(X)] <退出>：X
实体编辑自动检查：SOLIDCHECK=1
输入实体编辑选项 [面(F)/边(E)/体(B)/放弃(U)/退出(X)] <退出>：X
```

结果如图 7-26 所示。

程序中的最后一行提示用户确定拉伸表面，其中各选项的含义如下。

● 拉伸高度：如果输入正值，将沿对象所在坐标系的 z 轴正方向拉伸对象。如果输入负值，将沿 z 轴负方向拉伸对象。

● 拉伸的倾斜角度<0>：指定介于–90°～90°之间的角度或按<Enter>键。

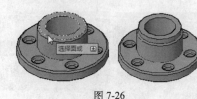

图 7-26

正角度表示从基准对象逐渐变细地拉伸，而负角度则表示从基准对象逐渐变粗地拉伸。默认角度 0 表示在与二维对象所在平面垂直的方向上进行拉伸。选择集中所有对象和环将倾斜到相同的角度。只有顶部连续的环才可进行锥状拉伸。

7.5.2 移动实体上的面

可以通过移动面来编辑三维实体对象。AutoCAD 只移动选定的面而不改变其方向。使用 AutoCAD，可以方便地移动三维实体上的孔。可以使用"捕捉"模式、坐标和对象捕捉以精确地移动选定的面。

移动实体表面有以下 3 种方式。

- 菜单："修改"→"实体编辑"→"移动面"
- 工具栏："实体编辑"→"🔧（移动面）"
- 面板："默认"→"实体编辑"→"🔧（移动面）"

执行该命令，AutoCAD 提示：

```
命令: _solidedit
实体编辑自动检查: SOLIDCHECK=1
输入实体编辑选项 [面(F)/边(E)/体(B)/放弃(U)/退出(X)] <退出>: _face
输入面编辑选项[拉伸(E)/移动(M)/旋转(R)/偏移(O)/倾斜(T)/删除(D)/复制(C)/着色(L)/放弃(U)/退出(X)] <退出>: _move
选择面或 [放弃(U)/删除(R)]:                    // 选择拉伸实体表面
选择面或 [放弃(U)/删除(R)/全部(ALL)]:           // 选择实体表面或执行括号内选项
指定基点或位移:                               // 确定移动基点
指定位移的第二点:                             // 确定移动终点
```

结果如图 7-27 所示。

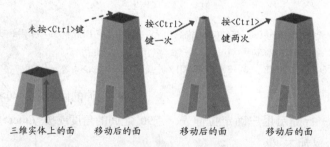

图 7-27

当被移动表面是实体的外表面时，表面移动实质上相当于表面拉伸。

7.5.3 倾斜和旋转实体上的面

倾斜三维面可以将选择的实体上的面倾斜一定的角度，而删除面则是将选择的面直接删除。

1. 倾斜三维实体上的面

可以沿矢量方向以扫描斜角倾斜面。以正角度倾斜选定的面将向内倾斜面，以负角度倾斜选定的面将向外倾斜面。应避免使用太大的倾斜角度。如果角度过大，轮廓在到达指定的高度前可能就已经倾斜成一点，AutoCAD 将拒绝这种倾斜。

倾斜实体表面有以下 3 种方式。

● 菜单："修改"→"实体编辑"→"倾斜面"

● 工具栏："实体编辑"→"◩（倾斜面）"

● 面板："默认"→"实体编辑"→"◩（倾斜面）"

执行该命令，并选择图 7-28 左所示的平面，AutoCAD 提示：

```
输入面编辑选项
[拉伸(E)/移动(M)/旋转(R)/偏移(O)/倾斜
(T)/删除(D)/复制(C)/颜色(L)/材质(A)/放弃(U)/
退出(X)] <退出>：_taper
选择面或 [放弃(U)/删除(R)]：找到一个面
选择面或 [放弃(U)/删除(R)/全部(ALL)]：
指定基点：              // 指定点 A
指定沿倾斜轴的另一个点：  // 指定另一点 B
指定倾斜角度：5
```

如图 7-28 右所示。

图 7-28

2. 旋转实体面

通过选择基点和相对（或绝对）旋转角度，可以旋转实体上选定的面或特征集合，如孔。所有三维面都绕指定轴旋转。当前 UCS 和 ANGDIR 系统变量设置确定旋转的方向。可以根据两点指定旋转轴的方向、指定对象 x、y 或 z 轴或者当前视图的 z 方向。

旋转实体表面有以下 3 种方式。

● 菜单："修改"→"实体编辑"→"旋转面"

● 工具栏："实体编辑"→"◔（旋转面）"

● 面板："默认"→"实体编辑"→"◔（旋转面）"

执行该命令，AutoCAD 提示：

```
输入面编辑选项
[拉伸(E)/移动(M)/旋转(R)/偏移(O)/倾斜
(T)/删除(D)/复制(C)/颜色(L)/材质(A)/放弃(U)/
退出(X)] <退出>：_rotate
选择面或 [放弃(U)/删除(R)]：找到一个面
选择面或 [放弃(U)/删除(R)/全部(ALL)]：
指定轴点或 [经过对象的轴(A)/视图(V)/X 轴
(X)/Y 轴(Y)/Z 轴(Z)] <两点>：  // 指定旋转轴
在旋转轴上指定第一个点：
在旋转轴上指定第二个点：
指定旋转角度或 [参照(R)]：  // 确定旋转角度
已开始实体校验。
已完成实体校验。
```

结果如图 7-29 所示。

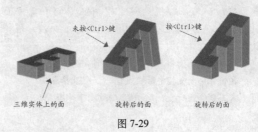

图 7-29

AutoCAD 2009

注意

只有实体的内表面才可以旋转,而实体外表面无法旋转,否则 AutoCAD 会给出相应的无效提示。

可以从三维实体对象上将选择的面或圆

角删除。例如,使用 SOLIDEDIT 命令从三维实体对象上删除钻孔或圆角。

注意

删除实体内的孔洞表面,实质上就是孔洞填实。

7.5.4 三维镜像和三维阵列

三维实体不但能进行拉伸和移动,而且还可以进行三维旋转、镜像、移动等各种操作。

1. 三维镜像

使用 MIRROR3D 命令,可以通过指定镜像平面来镜像对象。镜像平面可以是平面对象所在的平面、通过指定点且与当前 UCS 的 xy、yz 或 xz 平面平行的平面,或者由 3 个指定点(2、3 和 4)定义的平面,如图 7-30 所示。

三维镜像有以下 3 种方式。

● 命令:MIRROR3D

● 菜单:"修改"→"三维操作"→"三维镜像"

● 面板:"默认"→"修改"→"%(三维镜像)"

执行该命令,AutoCAD 提示:

```
命令: _mirror3d
选择对象: 找到 1 个
选择对象:              // 选择 1
指定镜像平面 (三点) 的第一个点或[对象(O)/最
近的(L)/Z 轴(Z)/视图(V)/XY 平面(XY)/YZ 平面
(YZ)/ZX 平面(ZX)/三点(3)] <三点>:    // 选择
点 2
在镜像平面上指定第二点:     // 选择点 3
在镜像平面上指定第三点:     // 选择点 4
是否删除源对象? [是(Y)/否(N)] <否>: N
```

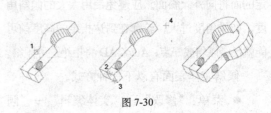

图 7-30

2. 三维阵列

使用 3DARRAY 命令,可以在三维空间中创建对象的矩形阵列或环形阵列。除了指定列数(x 方向)和行数(y 方向)以外,还要指定层数(z 方向)如图 7-31 所示。

三维阵列有以下 3 种方式。

● 命令:3DARRAY

● 菜单:"修改"→"三维操作"→"三维阵列"

● 面板:"默认"→"修改"→"囲(三维阵列)"

执行该命令,阵列齿轮外齿,AutoCAD 提示:

```
命令: _3darray
选择对象: 找到 1 个
选择对象:
输入阵列类型 [矩形(R)/环形(P)] <矩形>:P
输入阵列中的项目数目: 24
指定要填充的角度 (+=逆时针, -=顺时针)
<360>:
旋转阵列对象? [是(Y)/否(N)] <Y>: Y
```

指定阵列的中心点：
指定旋转轴上的第二点：

结果如图 7-31 所示。

下面通过一个实例来说明它们的应用。

图 7-31

实例 7-1　镜像和陈列法兰盘底面

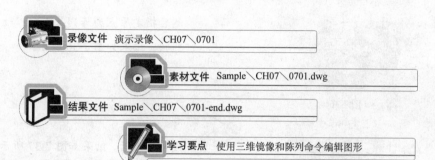

录像文件　演示录像＼CH07＼0701

素材文件　Sample＼CH07＼0701.dwg

结果文件　Sample＼CH07＼0701-end.dwg

学习要点　使用三维镜像和陈列命令编辑图形

操作步骤

① 启动 AutoCAD 2009 中文版，打开光盘中 Sample/CH07/0701.dwg，如图 7-32 所示。

图 7-32

② 单击 （三维镜像）按钮，选中法兰盘上侧的部分，然后指定原点、z 轴上的点分别为镜像面上的第一、第二点，如图 7-33 所示。

图 7-33

③ 然后继续指定 y 轴上的点作为镜像面上的第三点，结果如图 7-34 所示。

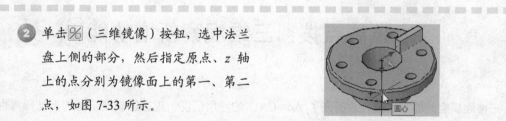

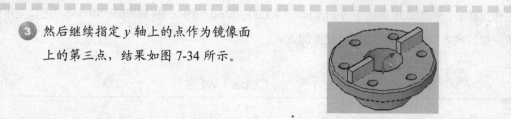

图 7-34

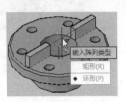

图 7-35

④ 单击 ⊞（三维阵列）按钮，选择对镜像的结果，并指定阵列类型为环形，阵列数目为 3，如图 7-35 所示。

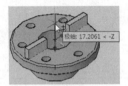

图 7-36

⑤ 然后指定原点为阵列基点，z 轴为阵列轴，结果如图 7-36 所示。

图 7-37

⑥ 设定完成后，结果如图 7-37 所示，然后保存图形文件为 Sample/CH07/0701-end.dwg。

7.6 技能点拨：三维观察新增功能

　　三维建模空间的应用极大地提高了 AutoCAD 的应用广度，现在绘制建筑图的设计师再也不需要以前那种在 AutoCAD 中绘制平面图，在 3ds Max 中出效果图，然后再用 PhotoShop 里面处理的工作方式了。新版本中新增了 ViewCube（WCS）、SteeringWheels 和 ShowMotion 功能，它们为三维模型的多方位查看提供了更加便捷的方式。

7.6.1　ViewCube（WCS）

　　ViewCube 提供了模型当前方向的直观反馈。　　ViewCube 可以帮助用户调整模型的视点。

ViewCube 所显示的方向基于模型 WCS 的北向，还显示当前 UCS 并允许用户恢复已命名 UCS。ViewCube 使用标签和指南针指示用户正从哪个方向查看模型。用户可以单击指南针和 ViewCube 的表面以更改模型的视点，也可以通过单击 ViewCube 的曲面或 ViewCube 周围的平行三角形和弯箭头更改模型的当前视点，如图 7-38 所示。

图 7-38

使用 ViewCube 可以更改模型的视点，还可以更改模型的视图投影、定义和恢复模型的主视图，以及恢复随模型一起保存的已命名 UCS。

● 视图投影：查看模型时，在平行模式、透视模式和带平行视图面的透视模式之间进行切换。

● 主视图：定义和恢复模型的主视图。主视图是用户在模型中定义的视图，用于返回熟悉的模型视图。

● 恢复已命名 UCS：通过单击 ViewCube 下方的 UCS 菜单，可以恢复已命名的 UCS。显示 UCS 菜单后，可以通过从菜单中选择一个已命名 UCS 来将其恢复为当前 UCS。可以单击"新 UCS"，并通过选择最多 3 个点来重新定义当前 UCS。UCS 菜单还将显示当前 UCS 的名称。

7.6.2 SteeringWheels（控制盘）

SteeringWheels（即"控制盘"）是用于追踪悬停在绘图窗口上的光标的菜单，通过这些菜单可以从单一界面中访问二维和三维导航工具。SteeringWheels 分为若干个按钮，每个按钮包含一个导航工具。可以通过单击按钮或单击并拖动悬停在按钮上的光标来启动导航工具。共有 4 个不同的控制盘可供使用。每个控制盘均拥有其独有的导航方式。

● 二维导航控制盘：通过平移和缩放导航模型。

● 查看对象控制盘：将模型置于中心位置，并定义轴心点以使用"动态观察"工具，缩放和动态观察模型。

● 巡视建筑控制盘：通过将模型视图移近

或移远、环视以及更改模型视图的标高来导航模型。

● 全导航控制盘：将模型置于中心位置并定义轴心点以使用"动态观察"工具、漫游和环视、更改视图标高、动态观察、平移和缩放模型，如图 7-39 所示。

图 7-39

使用控制盘上的工具导航模型时，先前的视图将保存到模型的导航历史中。要从导航历史恢复视图，请使用回放工具。通过回放工具可以恢复先前的视图。单击控制盘上的"回放"按钮或单击"回放"按钮并在上面拖动，可以显示回放历史。

7.6.3 ShowMotion（快照）说明

通过 ShowMotion，用户可以访问存储在当前图形中并组织为动画序列类别的命名视图。这些序列可用于创建演示和检查设计，如图 7-40 所示。

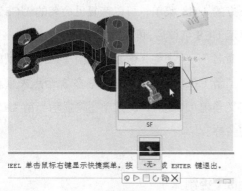

图 7-40

每种类别的动画序列在"ShowMotion"面板中均显示为缩略图。每种类别的视图也显示为缩略图。通过缩略图，用户可以查找、查看和修改动画序列。

通过 ShowMotion 创建的动画视图称为快照。用户可以通过"视图/快照特性"对话框修改快照，如图 7-41 所示。

图 7-41

在该对话框的"快照特性"选项卡中，可以调整视图间的转场，还可以更改移动类型、相机位置和录制的长度。但是，"快照特性"选项卡中的可用选项取决于选定的视图类型。例如，如果快照的视图类型为"静止画面"，则可以更改录制的长度，但无法更改相机位置。如果选定的视图类型为"电影式"或"录制的漫游"，可用选项则有所不同。针对每种视图类型会显示不同的选项。

第8章

渲染机械模型

　　给三维机械工程图形插入合适的图像，不但能更好地显示机械零件的效果，也极大地扩充了 AutoCAD 的使用功能。渲染则是 AutoCAD 2009 形象显示各种效果时的一种手段，对大型展示图形尤其有效，也是可视化展示三维工程效果的一个重要手段。

　　动画是从 AutoCAD 2008 版本开始新增的功能，利用动画功能可以创建视频文件，使设计者能清楚地查看设计产品的各个部位，也为客户了解设计产品提供了一个窗口。

重点与难点

- 视觉样式
- 制作机械零件动画
- 渲染机械零件
- 时间和位置
- 使用动作录制器

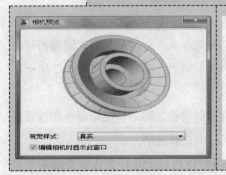

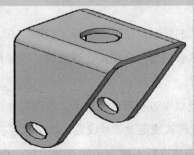

8.1 视觉样式

"视觉样式"即以前版本中的"着色"功能，AutoCAD 2009 进一步优化了着色功能，将以前版本中的"二维线框"、"平面着色"和"体着色"等命令整合为"三维隐藏"、"概念"和"真实"等命令，使之更加符合机械三维实体的显示和查看。

调用视觉样式有以下 4 种方法。

- 命令：VSCURRENT
- 菜单："视图" → "视觉样式"
- 工具栏："视觉样式" → "⬤（真实）"
- 面板："可视化" → "视觉样式" → "选择视觉样式"（如图 8-1 所示）

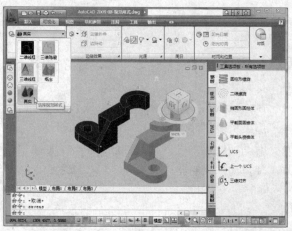

图 8-1

另外，关于视觉样式的显示，还可以选择"视图" → "视觉样式" → "视觉样式管理器"命令，或单击⬛（视觉样式管理器）按钮，在弹出的"视觉样式管理器"选项板（如图 8-2 所示）上设置相应的参数来调节。

视觉样式用来控制视口中边和着色的显示。更改视觉样式的特性，而不是使用命令和设置系统变量。一旦应用了视觉样式或更改了其设置，就可以在视口中查看效果。

用户可以对同一个实体进行不同方式的查看，如一个顶灯使用以上几种方式查看结果见表8-1。

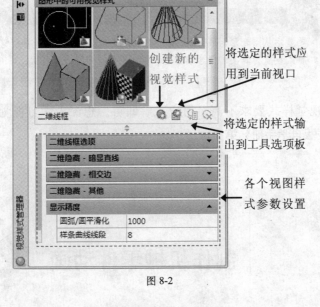

图 8-2

AutoCAD 2009

表 8-1　　　　　　　　　　　　视觉样式分类与说明

样式示例	样式类型	备 注
	二维线框：显示用直线和曲线表示边界的对象	光栅和 OLE 对象、线型和线宽都是可见的。即使将 COMPASS 系统变量的值设置为 1，它也不会出现在二维线框视图中
	三维隐藏：显示用三维线框表示的对象并隐藏表示后向面的直线	
	三维线框：显示用直线和曲线表示边界的对象	显示一个已着色的三维 UCS 图标。可将 COMPASS 系统变量设置为 1 来查看坐标球
	概念：着色多边形平面间的对象，并使对象的边平滑化	着色使用冷色和暖色之间的过渡。效果缺乏真实感，但是可以更方便地查看模型的细节
	真实：着色多边形平面间的对象，并使对象的边平滑化	将显示已附着到对象的材质

> 要显示从点光源、平行光、聚光灯或阳光发出的光线，请将视觉
> 样式设置为真实、概念或带有着色对象的自定义视觉样式。

机械绘图中对视觉样式要求不高，用户了解即可。想深入学习视觉样式的读者请参阅《AutoCAD 2009 中文版自学手册》第 9 章。

8.2 制作机械零件动画

使用视觉样式和视图功能观察模型，都只能从某一个侧面来观察所产生的图形效果，能不能从不同的侧面和各个细部来观察呢？

答案是可以的，这就是使用倍受客户欢迎的动画功能。动画是从 AutoCAD 2008 版本开始新增的一个功能。用户可以创建摄像机动画、沿路径运动的动画以及手动录制任意场景动画等，使得 AutoCAD 的应用功能大大增强。

8.2.1 创建相机

相机是从 AutoCAD 2007 版本开始新引入的一个对象，用户可以在模型空间放置一台或多台相机来定义三维透视图。

创建相机有以下 4 种方式。

- 命令：CAMERA
- 菜单："视图"→"相机"
- 工具栏："视图"→" （相机）"
- 面板："默认"→"视图"→" （相机）"

执行该命令，AutoCAD 提示：

```
命令：_camera
当前相机设置：高度=0 镜头长度=50 毫米
指定相机位置：
指定目标位置：
输入选项 [?/名称(N)/位置(LO)/高度(H)/目
标(T)/镜头(LE)/剪裁(C)/视图(V)/退出(X)] <退
出>：
```

在当前图形中显示相机模型，单击新建的相机，弹出"相机预览"对话框，如图 8-3 所示。

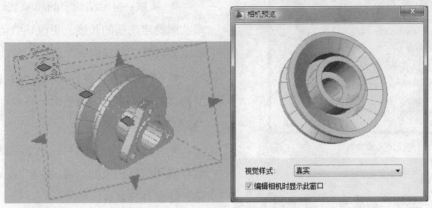

图 8-3

系统默认使用"普通相机",AutoCAD 2009
共提供了 3 种镜头的相机,如图 8-4 所示。

图 8-4

默认情况下,以保存的相机名称为"相
机 1"、"相机 2"等。用户可以自定义名称
来描述相机视图。当用户在视图中创建好相
机后,在视图管理器中会列出图形中现有的
相机名称以及其他命名视图。对于图形中已
经创建的相机,用户可以在图形中打开或关
闭相机并使用夹点来编辑相机的位置、目标
或焦距等。

8.2.2 运动路径动画

在 AutoCAD 2009 中,还可以将运动的过
程录制成动画来演示,使用运动路径动画(例
如模型的三维动画穿越漫游)向技术客户和非
技术客户形象地演示模型,并可以录制和回放
导航过程,以动态传达设计意图。

设置运动路径动画时,可以执行指定起始
点或路径、指定目标点或路径、预览当前相机
和路径关系、调整动画设置和录制动画等操作。

创建路径动画有以下 3 种方式。

● 命令:ANIPATH
● 菜单:"视图"→"运动路径动画"
● 面板:"工具"→"动画"→"⬚（运
动路径动画)"

执行该命令,弹出"运动路径动画"对话
框,如图 8-5 所示。

该对话框主要分为"相机"、"目标"和"动
画设置"3 个选项区,各选项区主要选项说明
如下。

图 8-5

1. 相机

"相机"选项区功能类似，都是用于确定将相机对象链接至图形中的静态点或运动路径，各选项含义如下。

● 点(P)：将相机链接至图形中的静态点。

● 路径(A)：将相机链接至图形中的运动路径。

● （拾取点/选择路径）：选择相机所在位置的点或沿相机运动的路径，这取决于选择的是"点"还是"路径"。

● 点/路径列表：显示可以链接相机的命名点或路径列表。要创建路径，可以将相机链接至直线、圆弧、椭圆弧、圆、多段线、三维多段线或样条曲线。

> 创建运动路径时，将自动创建相机。如果删除指定为运动路径的对象，也将同时删除命名的运动路径。

2. 动画设置

"动画设置"选项区用于控制动画文件的输出，各选项含义如下。

● 帧率：动画运行的速度，以每秒帧数为单位计量。指定范围为 1～60 的值，默认值为 30。

● 帧数：指定动画中的总帧数，该值与帧率共同确定动画的长度。更改该数值时，将自动重新计算"持续时间"值。

● 持续时间（秒）：指定动画（片断中）的持续时间。更改该数值时，将自动重新计算"帧数"值。

● 视觉样式：显示可应用于动画文件的视觉样式和渲染预设的列表，共有"按显示"、"渲染"等多种样式。

● 格式：指定动画的文件格式。可以将动画保存为 AVI、MOV、MPG 或 WMV 文件格式以便日后回放。

> 仅当安装 Apple QuickTime Player 后 MOV 格式才可用。仅当安装 Microsoft Windows Media Player 9 或更高版本后 WMV 格式才可用并将作为默认选项。否则，AVI 将作为默认选项。

● 分辨率：以屏幕显示单位定义生成的动画的宽度和高度。默认值为 320×240。

● 角减速(C)：相机转弯时，以较低的速率移动相机。

● 反转(E)：反转动画的方向。

● 预览时显示相机预览：显示"动画预览"对话框，从而可以在保存动画之前进行预览。

> 目标选项区各选项和"相机"选项区功能类似，这儿不再详细说明，有兴趣的读者可以详细参阅《AutoCAD 2009 中文版自学手册》一书中相关的介绍。

8.2.3 间接发光的优点

间接发光技术（如全局照明和最终采集）通过模拟场景中的光线辐射或相互反射来增强场景的真实感，如图 8-6 所示。

全局照明（GI）提供渗色之类的效果。例如，在平时的日常生活中，如果一张红色的工作台面紧邻一堵白色的墙，则白色的墙看起来会略带粉色。也许您会觉得这是一个微不足道的细节，但如果图像中缺少了这种粉色，即使无法准确地指出原因，这幅图像也会显得不真实。但普通的光线跟踪计算无法产生这种效果。

为计算全局照明，渲染器将使用光子贴图（一种生成间接发光和全局照明效果的技术）。使用光子贴图的副作用是产生渲染假象（如光源中的深色角点和低频变化），用户可以打开最终采集（以增加用于计算全局照明的光线数）来减少或消除这些假象。

> 当准备完成的渲染时，请确保已指定要使用的图形单位，然后再进行 GI 设置。对全局照明感到满意后，更改图形单位将对渲染结果产生不利影响。

全局照明的精度和强度由生成的光子数量、采样半径及其跟踪深度控制。图 8-7 所示显示了光子数量较少并且采样半径较小的效果。

图 8-6

图 8-7

1. 光子和采样半径

全局照明的强度由用户指定的光子数量计算。增加光子数量可以减少全局照明的噪值，但会增加模糊程度。减少光子数量可以增加全局照明的噪值，但会降低模糊程度。光子的数量越多，渲染时间就越长。

要预览全局照明（将"光子/采样"或"光子/光源"设置为较低的值），然后增加这些值以进行最终渲染。

采样半径设置光子的大小。多数情况下，默认的光子大小为场景大小的十分之一（"使用半径"为"关"），这样将获得比较理想的结果。其他情况下，默认的光子大小可能会过大或过小。

采样半径的大小可以确定光子是否重叠。光子重叠时，渲染器会将它们平滑地连接起来。增大半径会增加平滑量，并且可以创建看起来更加自然的照明。当光子半径较小并且没有重叠时，将不进行平滑。理想状态下，光子应该重叠。要获得理想的效果，应该打开"使用半径"并增加半径大小。

2．全局照明跟踪深度

"跟踪深度"控件与计算反射和折射的控件类似，但这些控件参照的是全局照明使用的光子，而不是光线跟踪反射和折射中使用的光线。

最大深度限制反射和折射的组合。当光子反射和折射的总数等于最大深度时，反射和折射将停止。例如，如果"最大深度"等于3，且"最大反射"和"最大折射"均设置为 2，则光子可被反射两次、折射一次；反之亦然，但光子不能被反射和折射 4 次。

> "最大反射"设置指定光子可以被反射的次数。设定为 0 时，不发生反射；设定为 1 时，光子只能反射一次；设定为 2 时，光子可以反射两次，依此类推。"最大折射"设置指定光子可以被折射的次数。设定为 0 时，不发生折射；设定为 1 时，光子只能折射一次；设定为 2 时，光子可以折射两次，依此类推。

8.3 渲染机械零件

模型的真实感渲染往往可以为产品团队或潜在客户提供比打印图形更清晰的概念设计视觉效果。

渲染基于三维场景来创建二维图像。它使用已设置的光源、已应用的材质和环境设置（例如背景和雾化），为场景的几何图形着色，如图 8-8 所示。

结合光源与材质，为模型添加另一级别的真实感。

为了达到更好的渲染效果，一般在渲染之前应设置光源、场景、背景以及给对象指定材质。下面将分别介绍这方面的内容。

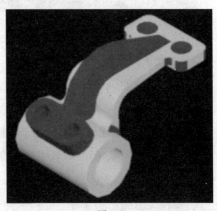

图 8-8

8.3.1　设置光源属性

可以给图形添加光源,以帮助用户在绘图时显示模型,或准备要渲染的模型。如果在渲染时没有设置光源,AutoCAD 使用默认光源。光源的设置方向直接影响渲染的效果,一般在进行渲染操作之前都要设置光源。

AutoCAD 2009 提升了光源方面的性能,经常使用的光源分为默认光源、用户创建的光源、阳光 3 种类型。另外,用户还可以设置光源特性。

1．默认光源

在具有三维着色视图的视口中绘图时,默认光源来自两个平行光源,在模型中移动时该光源会跟随视口。模型中所有的面均被照亮,以使其可见。

> 用户使用自定义光源时,必须关闭默认光源,以便显示创建的光源或阳光发出的光线。

2．用户创建光源

有时,仅使用默认光源无法有效控制场景中的光源。要进一步控制光源,可以创建点光源、聚光灯和平行光以达到希望的效果。可以移动或旋转光源(使用夹点工具),将其打开或关闭以及更改其特性(例如颜色)。更改的效果将立即显示在视口中。

使用不同的光线轮廓表示每个聚光灯和点光源。默认情况下,不打印光线轮廓。

3．阳光

阳光是一种类似于平行光的特殊光源。用户为模型指定的地理位置以及指定的日期和当日时间定义了阳光的角度,可以更改阳光的强度和太阳光源的颜色。

4．光源特性

AutoCAD 2009 中新的交互式光源工具使用户可以快捷准确地在图形中放置点光源、面光源和聚光灯光源。将光源放置到合适的位置以后,可以使用光源目标夹点使其准确地照亮所希望的目标点。放置光源时,无需首先渲染图像就可以实时显示光源产生的阴影效果。

在新版本中,所有使用的光源特性各不相同。用户要设置各种光源的特性值,可以通过特性面板来进行,如图 8-9 所示。

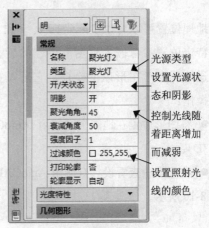

图 8-9

主要选项的含义如下。

● 名称:为新建光源设置名称,在名称中可使用大写字母、小写字母、数字、空格、连字符 (-) 和下划线 (_)。最大长度为 256 个字符。

● 阴影:使光源投影。使用该选项会提示菜单 "输入阴影设置 [关(O)/鲜明(S)/柔和(F)]:"。含义如下:关,就是关闭光源的阴影显示和阴影计算,关闭阴影将提高性能;强烈,就是显示带有强烈边界的阴影，使用此选项可以提高性能；柔和，就是显示带有柔和边界的真实阴影。

● 衰减：出现下级菜单，显示衰减界限、使用界限和衰减起始界限等。下面着重说明衰减到界限。衰减起始界限就是指定一个点，光线的亮度相对于光源中心的衰减于该点开始，默认值为 0；衰减结束界限即是指定一个点，光线的亮度相对于光源中心的衰减于该点结束。在此点之后，将不会投射光线。在光线的效果很微弱，以致计算将浪费处理时间的位置处，设置结束界限将提高性能。

仅对渲染操作支持衰减界限，在视口中不支持衰减界限。OpenGL 驱动程序（wopengl9.hdi）不支持衰减起始界限和结束界限。要识别驱动程序，请输入 3dconfig，然后单击"手动调节"。在"手动性能调节"对话框中查看选定的驱动程序名称。

8.3.2 时间和位置

地理位置可以将以实际坐标 x、y 和 z 表示的特定位置参考嵌入到图形中。然后，可以发送地理参考图形以供检查。它可以执行以下操作：

● 将图形放置在地图上（使用 AutoCAD Map 3D）；

● 在配景中查看设计（使用 AutoCAD），如图 8-10 所示。

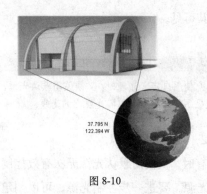

图 8-10

8.3.3 创建地理位置

为 DWG 文件定义地理位置，用户可以通过输入.kml 或.kmz 文件，或通过 Google Earth 导入位置信息，或者手动输入位置值在图形中插入地理位置信息。

创建地理位置有以下 3 种方法。

● 命令：GEOGRAPHICLOCATION

● 菜单命令："工具"→"地理位置"

● 面板："可视化"→"时间和位置"→" （地理位置）"

执行该命令，弹出"地理位置"窗口，如图 8-11 所示。

该窗口中共有 3 种方式来定义图形的位置，说明如下。

● 输入.kml 文件或.kmz 文件：可以输入

在 kml 或 kmz 文件中指定的位置信息（纬度、经度及海拔高度）。输入后，指定在图形中的位置，以及北向或角度。

图 8-11

 当 kml 或 kmz 文件参照多个位置时，将仅使用找到的第一个位置标记。

● 通过 Google Earth 输入当前位置：可以

在 Google Earth 中浏览到特定位置并在图形文件中输入位置信息。然后可以在图形中选择一个点，以便为在 Google Earth 中定义的位置定义坐标。

 继续操作之前，必须安装并打开 Google Earth，同时还应选中位置。

● 输入位置值：弹出"地理位置"对话框，手动输入纬度值、经度值、北向值、标高值以及向上方向值，如图 8-12 所示。

用户可以输入"纬度和经度"数值来确定相应的位置，也可以单击其右侧的 使用地图... 按钮，在弹出的"位置选择器"对话框中指定位置，如图 8-13 所示。

图 8-12

图 8-13

 地理位置对话框中的所用时区由位置决定，但可以独立调整（TIMEZONE 系统变量），默认时区为北美洲的圣弗朗西斯科。

8.3.4　时间和阳光特性

单击 ☼（阳光状态）按钮，系统将打开"时

间和位置"面板上的"时间和阳光"修改框，

如图 8-14 所示。

拖动右侧的"调整日期"和"调整时间"辐条来更改当前的日期和时间。

阳光也即是模拟太阳光源效果的光源，可以用于显示结构投射的阴影如何影响周围区域。阳光的光线相互平行，并且在任何距离处都具有相同强度。

> 除地理位置以外，阳光的所有设置均由视口保存，而不是由图形保存。地理位置由图形保存。

为模型指定的地理位置以及日期和当日时间控制阳光的角度。这些是阳光的特性，可以单击 ▣（阳光特性）按钮，在弹出的"阳光特性"选项板中更改，如图 8-15 所示。

另外，还可以通过"周日"面板上的"伴有照明的天光背景"按钮，来调整当前图形的显示，简要说明如下。

- 关闭天光 ：单击该按钮即可关闭天光光源。

- 天光背景 ：单击该按钮使用天光背景。

- 伴有照明的天光背景 ：单击该按钮，使用伴有照明的天光背景。

图 8-14

图 8-15

8.3.5 创建光源

每种类型的光源都会在图形中产生不同的效果，下面我们说明一下创建各种光源的方法。

用户既可以使用命令来创建光源，也可以使用"光源"工具栏上的按钮或面板中的"光源"面板，如图 8-16 所示。

图 8-16

使用"特性"选项板可以更改选定光源的颜色或其他特性,还可以将光源及其特性存储到工具选项板上,以便在同一个图形或其他图形中再次使用。

实例 8-1 给钢筒添加光源

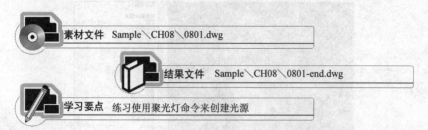

素材文件　Sample＼CH08＼0801.dwg

结果文件　Sample＼CH08＼0801-end.dwg

学习要点　练习使用聚光灯命令来创建光源

操作步骤

1 启动 AutoCAD 2009 中文版,打开光盘中素材文件 Sample/CH08/0801.dwg,如图 8-17 所示。

图 8-17

2 选择"视图"→"渲染"→"渲染"命令,对当前图形进行渲染,AutoCAD 弹出"渲染"窗口来显示当前渲染结果,如图 8-18 所示。

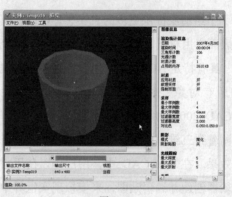

图 8-18

3 单击 X 按钮关闭当前窗口,并单击 (聚光灯)按钮给图形添加灯光为绿色的聚光光源,如图 8-19 所示。

图 8-19

④ 然后选择"视图"→"渲染"→"渲染"命令，再次渲染，结果如图 8-20 所示。

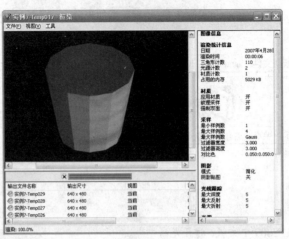

图 8-20

⑤ 选择"文件"→"另存为"命令，保存图形文件为 Sample/CH08/0801-end.dwg。

8.3.6 设 置 材 质

为了给渲染提供更多的真实感，可以在模型的表面应用材质，如钢和塑料。可以为单个对象、具有特定 ACI（AutoCAD 颜色索引）编号的所有对象、块或图层附着材质。利用 AutoCAD 2009 的材质处理功能，用户可以将材质附着到三维对象上，以使渲染的图像具有材质效果。在 AutoCAD 中，用户可以使用材质编辑器创建并编辑贴图，来模拟现实世界中的各种效果。

1. 材质工具

在以前版本中，要给产品附着材质步骤非常繁琐，但是在 AutoCAD 2009 中，这一切都变得简单起来。

用户单击"标准注释"工具栏上的 ![icon]（工具选项板）按钮，打开"工具选项板"，然后选择"材质"选项板即可显示当前的工具选项板。该选项板分为"混凝土-材质样例"、"表面处理-材质样例"等 8 个 300 多种材质和纹理库，并且所有的材质都附带有一张交错的参考底图，如图 8-21 所示。

图 8-21

注意

材质库是用户安装 AutoCAD 时作为一个组件选择性安装的，选择安装时，材质库组件将始终安装到默认位置。如果在安装材质库之前更改路径，则新材质不会显示在工具选项板上，也不会参照纹理贴图。将新安装的文件复制到所需的位置，或将路径重新更改为默认路径。

用户可以通过直接拖动材质到当前对象上，从而将材质或纹理直接附着到对象上，如图 8-22 所示。

下面使用给凳子添加木纹材质来讲解附着材质到实体的方法和技巧。

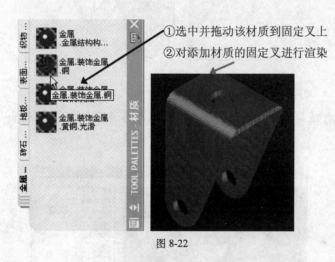

① 选中并拖动该材质到固定叉上
② 对添加材质的固定叉进行渲染

图 8-22

实例 8-2　给固定叉添加金属材质

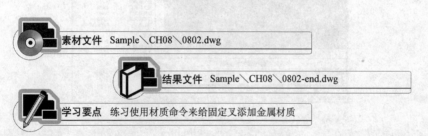

素材文件　Sample\CH08\0802.dwg

结果文件　Sample\CH08\0802-end.dwg

学习要点　练习使用材质命令来给固定叉添加金属材质

操作步骤

❶ 启动 AutoCAD 2009 中文版，打开光盘中素材文件 Sample/CH08/0802.dwg，如图 8-23 所示。

图 8-23

② 在弹出的"材质"选项板，单击选中"金属装饰·装饰金属·铜"材质，并拖到该材质到绘图窗口中的金属叉上，如图 8-24 所示。

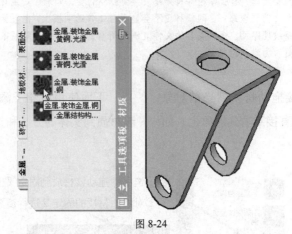

图 8-24

③ 对图形进行渲染，结果如图 8-25 所示。然后另存图形文件为 Sample/CH08/0802-end.dwg。

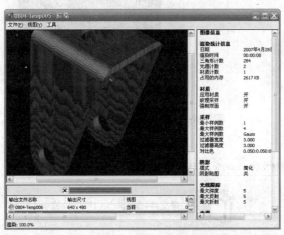

图 8-25

2．材质选项板

除了使用"材质控制台"来给图形添加材质外，用户还可以使用"材质"选项板来对材质和纹理进行进一步的设置应用。

调用材质选项板有以下 4 种方法。

● 命令：MATERIALS

● 菜单："视图"→"渲染"→"材质"

● 工具栏："渲染"→" （材质）"

● 面板："可视化"→"材质"→"（材质）"

执行该命令，弹出"材质"选项板，如图 8-26 所示。

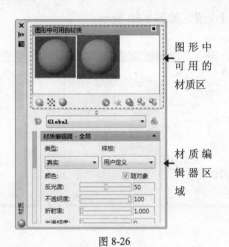

图 8-26

（2）材质编辑器

该面板主要用于编辑在"图形中可用的材质"选中的材质，选中的材质各项特性将显示在该面板中。材质编辑器中的选项配置将根据选中的材质样板而变化，如图 8-28 所示。

用户通过"样板"列表来选择材质类型，如图 8-28 所示。其中"真实"样板和"真实金属"样板是基于物理性质的材质；"高级"样板和"高级金属"样板，则是具有多个选项的材质，包括可以用来创建特殊效果的特性，例如模拟反射。

 注意

图形中始终包含一种材质（GLOBAL），它使用真实样板。用户可以将该材质或任何其他材质用作创建新材质的基础。根据所使用的样板，以下一个或多个特性可能不可用。

该选项板主要分为"图形中可用的材质"和"材质编辑区"两个部分。说明如下。

（1）图形中可用的材质

此选项区包括多个按钮和区域，如图 8-27 所示。

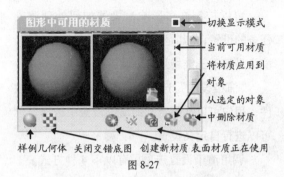

图 8-27

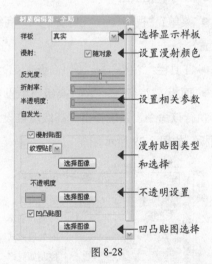

图 8-28

以上各选项用户可以多加练习，这儿不再详述。需要学习的用户请参阅《AutoCAD 2009 中文版自学手册》的第 13 章。

8.3.7　对图形进行渲染

渲染是基于三维场景来创建二维图像。它

使用已设置的光源、已应用的材质和环境设置

（例如背景和雾化），为场景的几何图形着色。

AutoCAD 2009 的渲染器是一种通用渲染器，它可以生成真实准确的模拟光照效果，包括光线跟踪反射和折射以及全局照明。

1. 使用"渲染设置"选项板

可以控制许多影响渲染器如何处理渲染任务的设置，尤其是在渲染较高质量的图像时。渲染是基于三维场景来创建二维图像。

"渲染设置"选项板包含渲染器的主要控件，用户可以从预定义的渲染设置中选择，也可以进行自定义设置。

调用渲染设置选项板有以下 4 种方式。

● 命令：RPREF

● 菜单："视图"→"渲染"→"高级渲染设置"

● 工具栏："渲染"→" "（高级渲染设置)"

● 面板："渲染"→" "（高级渲染设置)"

执行该命令，系统弹出"高级渲染设置"选项板，如图 8-29 所示。

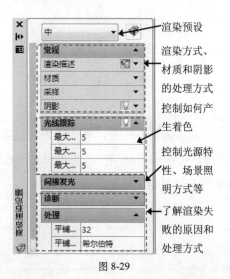

图 8-29

用户可以在该选项板中对基本和高级两部分进行更进一步的设置。也可以单击"渲染

预设"列表框中的 管理渲染预设... 选项，使用弹出的"渲染预设过滤器"对话框来管理渲染预设设置，如图 8-30 所示。

图 8-30

2. 创建自定义渲染预设

当指定的一组渲染设置能够实现想要的渲染效果时，可以将其保存为自定义预设，以便可以快速地重复使用这些设置。

使用标准预设作为基础，可以尝试各种设置并查看渲染图像的外观。如果用户对结果感到满意，可以创建一个新的自定义预设。

3. 设置场景和背景

用户可以使用环境功能来设置雾化效果或背景图像，如通过雾化效果（例如雾化和深度设置）或将位图图像添加为背景来增强渲染图像。

（1）雾化/深度设置效果

雾化和深度设置是非常相似的大气效果，可以使对象随着距相机距离的增大而显示得越浅。雾化使用白色，而深度设置使用黑色，如图 8-31 所示。

使用 RENDERENVIRONMENT 命令，系统弹出"渲染环境"对话框（如图 8-32 所示），可以设置雾化或深度设置参数。要设置的关键参数包括雾化或深度设置的颜色、近距离和远距离以及近处雾化百分率和远处雾化百分率。

图 8-31

图 8-32

雾化和深度设置均基于相机的前向或后向剪裁平面，以及"渲染环境"对话框上的近距离和远距离设置。雾化或深度设置的密度由近处雾化百分率和远处雾化百分率来控制。这些设置的范围从 0.0001～100。值越高表示雾化或深度设置越不透明。

技巧

对于比例较小的模型，"近处雾化百分率"和"远处雾化百分率"设置可能需要设置在 1.0 以下才能查看想要的效果。

（2）背景

背景主要是显示在模型后面的背景幕。背景可以是单色、多色渐变色或位图图像。

渲染静态图像时，或者渲染其中的视图不变化或相机不移动的动画时，使用背景效果最佳。用户可以从视图管理器中设置背景。设置以后，背景将与命名视图或相机相关联，并且与图形一起保存。

4．创建渲染

渲染的最终目标是创建一个可以表达用户想象的照片级真实感的演示质量图像，而在此之前则需要创建许多渲染。

基础水平的用户可以使用 RENDER 命令来渲染模型，而不应用任何材质、添加任何光源或设置场景。渲染新模型时，渲染器会自动使用"与肩齐平"的虚拟平行光。该光源不能移动或调整。

"渲染"面板使用户可以快速访问基本的渲染功能，如图 8-33 所示。

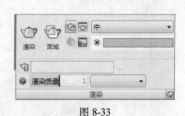

图 8-33

实例 8-3 渲染机械零件图

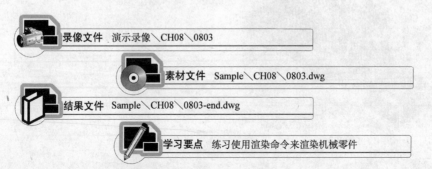

录像文件　演示录像＼CH08＼0803

素材文件　Sample＼CH08＼0803.dwg

结果文件　Sample＼CH08＼0803-end.dwg

学习要点　练习使用渲染命令来渲染机械零件

操作步骤

图 8-34

① 启动 AutoCAD 2009 中文版,打开 Sample/
CH08/0803.dwg 文件,如图 8-34 所示。

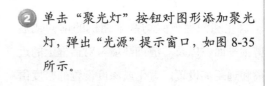

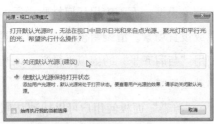

图 8-35

② 单击"聚光灯"按钮对图形添加聚光
灯,弹出"光源"提示窗口,如图 8-35
所示。

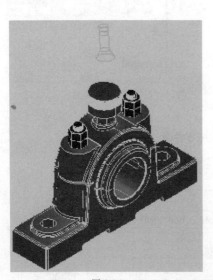

图 8-36

③ 单击"关闭默认光源"选项,并放置聚
光灯在适当位置,设置聚光灯的颜色值
为(255,0,0),结果如图 8-36 所示。

④ 在"材质"选项板中，拖动"金属-材质样例"中的"金属.金属结构构架.钢"材质到滑动轴承底座上，结果如图 8-37 所示。

图 8-37

⑤ 单击"渲染"面板上的 ▤（渲染）按钮，进行渲染，结果如图 8-38 所示。

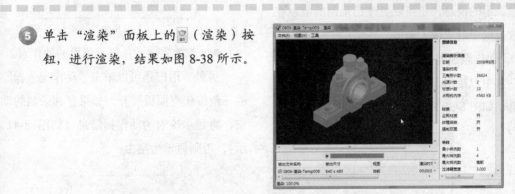

图 8-38

⑥ 关闭渲染窗口。选择"文件"→"另存为"命令，保存图形文件为 Sample/CH08/0803-end.dwg。

为了达到更好的渲染效果，一般在渲染之前应设置"渲染"光源、场景、背景以及给对象指定材质。

8.4 技能点拨：使用动作记录器

动作宏是 AutoCAD 2009 新增的一个功能，它可以通过录制输入的一系列命令和任何值来自

动执行重复的任务。使用动作宏，无需任何编程经验即可自动执行重复的任务。

用户可以使用动作记录器（又称为动作录制器）录制动作宏。录制动作宏之后，将所录制的命令和输入保存到文件扩展名为 ACTM 的动作宏中。

8.4.1　动作宏记录器

用户可以创建一个"动作"宏，录制一系列命令和输入值，然后回放该宏。使用动作录制器，可以轻松创建宏；此过程不需要任何编程经验。用户可以在动作宏中插入要在回放过程中显示的消息，还可以更改已录制的值以在回放过程中请求输入新值。

"动作录制器"是位于功能区上的一个面板，其中包括用于录制、回放和修改动作宏的工具，如图 8-39 所示。

图 8-39

各选项含义如下。

● ◯（录制）：单击该按钮进行录制动作宏。

注意

该按钮在录制过程中显示为 ◻，表示单击该按钮即停止录制。

● 💬（用户文本消息）：在回放期间将为此动作显示用户消息。

● 📇（请求用户输入）：指定将在回放期间对动作做出的用户输入请求。

● ▷（播放）：播放用户录制的动作宏。

● 📇（首选项）：自定义动作录制器的设置，单击该按钮，弹出"动作录制器首选项"

对话框，如图 8-40 所示。

图 8-40

● ActMacro002 ▾：显示可用的动作宏。

另外，用户还可以单击"动作记录器"中的三角按钮将面板展开，如果存在录制的动作宏，将显示该宏的动作树信息（如图 8-41 所示），否则显示为空白。

图 8-41

为动作录制器设置首选项。回放、编辑或录制动作宏期间，可以展开"动作录制器"面板，以便从"动作树"中访问当前动作宏的各个动作。

另外，通过动作录制器，可以创建用于自动化重复任务的动作宏。

录制动作时，将捕捉命令和输入值，并将其显示在"动作树"中。停止录制后，可以将捕捉的命令和输入值保存到动作宏文件中，过后可以进行回放。保存动作宏后，可以插入用户消息，或将录制的输入值的行为更改为在回放过程中请求输入新值，如图 8-42 所示。

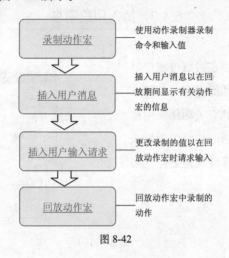

图 8-42

8.4.2　录制动作宏

动作录制器可以录制能够从命令行和已熟悉的用户界面元素中使用的大多数命令。

可以使用动作录制器为动作宏录制命令和输入值。录制动作宏时，红色的圆形录制图标会显示在十字光标附近，表示动作录制器处于活动状态以及指示正在录制命令和输入。

使用录制动作宏有以下 3 种方式。

● 命令：ACTRECORD

● 菜单命令："工具"→"动作录制器"→"记录"

● 面板："工具"→"动作记录器"→"○（录制）"

执行该命令，系统将显示一个表示录制的按钮●，用来记录用户的输入，同时弹出"动作记录器"窗口来显示当前的输入和动作，如图 8-43 所示。

录制动作宏时，将捕获所有输入。用户可以指定使用录制值的动作，或在回放过程中请求输入新值的动作。可以在回放期间添加的值包括关键字、坐标点、数值、文本值或者对象选择集，如图 8-44 所示。

图 8-43

图 8-44

AutoCAD 2009

8.4.3 插入用户消息

录制动作宏时，可以添加在回放过程中显示的消息。用户可以使用消息提供有关如何成功回放动作宏的说明，或提供有关动作宏用途的介绍。用户可以在动作宏中的任意位置插入消息。显示消息时，可以选择继续还是停止回放动作宏，如图 8-45 所示。

图 8-45

8.4.4 动作宏回放

录制动作宏后，可以回放录制的命令和输入值序列。要回放动作宏，可以在命令提示下输入宏的名称，也可以在动作录制器中选择宏的名称。单击 ▷（播放）按钮即可来播放用户录制的动作宏，如图 8-46 所示。

图 8-46

第9章

输出机械图形

在 AutoCAD 2009 中绘制完成的图形，可以通过 EPLOT 输出成 DWF 格式文件，在 Web 页上发布或输送到站点以便其他用户通过 Internet 访问；或者将图形打印在图纸上，以上两种情况都需要进行打印设置。AutoCAD 使用打印样式来控制对象在打印时的外观，通过打印机配置来保存打印机信息和所有设置以及每个打印机支持的有关图纸尺寸的信息。

从 AutoCAD 2005 开始，系统通过流程化的"打印"和"页面设置"对话框简化了打印和发布过程。绘图次序功能控制了图形对象的显示次序，而增强后的绘图次序功能可以确保"所见即所得"的打印效果。

重点与难点

- 模型空间和布局空间
- 机械图样打印输出
- 打印样式表
- 发布图形
- 数据交换

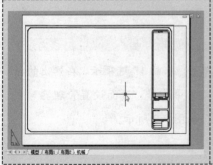

9.1 模型空间和布局空间

在 AutoCAD 中绘图和编辑时，提供了两个并行的工作环境，即"模型"（模型空间）选项卡和"布局"（图纸空间）选项卡。在不同的工作空间可以完成不同的操作，如绘图操作、编辑操作、注释和显示控制等。

在图形窗口底部有一个"模型"选项卡和多个"布局"选项卡，如图 9-1 所示。

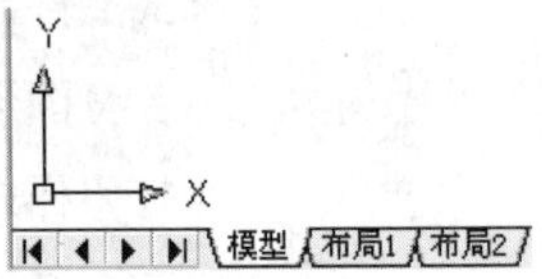

模型空间用作草图和设计环境，创建二维图形或三维模型。布局空间用作安排、注释和打印在模型空间中绘制的多个视图。

图 9-1

在绘制图形时，可以使用"文件"→"打印"命令来打印草图，但在很多情况下，需要在一张图纸中输出图形的多个视图、添加标题块等，这时就要使用图纸空间了。图纸空间是完全模拟图纸页面的一种工具，用于在绘图之前或之后安排图形的输出布局。

> **注意**
> 模型空间与图纸空间的概念较为抽象，初学者只需简单了解即可。对于概念的深入掌握可在以后的使用中逐步体会。需要注意的是在模型空间与图纸空间中，UCS 图标是不同的，但均是三维图标。

在 AutoCAD 2009 中，用户可以通过"模型"选项卡和"布局"选项卡自由切换模型空间和布局空间。默认状态下，系统引导用户进入模型空间绘制图形，但在实际操作时，绘图时尚需进行一些图纸布局方面的设置。

操作步骤

图 9-2

❶ 右键单击"布局 1"选项卡，在弹出的快捷菜单中选择"页面设置管理器"选项，如图 9-2 所示。

② 弹出"页面设置管理器"对话框，如
图 9-3 所示。

图 9-3

③ 在该对话框中显示当前布局、设备名、
绘图仪和打印大小等，用户可以单击
新建(N)... 、 修改(M)... 和 输入(I)... 按钮
来进行相应的操作。单击 修改(M)... 按
钮将弹出"页面设置—布局 1"对话框，
如图 9-4 所示。

图 9-4

注意

在该对话框中可以修改图纸尺寸、打印区
域、打印比例等。然后单击 确定 按
钮，使用 AutoCAD 的默认选项即可进入
图纸空间。

在 AutoCAD 2009 中，可以创建多种布局，每个布局都代表一张单独的打印输出图纸。创建
新布局后，就可以在布局中创建浮动视口。视口中的各个视图可以使用不同的打印比例，并能够
控制视口中图层的可见性。

在图形绘制完成后，选择"布局"选项卡可以创建要打印的布局，即进入图纸空间模拟一张
图纸并在上面排放图形。

9.1.1　创建新布局

新创建的每一个布局可以设置不同的打　　印样式选项，如打印区域、打印比例、打印偏

移、打印图纸的方向和图纸的大小幅面等。另外，创建新布局时，可以添加要打印的浮动视口。在布局中创建浮动视口后，视口中的各个视图也可以使用不同的打印比例，并能控制视口中图层的可见性。

首次选择布局选项卡时，将显示"页面设置"对话框和进入相应的图纸空间环境，其中，矩形虚线边界将指示当前配置的打印设备所使用的图纸尺寸，图纸中显示的页边是纸张的不可打印区域。

如果不希望每次新建布局时出现"页面设置"对话框，可以执行"工具"→"选项"命令，在打开的"选项"对话框中的"显示"选项卡中清除"新建布局时显示页面设置管理器"选项。

创建新布局有以下 3 种方式。

● 命令：LAYOUT

● 菜单："插入"→"布局"→"新建布局"

● 工具栏："布局"→"新建布局"

执行该命令，在命令行上输入新布局的名称，即可新建一个布局。另外，用户还可以使用"布局"工具栏进行设置新布局，如图 9-5 所示。

图 9-5

除了以上方法创建布局外，用户还可以使用布局向导创建新布局，具体操作步骤如下。

实例 9-1　创建机械布局

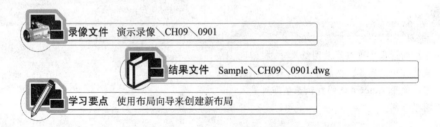

录像文件	演示录像\CH09\0901
结果文件	Sample\CH09\0901.dwg
学习要点	使用布局向导来创建新布局

操作步骤

1 启动 AutoCAD 2009 中文版，并新建图形文件。

图 9-6

2 选择"工具"→"向导"→"创建布局"命令，打开"创建布局-开始"对话框，在"输入新布局的名称"文本框中输入新布局的名称为"机械"，如图 9-6 所示。

③ 单击 下一步(N) > 按钮，打开"打印机"
对话框，选择打印机输出设备为
DWF6 ePlot.pc3 ，如图 9-7 所示。

图 9-7

④ 单击 下一步(N) > 按钮，打开"图纸尺寸"
对话框，在该对话框中选择 A4 图纸和
◎毫米(M) 图形单位，如图 9-8 所示。

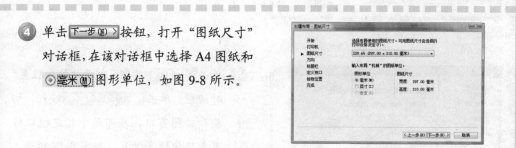

图 9-8

⑤ 单击 下一步(N) > 按钮，打开"方向"对
话框，在该对话框中选择图形在图纸
上的方向为◎横向(L)，如图 9-9 所示。

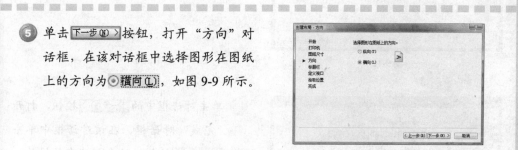

图 9-9

⑥ 单击 下一步(N) > 按钮，打开"标题栏"对
话框，在该对话框中的"路径"列表框
中选择需要的标题栏形式；在"类型"
选项区中选定 ◎块(O)，如图 9-10 所示。

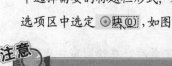

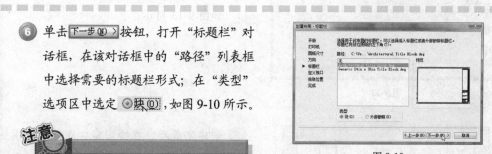

图 9-10

在选择标题栏形式时，应该注意选择一种
能匹配图纸尺寸的标题栏，否则选定的标
题栏可能不适合已经设定的图纸尺寸，如
ANSI 标题栏是以英寸为单位绘制的，而
ISO、DIN 和 JIS 标题栏则是以毫米为单
位绘制的。

AutoCAD 2009

图 9-11

⑦ 单击 下一步(N) > 按钮，打开"定义视口"对话框，在"视口设置"选项区中选择 ⊙ 单个(S) 按钮，设置"视口比例"为 按图纸空间缩放 ∨，如图 9-11 所示。

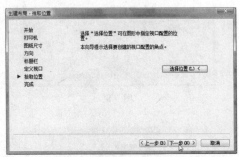

图 9-12

⑧ 单击 下一步(N) > 按钮，打开"拾取位置"对话框。单击 选择位置(L) < 按钮，切换到绘图窗口，在布局中指定视口位置或接受缺省设置。如图 9-12 所示。

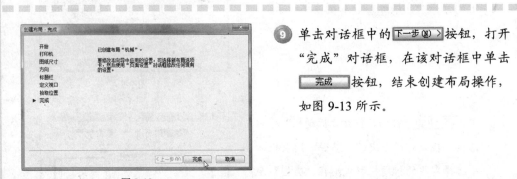

图 9-13

⑨ 单击对话框中的 下一步(N) > 按钮，打开"完成"对话框，在该对话框中单击 完成 按钮，结束创建布局操作，如图 9-13 所示。

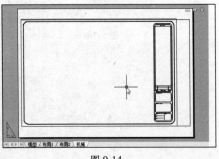

图 9-14

⑩ 创建完成后，在绘图窗口底部的"模型"和"布局"选项卡中即增加一个新的布局选项卡，读者可以在"布局"选项卡上单击鼠标右键，打开快捷菜单，对已有布局进行删除、重命名、移动、复制以及页面设置等操作，如图 9-14 所示。

9.1.2　指定页面设置

页面设置与布局相关联并存储在图形文件中。页面设置中指定的设置决定了最终输出的格式和外观。

页面设置是打印设备和其他影响最终输出的外观和格式的设置的集合。可以修改这些设置并将其应用到其他布局中。

在"模型"选项卡中完成图形之后，可以通过单击布局选项卡开始创建要打印的布局。首次单击布局选项卡时，页面上将显示单一视口。

设置了布局之后，就可以为布局的页面设置指定各种设置，其中包括打印设备设置和其他影响输出的外观和格式的设置。页面设置中指定的各种设置和布局一起存储在图形文件中。用户可以随时修改页面设置中的设置。

实例 9-2　为图形添加页面设置效果

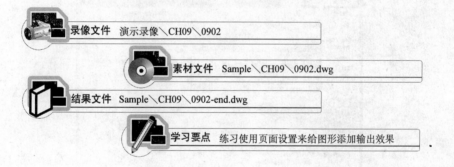

录像文件　演示录像＼CH09＼0902

素材文件　Sample＼CH09＼0902.dwg

结果文件　Sample＼CH09＼0902-end.dwg

学习要点　练习使用页面设置来给图形添加输出效果

操作步骤

1 启动 AutoCAD 2009 中文版，打开图形文件 Sample/CH09/0902.dwg，如图 9-15 所示。

图 9-15

图 9-16

2 选择"文件"→"页面设置管理器"命令，弹出"页面设置管理器"对话框，单击 新建(N)... 按钮，即可打开"新建页面设置"对话框，在该对话框中输入数值名称为"模拟打印"，基础样式为"*模型*"，如图 9-16 所示。

3 单击 确定(0) 按钮，弹出"页面设置—模型"对话框，在"打印机/绘图仪"选项区列表框中选择打印机名称为 DWF6 ePlot.pc3 ，如图 9-17 所示。

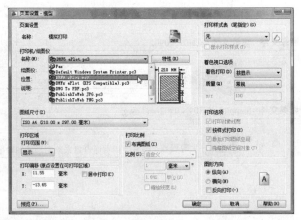

图 9-17

注意

在"页面设置"对话框中选择的打印机或绘图仪决定了布局的可打印区域。此可打印区域通过布局中的虚线表示。如果修改图纸尺寸或打印设备，可能会改变图形页面的可打印区域。

图 9-18

4 在"图纸尺寸"列表框中选择图纸为 ISO A4（210.00×297.00 毫米），如图 9-18 所示。

列表中可用的图纸尺寸由当前为布局所选的打印设备确定。如果配置绘图仪进行光栅输出，则必须按像素指定输出尺寸。通过使用绘图仪配置编辑器可以添加存储在绘图仪配置（PC3）文件中的自定义图纸尺寸。

⑤ 在"打印区域"选项区中设置打印范围为 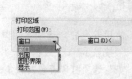，然后切换到绘图窗口中用矩形框选择一个绘图区域作为打印范围，如图 9-19 所示。

图 9-19

"打印区域"中的"显示"选项将打印图形中显示的所有对象；"范围"选项将打印图形中的所有可见对象；"视图"选项将打印保存的视图；"窗口"选项用于定义要打印的区域。

⑥ 在"打印偏移"选项区中用户可以设置打印区域的偏移距离，此处保持默认设置，如图 9-20 所示。

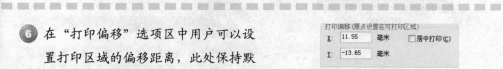

图 9-20

图纸的可打印区域由所选的输出设备定义并通过布局中的虚线来表示。修改输出设备时，可能会修改可打印区域。通过在"x"和"y"偏移框中输入正值或负值，可以偏移图纸上的几何图形。但是，有时这样可能会使打印区域被剪裁。

AutoCAD 2009

图 9-21

7 设置打印比例，取消 □ 布满图纸 (I) 前的复选框，然后选择比例为 1:1，如图 9-21 所示。

 注意

通常按 1:1 的比例打印布局。如果想修改比例的话，用户可以从列表中选择或输入比例。

图 9-22

8 用户还可以设置"打印样式表"和"着色视口选项"，此处使用默认值，如图 9-22 所示。

 注意

使用着色打印选项，用户可以选择使用"按显示"、"线框"、"消隐"还是"渲染"选项打印着色对象集。

图 9-23

9 另外还有打印选项和图纸方向可以供用户来进行详细设置，此处均保持默认值，然后单击 预览 (P)... 按钮预览设置结果，如图 9-23 所示。

 技巧

由图可以看出，设置的效果显示图形位置靠下，导致显示不完整，这时就需要修改打印偏移距离值。

图 9-24

10 关闭预览窗口，返回到"页面设置"对话框，选中 ☑ 居中打印 (C) 前的复选框，然后再单击 预览 (P)... 按钮进行预览，结果如图 9-24 所示。

⓫ 此次预览符合我们的要求，关闭预览窗口，然后单击 确定 按钮返回到"页面设置管理器"对话框中，选中"模拟打印"设置，并单击 置为当前(S) 按钮将该设置置为当前的页面设置，单击 关闭(C) 按钮保存页面设置，保存图形文件为 Sample/CH09/0902-end.dwg。如图 9-25 所示。

图 9-25

9.2　机械图样打印输出

用户在使用 AutoCAD 2009 创建图形以后，通常要打印到图纸上，或者生成一张电子图纸以便在 Internet 上访问。打印的图形可以包含图形的单一视图，或者较为复杂的视图排列。根据不同的需要，用户可以打印一个或多个视口，或者设置相应的选项以决定打印的内容和图形在图纸上的布局。打印时，首先需要进行模型空间和布局空间的设置。

9.2.1　在 AutoCAD 2009 中打印图形

用户可以使用各种各样的绘图仪和 Windows 系统打印机输出图形。如果从"布局"选项卡打印，则 AutoCAD 使用"布局"选项卡上指定的绘图仪。如果从"模型"选项卡打印，则 AutoCAD 使用在"选项"中指定的绘图仪作为默认绘图仪，默认绘图仪由"选项"对话框中的"打印"选项卡指定。

用打印样式替换打印时的对象特征（例如，颜色和线宽），可以修改图形打印时的外观。

在创建布局时，可以查阅所有打印设置并保存图形。当准备打印时，可以从"打印"对话框的"页面设置"选项区"名称"下拉列表框中选择保存过的打印设置。

实例 9-3　打印输出机械图形

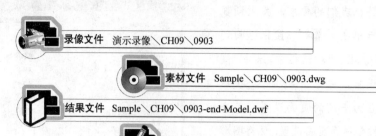

录像文件　演示录像＼CH09＼0903

素材文件　Sample＼CH09＼0903.dwg

结果文件　Sample＼CH09＼0903-end-Model.dwf

学习要点　练习使用打印命令输出图形

操作步骤

图 9-26

① 选择"文件"→"打印"命令，弹出"打印-模型"对话框，在"页面设置"选项卡中选择"模拟打印"选项，其他参数将相应显示"模拟打印"应用的设置，如图 9-26 所示。

② 单击 确定 按钮，弹出"浏览打印文件"对话框，让用户设置保存打印的文件位置，文件默认名称为 0903-end-Model.dwf，如图 9-27 所示。

图 9-27

图 9-28

③ 单击 保存(S) 按钮，弹出"打印作业进度"窗口显示当前打印进度。完成后，在右下角弹出"完成打印和作业发布"气泡，单击即可查看打印和发布的详细信息，如图 9-28 所示。

④ 单击 [关闭] 按钮，然后到保存位置查找刚才打印的文件，即可看到打印结果，如图 9-29 所示。然后保存该图形文件。

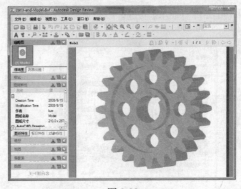

图 9-29

9.2.2 电子打印

用户使用 AutoCAD 的 EPLOT 的特性，可以发布电子图形到 Internet 上，所创建的文件以 Web 图形格式（.DWF）文件保存。也可以使用 Internet 浏览器和 Autodesk 的 WHIP!4.0 插入模块打开、查看和打印 DWF 文件。DWF 文件支持实时缩放和平移，可以控制图层、命名视图和嵌入超链接的显示。

EPLOT 以建议的名称创建一个虚拟的电子打印。画笔指定、旋转和图纸尺寸，所有这些设置都将影响 DWF 文件的打印外观。DWF 以基于矢量的格式创建，通常是压缩的。因此，压缩 DWF 文件打开和传输的速度要比 AutoCAD 图形文件快。

AutoCAD 提供了两个可用来创建 DWF 文件的预配置 EPLOT PC3（打印机配置）文件。用户可以修改这些配置文件，或用"添加打印机"向导创建附加的 DWF 打印机配置。DWF Classic.pc3 配置文件创建的输出文件以黑色图形为背景，DWF EPLOT.pc3 文件创建具有白色背景和图纸边界的 DWF。

按照默认规定，AutoCAD 2009 将根据线宽打印。如果在"图层特性管理器"中没有指定线宽值，则打印图形时，以 0.06 英寸作为所有图形对象的默认线宽。这会导致打印出来的 DWF 文件在 Internet 浏览器中的外观和它们在 AutoCAD 绘图区域中显示的外观很不一样，尤其是在进行缩放操作时。要避免这种情况出现，需要清除"打印"对话框的"打印选项"选项卡的"打印对象线宽"复选框。

打印 DWF 文件的操作步骤如下。

选择"文件"→"打印"命令，显示"打印"对话框。在"打印机/绘图仪"选项区中的"名称"列表框中选择一种 EPLOT 打印机（如 DWF6 ePLOT.pc3），如图 9-30 所示。

该对话框中主要选项说明如下。

● ☑打印到文件(F)

该复选框用于设置是否将图形打印到一个文件。该功能对网络用户，特别是共享一台打印设备时十分有用。如果选择将图形打印到文件，系统会自动生成一个 PLT 格式的与图形

文件同名的文件。此时，读者需要指定打印文件名称和文件存储的位置。

图 9-30

●

单击该按钮，系统将弹出"预览作业进度"对话框，如图 9-31 所示。处理图纸准备以打印出来的样式显示图形，如果要退出打印预览，单击鼠标右键并选择"退出"命令即可。

图 9-31

"打印"对话框中的有关参数设置完成后，单击 确定 按钮，即可在图纸上打印输出需要的图形。

> 注意
>
> 用 AutoCAD 绘制完成的图形，可以打印到图纸或文件上，文件的格式有 PLT 和 DWF 两种，其中，DWF 为电子打印，PLT 为打印文件。PLT 格式的文件可以脱离 AutoCAD 环境进行打印。AutoCAD 可分别在模型空间和图纸空间中进行打印。

9.2.3　批处理打印

AutoCAD 提供了 Visual Basic 批处理打印使用程序，用于打印一系列 AutoCAD 图形。用户可以立刻打印图形，也可以将它们保存在批处理打印文件（BP3）中以供将来使用。批处理打印使用程序独立于 AutoCAD 运行，可以从 AutoCAD 程序组中执行。

在使用批处理打印使用程序打印成批图形之前，应该检查所有必要的字体、外部参照、线性、图层特性和布局的有效性，保证成功地加载和显示图形。

一旦使用批处理打印使用程序创建了打印图形列表，就可以将 PC3 文件附着到每一个图形。如果需要在多台打印机上打印，或需要使用多个打印配置，则应该为每一个需要使用的打印配置保存一个 PC3 文件。没有附着 PC3 文件的图形，其打印效果为开始批处理打印使用程序之前的默认值。

9.2.4　使用脚本文件

AutoCAD 2009 可以创建脚本文件来打印

图形，脚本文件可以指定命名页面设置，或打印图形中的不同视图，AutoCAD 可以读取使用文本编辑器或字处理器创建的文本文件中的脚本。脚本文本文件必须保存为 ASCII 格式，并使用.scr 文件扩展名。

如果现有的脚本是在命令行中打印图形，则可以在新版本中使用 PLOT 命令继续运行脚本，但要确保使用的是早期版本的命令行。

当在 AutoCAD 2009 中创建新的脚本时，必须使用新的 PLOT 命令行。可以任意指定以下变量：布局名称、页面设置名称、输出设备名称和文件名（如果打印到文件）。

9.3 打印样式表

完成了打印机的配置和打印布局的创建后，就开始进入打印图形的最后阶段，在这个阶段，需要定义打印样式，对图形进行打印。

在以前版本的 AutoCAD 中，输出图纸的线条属性和线条宽度、线条颜色和线条连接方式等是由输出设备和图形文件本身共同控制的，用户每次图形输出都需要重新对不同颜色的线宽进行设置。在 AutoCAD 2009 中，这些线条特性成为目标图形的一种属性，就像本书已介绍过的图形的颜色、线型和图层等属性一样，用户在"属性"对话框中可方便地对其进行编辑修改。AutoCAD 2009 提供的这一属性称为打印样式。

通过打印样式表可完成以下几种设置：

- 黑白、灰度、彩色等方式打印（不论图形线条为何色彩）；
- 打印线条的粗细（按颜色或按线条自身宽度）；
- 实心填充样式，如实心、棋盘、交叉等 100%～5%灰度填充；
- 线型、线条连接、线条段点等式样。

打印样式表具有以下几个优点：

- 打印样式有与图形颜色相关或图层图块命名相关两种方式。
  - ➢ 不同的颜色的线条有不同的打印方式；
  - ➢ 不同图层上的物体有不同的打印方式；
  - ➢ 不同图块物体有不同的打印方式；
  - ➢ 甚至针对每个物体都有打印样式特性。
- 通过附着打印样式表到"布局"和"模型"选项卡，可永久保持其打印样式。从 AutoCAD 2000 版本开始，用户喜爱的各种打印样式可以存储起来重复使用，而不需像 AutoCAD R14 版本

那样对每一次打印和每一张图都单独设置，从而不会使图纸随打印日期不同而出现不同的效果；

● 通过附着不同的打印样式表到布局，可以创建不同外观的打印图纸；

● 命名打印样式可以独立于物体的颜色使用。可以给物体指定任意一种打印样式，而不论物体是什么颜色。

9.3.1 创建打印样式

打印样式的特性是在打印样式表中定义的，可以将它附着到"模型"标签和布局上去。每个对象和图层都有打印样式特性，如果给对象指定一种打印样式，然后把包含该打印样式定义的打印样式删除，则该打印样式将不起作用。通过附着不同的打印样式到布局上，可以创建不同外观的打印图纸。

可以通过添加打印样式表向导来创建新的打印样式表，其步骤如下。

操作步骤

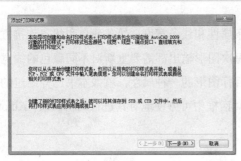

图 9-32

❶ 选择菜单"工具"→"向导"→"添加打印样式表"命令，弹出图 9-32 所示的"添加打印样式表"向导说明。

注意

该向导说明如下：本向导可创建和命名打印样式表，打印样式表包含可指定给 AutoCAD 2009 对象的打印样式，打印样式包含颜色、线型、线宽、封口、直线填充和淡显的打印样式。

图 9-33

❷ 单击 下一步(N) 按钮，弹出图 9-33 所示的"添加打印样式表-开始"对话框。在该对话框中，依据工作的实际需要，选择相应的单选按钮，各按钮含义如下。

● ⊙创建新打印样式表(S)：从头开始创建新的打印样式表。

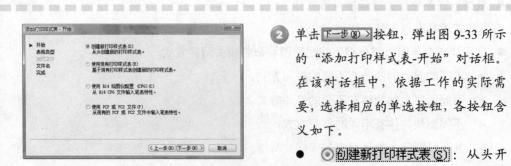

- ○ **使用现有打印样式表(E)**：以已经存在的命名打印样式表为起点，创建新的命名打印样式表，在新的打印样式表中会包含原有打印样式表中的一部分样式。
- ○ **使用 R14 绘图仪配置 (CFG)(C)**：使用 acadr14.cfg 文件中指定的信息创建新的打印样式表。如果要输入设置，又没有 PCP 或 PC2 文件，则可以选择该选项。
- ○ **使用 PCP 或 PC2 文件(P)**：使用 PCP 或 PC2 文件中存储的信息创建新的打印样式表。

③ 选择 ⊙ **创建新打印样式表(S)** 单选按钮，单击 下一步(N) > 按钮，弹出图 9-34 所示的"添加打印样式表-选择打印样式表"对话框。

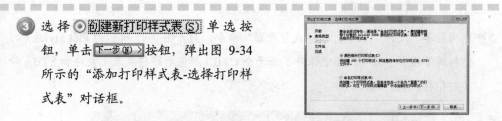

图 9-34

注意

⊙ **颜色相关打印样式表(C)** 是基于对象颜色的，使用对象的颜色控制输出效果；○ **命名打印样式表(M)** 不考虑对象的颜色，可以为任何对象指定任何打印样式。

④ 选择 ⊙ **颜色相关打印样式表(C)**，单击 下一步(N) > 按钮，弹出图 9-35 所示的"添加打印样式表-文件名"对话框，在"文件名"文本框中输入名称"机械相关打印样式"。

图 9-35

注意

在"文件名"文本框中，为所建立的打印样式表指定名称，该名称将作为所建立的打印样式的标识名。

⑤ 单击 下一步(N) > 按钮，弹出图 9-36 所示的"添加打印样式表-完成"对话框。

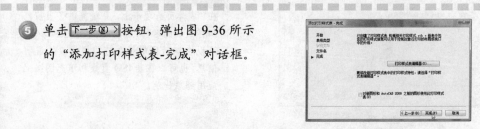

图 9-36

9.3.2 编辑打印样式表

对于已经存在的打印样式表，使用打印样式表编辑器，可以添加、删除和重命名打印样式，并且可以编辑打印样式表中的打印样式参数。

操作步骤

1. 利用菜单"文件" → "打印样式管理器"命令，打开图 9-37 所示的 Plot Styles（打印样式管理器）窗口，其中保存了若干个 CTB（颜色打印样式表）文件和 STB（命名打印样式表）文件。

图 9-37

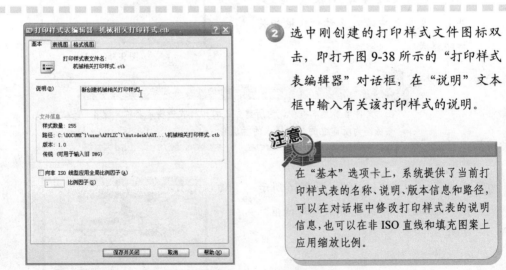

图 9-38

2. 选中刚创建的打印样式文件图标双击，即打开图 9-38 所示的"打印样式表编辑器"对话框，在"说明"文本框中输入有关该打印样式的说明。

注意

在"基本"选项卡上，系统提供了当前打印样式表的名称、说明、版本信息和路径，可以在对话框中修改打印样式表的说明信息，也可以在非 ISO 直线和填充图案上应用缩放比例。

③ 单击 表视图 选项卡，提供了打印颜色、指定的笔号、淡显、线型、线宽、线条端点样式、线条连接样式和填充样式等选项的设置，如图 9-39 所示。

图 9-39

④ 单击 格式视图 选项卡，用户可以在该选项卡下修改打印样式的颜色、特性等，如图 9-40 所示。

图 9-40

 技巧

表视图 和 格式视图 选项卡中指定了相同的修改项目，如果打印样式的数量较少，则使用"表视图"较为方便；如果打印样式的数量较多，则使用"格式视图"进行编辑更为方便。

使用"表视图"进行编辑时，在需要修改的特性上单击，该属性框会弹出下拉列表或者变成输入文本框，可以对其属性值进行修改，如图 9-41 所示。

使用"格式视图"进行编辑的操作相对比较简单，系统在对话框中给出了每一种颜色所要设计的颜色特性，可以对所需要的特性值进行修改，如图 9-42 所示。

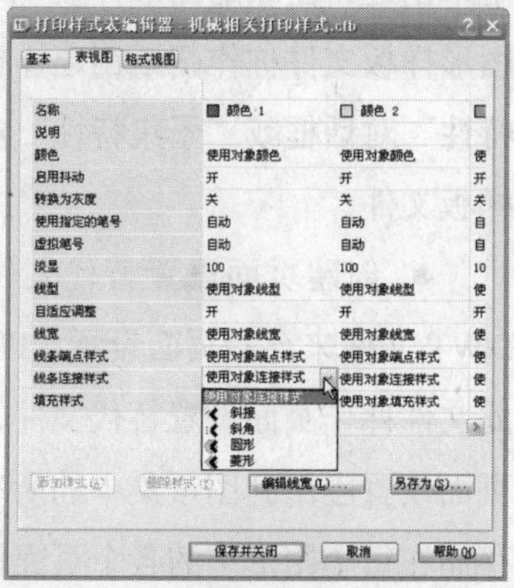

图 9-41

图 9-42

9.4 发布图形

发布提供了一种简单的方法来创建图纸图形集或电子图形集，电子图形集是打印的图形集的数字形式，用户可以通过将图形发布至 Design Web Format 文件来创建电子图形集。

9.4.1 创建和编辑图形集

用户可以使用"创建图纸集"向导来创建图纸集。在向导中，既可以基于现有图形从头开始创建图纸集，也可以使用图纸集样例作为样板进行创建。

指定的图形文件的布局将输入到图纸集中，用于定义图纸集的关联和信息存储在图纸集数据（DST）文件中。

在使用"创建图纸集"向导创建新的图纸集时，将创建新的文件夹 AutoCAD Sheet Sets 作为图纸集的默认存储位置，位于"我的文档"文件夹中。用户可以修改图纸集文件的默认位置，但是建议将 DST 文件和项目文件存储在一起。

DST 文件应存储在网络中所有图纸集用户均能访问的网络位置，并使用相同的逻辑驱动器对其进行映射。强烈建议用户将 DST 文件和图纸图形文件存储在同一个文件夹中。如果需要移动整个图纸集，或者修改了服务器或文件夹的名称，DST 文件仍然可以使用相对路径信息找到图纸。

用户在开始创建图纸集之前，应完成以下任务。

● 合并图形文件：将要在图纸集中使用的图形文件移动到几个文件夹中，这样可以简化图纸集管理。

● 避免多个布局选项卡：要在图纸集中使用的每个图形只应包含一个布局（用作图纸集中的图纸）。对于多用户访问的情况，这样做是非常必要的，因为一次只能在一个图形中打开一张图纸。

● 创建图纸创建样板：创建或指定图纸集用来创建新图纸的图形样板（DWT）文件。此图形样板文件称作图纸创建样板。在"图纸集特性"对话框或"子集特性"对话框中指定此样板文件。

● 创建页面设置替代文件：创建或指定DWT 文件来存储页面设置，以便打印和发布。此文件称作页面设置替代文件，可用于将一种页面设置应用到图纸集中的所有图纸，并替代存储在每个图形中的各个页面设置。

创建图纸集可以使用从图纸集样例和从现有图形文件来创建图纸集两种方式。

在"创建图纸集"向导中，选择从图纸集样例创建图纸集时，该样例将提供新图纸集的组织结构和默认设置。用户还可以指定根据图纸集的子集存储路径创建文件夹。

使用此选项创建空图纸集后，可以单独地输入布局或创建图纸。

在"创建图纸集"向导中，选择从现有图形文件创建图纸集时，需指定一个或多个包含图形文件的文件夹。使用此选项，可以指定让图纸集的子集组织复制图形文件的文件夹结构。这些图形的布局可自动输入到图纸集中。

通过单击每个附加文件夹的"浏览"按钮可以轻松地添加更多包含图形的文件夹。

编辑图纸集可以合并发布到绘图仪、打印文件或 DWF 文件的图纸集合，可以为特定用户自定义图形集，也可以随着项目的进展添加、删除、重排序、复制和重命名图形集中图纸。

可以将图形集直接发布至图纸，或发布至可以使用电子邮件、FTP 站点、工程网站或 CD 进行分发的单个或多个 DWF 文件，可以将合并后待发布的图形集的说明保存在图形集说明（DSD）文件中。

9.4.2　发布电子图形集

用户将图纸合并为一个自定义的电子图形集即可发布 Web 图形格式的电子图形集。电子图形集是打印的图形集的数字形式，它保存为单个的多页 DWF 文件，可以由不同的用户（包括客户、供应商以及公司内部需要这些图形以进行检查或用于其记录的人员）共享。

可以以电子邮件附件的形式发送已发布的电子图形集，也可以通过工程协作站点（例如 Autodesk Buzzsaw）共享电子图形集，或将其发布到网站上。使用 Autodesk DWF Viewer 可以只查看或打印所需的布局，也可以将图形集发布为针对每张图纸的单个单页 DWF 文件。

发布至 DWF 文件时，请使用 DWF6 ePlot.pc3 绘图仪配置文件。用户可以使用安装时选择的默认 DWF6 ePlot.pc3 绘图仪驱动程序，也可以修改配置设置，例如颜色深度、显示精度、文件压缩、字体处理以及其他选项。

发布操作将生成 DWF6 文件，这些文件是以基于矢量的格式创建的（插入的光栅图像内

容除外），这种格式可以保证精确性。可以使用免费的 DWF 文件查看器 Autodesk DWF Viewer 来查看或打印 DWF 文件。DWF 文件可以通过电子邮件、FTP 站点、工程网站或 CD 等形式分发。

注意

修改 DWF6 ePlot.pc3 文件后，所有 DWF 文件的打印和发布都将受到影响。所以在修改原始 DWF6 ePlot.pc3 文件之前，请确保备份该文件的副本，以便在需要恢复默认设置时使用。

发布图形有以下 3 种操作方法。

● 命令：PUBLISH

● 菜单："文件"→"发布"

● 面板："输出"→"发布"→" （发布）"

执行该命令，AutoCAD 会弹出"发布"对话框，如图 9-43 所示。

图 9-43

该对话框包含"要发布的图纸"选项区、"发布选项"等按钮，下面分别予以介绍。

（1）在"要发布的图纸"中，可以设置是否显示"打印戳记"。单击 （打印戳记）按钮，在弹出的"打印戳记"对话框可以指定要应用于打印戳记的图形信息，如图 9-44 所示。

图 9-44

该对话框中包括"打印戳记字段"、"用户定义的字段"、"打印戳记参数文件"和"预览"等几个选项区，各选项区主要选项说明如下。

● 图形名(N)：在打印戳记信息中包含图形名称和路径。

● 布局名称(L)：在打印戳记信息中包含布局名称。

● 日期和时间(D)：在打印戳记信息中包含日期和时间。

注意

日期和时间的格式在 Windows 控制面板中的"区域设置"对话框中确定。打印戳记的日期使用短日期样式。

● 登录名(M)：在打印戳记信息中包含 Windows 登录名（Windows 登录名包含在 LOGINNAME 系统变量中）。

● 设备名(V)：在打印戳记信息中包含当前打印设备名称。

● 图纸尺寸(P)：在打印戳记信息中包含当前配置的打印设备的图纸尺寸。

● 打印比例(S)：在打印戳记信息中包含打印比例。

● 预览：提供打印戳记位置的直观显示（基

于在"高级选项"对话框中指定的位置与方向值)。

注意

不能用其他方法预览打印戳记,这不是对打印戳记内容的预览。

- 用户定义的字段:提供打印时可选作打印、记录或既打印又记录的文字。每个用户定义列表中选定的值都将被打印。例如,用户可能在一个列表中列出介质类型或价格,而在另一个列表中列出工作名。如果用户定义值设置为"无",则不打印用户定义信息。

- 添加/编辑(A):显示"用户定义的字段"对话框,从中可以添加、编辑或删除用户定义的字段。

- 打印戳记参数文件:将打印戳记信息存储在扩展名为.pss 的文件中。多个用户可以访问相同的文件并基于公司标准设置打印戳记。

注意

AutoCAD 提供两个 PSS 文件:Mm.pss 和 Inches.pss(位于 Support 文件夹中)。初始默认打印戳记参数文件名由安装 AutoCAD 时操作系统的区域设置确定。

- 加载(O):显示"打印戳记参数文件名"对话框("标准文件选择"对话框),从中可以指定要使用的参数文件的位置。

- 另存为(E):在新参数文件中保存当前打印戳记设置。

- 高级(C):显示"高级选项"对话框,从中可以设置打印戳记的位置、文字特性和单位,也可以创建日志文件并指定它的位置。

(2)单击 发布选项(O)... 按钮,弹出"发布选项"对话框,如图 9-45 所示。

图 9-45

用户可以在"发布选项"对话框中设置用于发布的选项,如输出文件位置、DWF 类型、多页 DWF 名称选项、DWF 安全(密码保护)以及是否包含图层信息。

修改"发布选项"对话框中的设置后,可以将这些设置保存至 DSD 文件和对话框,以备下次发布图形时使用,也可以只将它们保存至DSD 文件。

完成各操作或设置后,单击 发布(P) 按钮弹出"保存图纸列表"对话框,单击 是(Y) 或 否(N) 按钮确认是否"保存当前图纸列表",如图 9-46 所示。

图 9-46

然后系统弹出"正在处理后台作业"对话框,单击 确定 按钮即可实现对应的发布,如图 9-47 所示。

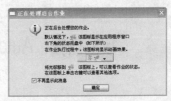

图 9-47

9.4.3　设置发布选项

可以设置用于发布的选项，如输出文件位置、DWF 类型、多页 DWF 名称选项、DWF 安全（密码保护）以及是否包含图层信息等，还可以决定要在已发布的 DWF 文件中显示的信息类型，以下为信息类型的元数据。

- 图纸集特性（必须使用图纸集管理器发布）。
- 图纸特性（必须使用图纸集管理器发布）。
- 块标准特性及块自定义特性和属性。

- 自定义对象中包含的特性。

使用块样板（BLK）文件可确定要在已发布的 DWF 文件中包含的块和特性。使用"块样板"对话框可创建或修改块样板（BLK）文件的设置。还可以使用通过"属性提取"向导创建的 BLK 文件。

在"发布选项"对话框中修改设置后，可以将这些设置保存到图形集说明（DSD）文件中，以便在下次发布图形时重新使用，也可以只将它们保存至 DSD 文件。

9.4.4　三维 DWF 发布

使用三维 DWF 发布，可以创建和发布三维模型的 Design Web Format（DWF）文件。作为 AutoCAD 2009 中的技术预览，3DDWFPUBLISH 命令是所有网络安装中的默认功能，在单机版安装中则是可选功能。

使用三维 DWF 发布，可以生成三维模型的 DWF 文件，它的视觉逼真度几乎与原始 DWG 文件相同。三维 DWF 发布将创建单页 DWF 文件，其中只包含模型空间对象。对三维 DWF 发布功能的访问仅限于命令行交互。但是作为技术预览，存在一些已知的局限性。

三维 DWF 文件的接收者可以使用 Autodesk DWF Viewer 查看和打印它们。

用户通过修改 FACETRES 系统变量的值可以提高三维 DWF 模型的平滑度。3DDWFPUBLISH 有两个专门提高平滑度的FACETRES 设置：9 和 10。这些值将增大 FACETRES 的效果。

 注意

增加 FACETRES 的值可能会使三维 DWF 文件的大小增加。

9.5

技能点拨：AutoCAD 文件与其他文件的数据交换

在 AutoCAD 中绘制和编辑图形时，通过控制图形的显示或快速移动到图形的不同区域，可以灵活地观察图形的整体效果或局部细节。这时利用视口、布局和图纸空间可以方便地实现这些功能。

9.5.1　打印到 DXB 格式

DXB（图形交换二进制）文件格式可以使用 DXB 非系统文件驱动程序。通常用于将三维图形"平面化"为二维图形。

输出与 DXBIN 命令以及随早期版本一起提供的 ADI DXB 驱动程序兼容。DXB 驱动程序和 ADI 驱动程序均有以下限制。

- 驱动程序生成的 10 位整数 DXB 文件仅包含矢量。
- DXB 输出是单色的；所有矢量均为颜色 7。
- 不支持光栅图像和嵌入的 OLE 对象。
- 驱动程序将忽略对象和打印样式线宽。

9.5.2　打印到光栅文件格式

非系统光栅驱动程序支持若干光栅文件格式，包括 Windows BMP、CALS、TIFF、PNG、TGA、PCX 和 JPEG，光栅驱动程序最常用于打印到文件以便进行桌面发布。

除一种格式外的所有由此驱动程序支持的文件格式都产生"无量纲"光栅文件，该文件有像素度量的大小而无英寸或毫米度量的大小。量纲 CALS 格式用于可以接受 CALS 文件的绘图仪。如果绘图仪接受 CALS 文件，则必须指定真实的图纸尺寸和分辨率。在绘图仪配置编辑器的"矢量图形"窗格中以点/英寸指定分辨率。

默认情况下，光栅驱动程序只打印到文件。然而，用户可以在"添加绘图仪"向导的"端口"页上或绘图仪配置编辑器中的"端口"选项卡中选择"显示所有端口"；那么计算机上的所有端口将都可用于配置。配置打印端口时，该驱动程序打印到文件，然后将文件复制到指定端口。要成功打印，请确保与配置端口相连的设备可以接受和处理文件。

光栅文件的类型、大小和颜色深度决定最终的文件大小，光栅文件可以变得非常大，应该仅使用像素量纲和需要的颜色。

用户可以在绘图仪配置编辑器的"自定义特性"对话框中为光栅打印配置背景色，如果改变此背景色，所有以此颜色打印的对象将不可见。

9.5.3　创建 Adobe PostScript 打印文件

使用 Adobe PostScript 驱动程序，可以将 DWG 与许多页面布局程序和存档工具（例如 Adobe Acrobat 可移植文档格式[PDF]）一起使用。

用户可以使用非系统 PostScript 驱动程序将图形打印到 PostScript 打印机和 PostScript 文件。PS 文件格式用于打印到打印机，而 EPS 文件格式用于打印到文件。如果打印到硬件端口，PS 输出将自动进行。如果打印到文件并且要将文件复制到打印机，请用户自行配置为 PS

AutoCAD 2009

输出。

使用绘图仪配置编辑器中的"自定义特性"对话框自定义输出。要显示此对话框，请在"设备和文档设置"选项卡的树状图中选择"自定义特性"。然后在"访问自定义对话框"下单击"自定义特性"按钮。

PostScript 驱动程序支持以下 3 类 PostScript。

● 1 级：用于大多数绘图仪。

● 1.5 级：用于支持彩色图像的绘图仪。

● 2 级：如果绘图仪支持 2 级 PostScript，用于生成可以更快速打印的较小的文件。

"PostScript 自定义特性"对话框中的"标记 PostScript 代码"和"压缩"选项可以减小输出文件的大小并提高打印速度，前提是所用设备支持这些选项。如果打印时出现问题，请清除所有这些选项。如果打印时没有优化，可以试着一次打开一个选项以确定打印机支持的选项。

某些桌面发布应用程序仅支持 1 级 PostScript。如果在使用 EPS 文件时出现问题，请试着降低 PostScript 级别并关闭上面所说的优化设置。

如果 EPS 文件中包含预览略图，则会使文件显著增大，但可以为许多应用程序提供快速预览。WMF 预览用于 Windows，EPSF 预览用于 Macintosh 和其他平台。

当然，也可以将 AutoCAD 图形以 BMP 或 WMF 等格式输出，然后导入 PS。

如果包含两种预览图像，将使文件大小增加两倍。

9.5.4　创建打印文件

用户可以使用任意绘图仪配置创建打印文件，并且该打印文件可以使用后台打印软件进行打印，也可以送到打印服务公司进行打印。

例如，HP-GL 和 HP-GL/2 格式作为过渡格式，用于图例和制造业应用程序、存档以及与各种不同输出设备一起使用。

HP-GL 非系统驱动程序支持 HP-GL（HP 图形语言），HP-GL 是一种广泛使用的笔式绘图仪语言，具有纯矢量功能。HP-GL 设备驱动程序不支持光栅对象。

非系统 HP-GL/2 驱动程序支持各种 HP-GL/2 笔式绘图仪和喷墨打印机。这是通用的 HP-GL/2 驱动程序，此程序没有针对任何特定生产商的设备进行优化。例如，它不像实际的 HP 驱动程序一样将 PJL 命令发送至设备。HP-GL/2 驱动程序支持 HP 之外的制造商生产的旧式笔式绘图仪和新型设备。

第 **10** 章

机械工程图基础

　　工程图样是工程界用来表达设计意图,指导生产和交流技术的重要工具,是工业生产和科技部门的重要技术资料,被人们喻为"工程界的语言"。

　　准确表达机械对象的形状、结构以及尺寸的图形在行业中称为图样。设计者通过图样来描述设计对象,表达其设计意图;制作者根据图样来了解设计需求,并进行加工。在机械工程上常用的图样就是机械的零件图和装配图。

重点和难点

- 机械零件图概述
- 零件图表达方法
- 零件图中的技术要求
- 机械装配图
- 编辑工程图技巧

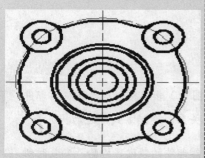

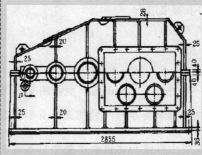

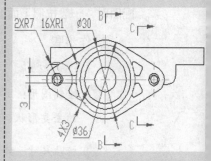

10.1 AutoCAD 绘图步骤

任何机械产品都是由零件装配而成的，对于一些螺栓、螺钉等标准件，可以外购，其余零件则需要按照零件图进行加工制作。零件图是表达零件的结构、形状、大小以及技术要求的一种图样。它是生成中重要的技术文件，也是加工和检验零件的依据。在 AutoCAD 中绘制机械零件时，一般按照下面的步骤来进行。

操作步骤

1 绘制图形：首先在绘图窗口中绘制一组视图，如主视图、剖视图、左视图和断面图等，来正确、清晰和简便地表达出零件的结构和形状。

2 标注零件尺寸：用尺寸标注方法来标注视图中的长度、角度和粗糙度等尺寸大小，并正确、完整、清晰而且合理地表达出零件各部分的大小和相互位置关系等。

3 标注技术参数：用机械绘图中规定的符号、数字或者文字等来表达零件在制造和检验时需要达到的技术要求，比如尺寸的公差、材料的热处理、表面处理等。

4 填写图框标题栏：用规定的格式来表达零件的名称、材料、数量、绘图比例以及绘图人等。

装配图是表达整个机器或机器部件的图样。任何一种机械产品都要绘制装配图，用以表达设计意图，说明工作及结构原理，并且也是装配、运输和使用的重要依据。在 AutoCAD 中绘制装配图时，一般按照下面的步骤来进行。

操作步骤

1 绘制图形：用一组图形（包括视图、剖视图和断面图等）表达整个机器或机器部件的主要形状、结构以及各零件间的相互位置和装配关系、连接方式、运动状况等。

2 标注尺寸：装配图上应该标注出表示整个机器或机器部件的装配、检验、安装时所需要的各种尺寸。

③ 标注技术要求：用文字、数字或符号说明整个机器或机器部件的性能、装配方式、检验和调试等方面的要求。

④ 编写零部件序号，填写明细栏以及标题栏等：装配图应对组成零部件进行编号，并在明细栏中依次填写序号、名称、数量和材料等。标题栏应该包含机器或部件的名称、规格、比例以及图号等。

10.2 机械零件图概述

机械工程中，机械或部件都是有许多相互联系的零件装配而成的，制作机器或部件必须首先制造组成它的零件，而零件图是生产中制造和检验零件的主要图样，因此本章主要通过一些零件图的绘制实例，结合前面学习过的编辑命令和尺寸标注命令，来详细介绍机械工程中零件图的绘制方法、步骤和零件图中技术要求的标注。

10.2.1 零件图内容

零件图是反映设计者意图和生产部门组织生产的重要技术文件，因此它不仅应将零件的内外结构形状和大小表达清晰，而且还要对零件的加工、检验和测量提供必要的技术要求。一张完整的零件图应该包含下列内容。

（1）一组视图：包括视图、剖视图、剖面图、局部放大图等，用以完整、清晰地表达出零件的内外形状和结构。

（2）完整的尺寸：零件图中应该用尺寸标注方法来标注视图中的长度、角度和粗糙度等尺寸大小，并正确、完整、清晰而且合理地表达出零件各部分的大小和相互位置关系等。

（3）标注技术参数：用机械绘图中规定的符号、数字或者文字等来表达零件在制造和检验时需要达到的技术要求，比如尺寸的公差、材料的热处理、表面处理等。

（4）填写图框标题栏：用规定的格式来表达零件的名称、材料、数量、绘图比例以及绘图人等。

10.2.2 零件图分类

在绘制零件图时，应该对零件进行形状结构分析，根据零件的结构特点、用途和主要加工方法，确定零件图的表达方案，选择主视图、视图数量和各视图的表达方法。在机械生产中根据零件的结构形状，大致可以将零件分为以下4类：

（1）轴套类零件——轴、衬套等零件，图10-1所示为轴套的剖视图；

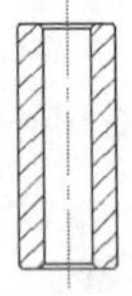

图 10-1

（2）盘盖类零件——端盖、阀盖、齿轮等零件，图10-2所示为阀盖的零件图。

（3）叉架类零件——拔叉、连杆、支座等机械零件，图10-3所示为连杆的零件图。

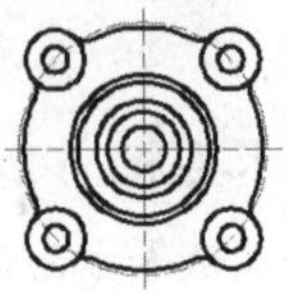

图 10-2

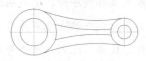

图 10-3

（4）箱体类零件——阀体、泵体、减速器箱体等机械零件，图10-4所示为减速机箱体零件图。

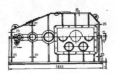

图 10-4

10.2.3　法兰盘的绘制步骤

一张完整的工程图包括零件形状的一组二维图形、确定零件大小的全部尺寸、加工和检验所需要的注释和技术要求以及图框和标题栏。

在绘制计算机绘图时，除了要遵守机械制图国家标准外，应该尽可能地发挥计算机共享资源的优势。以下是零件图的一般绘制过程以及绘图过程中需要注意的问题。

操作步骤

① 确定视图表达方案和工作进程：在绘制零件图之前，应该根据图纸的幅面大小和版式的不同，分别建立符合国家《机械制图》标准的机械图样模板。模板中要包括图纸的幅面大小、图层的分类、文字的样式、标注的样式等。这样在绘制零件图时，就可以直接调用建立好的模板进行绘图，这样有利于提高工作效率。

技巧

建议用户采用 1：1 比例、全剖主视图的方式来绘制。另外为了清楚表达相关视图和便于标注尺寸，需要绘制放大的向视图，拟用 2：1 的比例。

② 新建图形文件：调用已经建好的样板
文件，然后使用 LIMITS 命令设置图
形界限，使用 ZOOM 命令来放大图
纸，然后赋名保存该文件。图 10-5
所示为选择已经创建的样板来新建
图形文件。

图 10-5

③ 绘制图形：使用绘图和编辑命令来绘
制机械零件的主视图，在绘制过程中，
应该根据结构的对称性、重复性等特
征，灵活运用镜像、阵列、多重复制
等编辑操作，来避免重复操作，从而
提高工作效率，如图 10-6 所示。

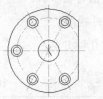

图 10-6

④ 标注零件图的尺寸：绘制完成后，就需要进行尺寸标注。首先，用户需要将标注分
类，可以首先标注线性、角度尺寸、直径以及半径尺寸等。这些操作比较直观、简
单，然后标注带有尺寸公差的尺寸，最后再标注形位公差以及表面粗糙度等，如图
10-7 所示。

由于在 AutoCAD 中没有直接提供表面粗
糙度符号，而且形位公差的标注也存在着
一些不足的地方（如符号不一致）。因此，
用户可以通过建立外部块、外部参照的方
式积累成为用户自定义和使用的图形库，
或者开发进行表面粗糙度和形位公差标
注的应用程序，以达到标注这些技术要求
的目的。

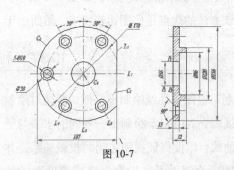

图 10-7

⑤ 创建布局：设置布局页面、插入图框和标题栏、创建向视图的视口和设置 2:1 的
比例、添加注释。

⑥ 保存图形文件。

10.3 零件图表达方法

从前面可以得知，零件图中包含一组视图，因此绘制零件图即是绘制零件图中的各种视图，并且视图应该布局匀称而且美观，符合机械绘图中的投影规律，即"主视图和俯视图长对正，俯视图和左视图宽相等，主视图和左视图高平齐"的规律。

绘制零件图的方法有很多种，但机械绘图中有比较常用的几种方法，读者灵活地使用可以快捷方便地绘制各种零件视图。

下面简要介绍这几种方法。

10.3.1 坐标定位法

坐标定位法即通过给定视图汇总各点的准确坐标值来绘制零件图的方法。在绘制一些大而复杂的零件图时，为了将视图布置得均匀而且美观，并符合绘图投影规律，经常需要应用该方法绘制出作图基准线，确定各个视图的位置，然后再综合运用其他方法绘制完成图形。如图 10-8 所示。

该方法的优点是作图比较精确，然而由于该方法需要计算各点的精确坐标，因此相对来说比较费时。

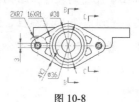

图 10-8

10.3.2 利用绘图辅助线

利用绘图辅助线绘制零件图，即通过绘制构造线命令 **XLINE**，绘制出一系列的水平与竖直辅助线，以便保证视图之间的投影关系，并结合图形绘制以及编辑命令完成零件图的绘制，如图 10-9 所示。

图 10-9

技巧

除了以上两种方法外，用户还能利用 AutoCAD 的"对象捕捉功能"来捕捉跟踪需要绘制的对象，同样可以保证零件图中视图的投影关系来绘制零件图。

10.4

零件图中的技术要求

零件图中除了基本的尺寸标注外，还需要另外标注表面粗糙度以及尺寸公差和形位公差等。

10.4.1　表面粗糙度

一个规范的图形中，技术要求除了文字描述外，还有表面粗糙度等。标注表面粗糙度使用的是粗糙度符号，因为经常使用，所以将粗糙度也转换为块和属性。

我国《机械制图》国家标准规定了 9 种表面粗糙度的符号，由于在 AutoCAD 中没有提供表面粗糙度符号，因此可以采用将表面粗糙度符号定义为带有属性的块的方法来创建表面粗糙度符号。

表面粗糙度符号，是采用相对坐标来绘制 3 条直线来表示的，绘制方法如下。

AutoCAD 2009

操作步骤

① **绘制粗糙度符号**
使用直线命令、对象捕捉、极轴捕捉功能来绘制粗糙度符号，结果如图 10-10 所示。

图 10-10

② **定义表面粗糙度符号的属性**
由于不同的材料表面粗糙度不同，可以采用定义属性的方法附加一个标签在块上，插入时根据实际需要输入不同的属性值。选择"绘图"→"块"→"属性定义……"命令，弹出"属性定义"对话框，在"属性"选项区输入相应的值，并将"插入点"设置为粗糙度符号左顶点。
使用定义属性命令，来对粗糙度符号进行属性定义。"属性定义"对话框如图 10-11 所示。
定义完属性的粗糙度符号如图 10-12 所示。

图 10-11

图 10-12

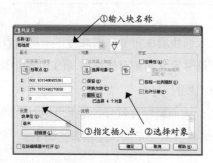

图 10-13

图 10-14

③ 创建表面粗糙度图块

定义完属性，将粗糙度符号也转换为块，以便于以后应用。将带有属性的粗糙度符号定义为图块。

选择"绘图"→"块"→"创建(M)……"命令，弹出"定义块"对话框如图 10-13 所示。

定义完图块后，用户还可以将该图块定义为外部块，这样当其他图形需要插入粗糙度属性时，即可以直接调用。

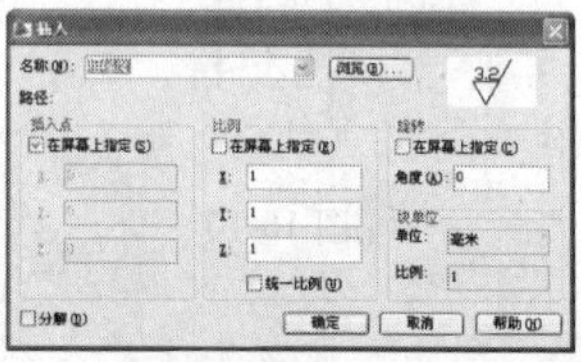

④ 插入粗糙度图块

使用插入块命令，即可将该图块插入到合适的位置，属性值可以根据需要在命令行输入。图 10-14 所示为"插入"对话框。

10.4.2 尺寸公差

零件图中有许多尺寸需要标注尺寸公差，如果在设置尺寸标注样式时，在"标注样式管理器"中的"公差"选项卡中设置了公差尺寸，则所有尺寸标注数字均将被加上相同的偏差数值。因此，在创建模板文件时，标注样式中的公差样式为"无"。为了标注出带公差的尺寸，用户可以直接使用以下几种方法。

（1）在文字工具栏单击 A₂ 按钮。

（2）使用命令"DDEDIT"更改。

（3）使用对象特性对话框公差选项栏来更改。

用户可以参看后面的实例章节来学习，这儿不再详细讲解。

10.4.3　公差与配合在零件图上的标注

零件图中形位公差的标注可以采用以下两种方法进行。

（1）选择工具条上形位公差按钮"⊞"。

（2）在命令行输入"_TOLERANCE"。

公差与配合在零件图上的标注。

在零件图上线性尺寸的公差有 3 种标注形式：(a)只标注公差带代号；(b)只标注上、下偏差；(c)同时标注上、下偏差和公差带代号，但偏差值用括号括起来，如图 10-15 所示。

标注偏差数值时，偏差数值的数字应略小于尺寸数字，下偏差应与基本尺寸注于同一底线上。上偏差注在下偏差的上方。上、下偏差的小数点必须对齐，小数点的位数必须相同。如图 10-16 所示。

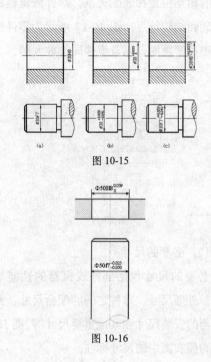

图 10-15

图 10-16

10.5

机械装配图

装配图是表达机器或部件的工作原理和装配连接关系的图样。任何一种机械产品都要绘制装配图，用以表达设计意图、说明工作及结构原理，并且也是装配、运输和使用的重要依据。使用和维修机器时，也往往需要通过装配图来了解技巧的构造等。因此，装配图在生产中起着非常重要的作用。

10.5.1　零件装配图说明

一幅完整的装配图，一般包括以下部件：　一组视图、必要的尺寸标注、说明装配检测和

安装以及维修的技术要求、零部件的编号、明细表和标题栏。

（1）一组视图

装配图由一组视图组成，用以表达各组成零件的相互位置和装配关系，部件或机器的工作原理和结构特点。图 10-17 所示为零件图的主视图和俯视图，以及零件局部放大图。

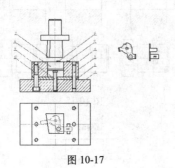

图 10-17

（2）必要的尺寸

必要的尺寸包括部件或机器的性能规格尺寸、外形尺寸、零件之间的配合尺寸、部件或机器的安装尺寸和其他重要尺寸等。图 10-18 所示为俯视图中的尺寸标注。

（3）技术要求

说明部件或机器的装配、安装、检验和运转的技术要求，一般用文字写出。图 10-19 所

示为对该零件加工时的技术要求说明。

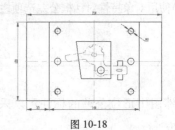

图 10-18

技术要求

1．调质处理：28~32HRC；
2．未注尺寸公差按GB/T 1804-2000中的f级执行；
3．未注形状和位置公差按GB/T 1184-1996中的E级执行。

图 10-19

（4）零部件序号、明细栏和标题栏

在装配图中，应对每个不同的零部件编写序号，并在明细栏中依次填写序号、名称、件数、材料和备注等内容。标题栏与零件图中的标题栏相同。图 10-20 所示为添加零件明细表和标题栏。

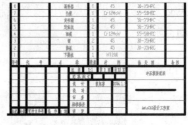

图 10-20

10.5.2 装配图特殊绘制方法

除了正常绘制方式外，装配图还有以下几种特殊的表达方法。

● 沿结合面剖切或拆卸画法：在装配图中，为了表达部件或机器的内部结构，可以采用沿结合面剖切画法，即假想沿某些零件的结合面剖切，此时，在零件的结合面上不画剖面线，而被剖切的零件一般都应画出剖面线。

注意

在装配图中，为了表达被遮挡部分的装配关系或其他零件，可以采用拆卸画法，即假想拆去一个或几个零件，只画出所要表达部分的视图。

● 假想画法：为了表示运动零件的极限位置，或与该部有装配关系但又不属于该部件的其他相邻零件（或部件），可以用双点划线画出其轮廓。

● 夸大画法：对于薄片零件、细丝弹簧、微小间隙等，若按它们的实际尺寸在装配图中很难绘制出或难以明显表示时，均可不按比例而采用夸大画法绘制。

● 简化画法：在装配图中，零件的工艺结构，如圆角、倒角、推刀槽等可不画出。对于若干相同的零件组，如螺栓连接等，可详细地画出一组或几组，其余只需要用点划线表示其装配位置即可。

10.5.3　装配图零部件的编写原则

为了便于读图和图样管理，以及做好生产准备工作，装配图中所有零部件都必须编写序号，且同一装配图中相同零部件只编写一个序号，并将其填写在标题栏上方的明细栏中。

1. 序号编写的一般形式

装配图中的序号一般用引线标注，也可以用引线画好线后单独添加文字，将文字的大小和位置调到合适的位置。

2. 编写序号的注意事项

● 指引线相互之间不能相交，不能与剖面线平行，必要时可以将指引线画成折线，但是只允许曲折一次。

● 序号应按照水平、垂直方向或顺时针（或逆时针）方向排列整齐，并尽可能地均匀分布；一组紧固件及装配关系清楚的零件组，可采用公共指引线。

● 装配图中的标准化组件（如滚动轴承、

电动机等）可看成一个整体，只编写一个序号；部件中的标准件可以与非标准件同样地编写序号，也可以不编写序号，而将标准件的数量与规格直接用指引线表明在图中。

3. 公差与配合在装配图上的标注

在装配图上一般只标注配合代号，配合代号用分数表示，分子为孔的公差带代号，分母为轴的公差带代号。对于轴承等标准件与非标准件的配合，则只标注非标准件的公差带代号。如轴承内圈内孔与轴的配合，只标注轴的公差带代号，外圈的外圆与箱体孔的配合，只标注箱体孔的公差带代号，如图 10-21 所示。

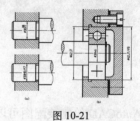

图 10-21

10.5.4　机械装配图的绘制步骤

装配图的绘制步骤和零件图的类似，但又有其自身的特点，下面简单介绍一下装配图的绘制步骤。

操作步骤

1　建立模板：在绘制装配图之前，同样需要根据图纸幅面大小和版式的不同，分别建立符合《机械制图》国家标准的机械图纸样板。模板中包括图纸的大小、图层、文字样式、尺寸标注样式等，这样在绘制装配图时，就可以直接使用建立好的模板进行绘图，有利于提高用户的效率。

② 创建零件块：和绘制零件图相似。绘制装配图时，首先创建装配图中需要的各种零件图块。

③ 将零件图块组装成装配图：使用设计中心、在位编辑器等编辑零件图块，然后绘制完成装配图。

④ 创建装配图布局：只需标注必要的尺寸。在图纸空间标注尺寸，标注样式中各选项的设置不变。

⑤ 编写零部件序号：用快速引线标注命令 QLEADER 绘制编写序号的指引线以及标注序号。

⑥ 创建明细表、填写标题块：填写标题栏和明细栏，标注详细的技术要求。

⑦ 保存图形文件：赋名保存绘制完成的图形文件。

10.6 装配图的绘制方法

利用 AutoCAD 绘制装配图可以采用以下几种方法：零件图块插入法、零件图形文件插入法、根据零件直接绘制以及利用设计中心来绘制装配图等方法。

除了对于一些比较简单的装配图，可以直接利用 AutoCAD 的二维绘图和编辑命令，按照装配图的绘制步骤将其绘制出来外，一般都是用图块插入法和图形插入法。

10.6.1 图块插入法

所谓图块插入法，即是将组成部件或机械的各个零件的图形先创建为图块，然后再按零件间的相互位置关系，将零件图块逐个插入到当前图形中，绘制出装配图的一种方法。

主要分为两个步骤，即绘制零件图和创建零件图块。

操作步骤

① 绘制零件图

用各种绘制和编辑命令绘制零件图，并标注文字和尺寸。在绘制零件图时，需要注意以下 3 个问题。

- 尺寸标注：由于装配图中的尺寸标注和零件图不同，因此如果只是为了绘制装配图，则可以只绘制出图形，而不必标注尺寸；如果既要求绘制出装配图，又要求绘制出零件图，这可以先把完整的零件图绘制出来并保存，然后将尺寸层关闭创建图块。

- 剖面线的绘制：由于在装配图中，两个相邻的剖面线方向要相反或者方向相同但间隔不等，因此，在将零件图块绘制成装配图后，剖面线必须符合装配图中的规定。如果有的零件图块中剖面线的方向难以确定，则可以先不绘制出剖面线，等绘制完成装配图后，再按要求补画出剖面线来。

- 螺纹的绘制：如果零件图中有内螺纹和外螺纹，则绘制装配图时还需要加入螺纹连接件，由于螺纹的连接画法和单个螺纹的绘制不同。表示螺纹大、小径的粗细线发生变化，剖面线也要重画。因此，为了绘图方便，零件图中的剖面线以及螺纹均可以先不绘制，等绘制完成装配图时，再按螺纹连接的规定画法将其补画出来。

② 创建零件图块

创建零件图块时，建议用户遵循以下两个步骤。

- 用插入命令来插入创建好的零件图块。

- 检查绘制完成的装配图，将被遮掩的多余图线删除，并绘制剖面线。需要注意的是，图块插入后为一个整体，因此，在对其进行编辑之前，必须要先用分解命令将其分解开来。

10.6.2　图形插入法

由于在 AutoCAD 2009 中，图形文件可以用插入块命令，在不同的图形中直接插入，因此，可以用直接插入零件图的方式来绘制装配图。该方法和零件图块插入法极其相似，不同的是此时插入基点为零件图形的左下角坐标（0，0），这样在绘制装配图时就无法准确地确定零件图形在装配图中的位置。为了使图形插入时能准确地放到重要的位置，在绘制完成零件图形后，应该

AutoCAD 2009

首先定义基点命令 BASE，设置插入基点，然后再进行保存文件，这样在用插入块命令将图形文件插入时，就以一定的基点作为插入点即可插入，从而完成装配图的绘制。

10.7 技能点拨：编辑工程图的技巧

进行以上基本的绘图设置后，就可以比较方便地绘图，还可以不断尝试进行各种设置，直至找到最适合自己需要的环境。

10.7.1 工程图变更时的处理方法

工程图绘制完成后，若遇变更，则务必在 CAD 的原始图形中修改，并应在图中修改处作变更符号，绝对不能直接在打印机描图纸上修改。修改后，应重新打印，并换发已更改过的新图。如果更改的范围很广，那么可将原图注明作废，并另绘新图代替，同时将新旧图号分别标于标题栏图号下方，在新图中注明"以本图代 xx"和"以 xx 代本图"等字样。

图形修改后，一般都应在标题栏中注明附加变更记录，以记录简短的变更意见。同时，记录和图上变更部分所用的变更记号也必须相同，以方便对照。

当有部分图形作废时，将该部分图形以 45°的平行细线填充。变更尺寸时，将变更数值用双划线划去，在其旁边标注新尺寸。

10.7.2 第一角法和第三角法

在国际间的技术交流中，常常会遇到第三角法的图纸，下面对第三角法作一简要介绍。

三个互相垂直的平面将空间分为 8 个分角，分别称为第 I 角、第 II 角、第 III 角……如图 10-22 所示。

第一角法是将机件置于第 I 角内，使机件处于观察者与投影面之间（即保持人→物→面的位置关系）而得到正投影的方法。我们以前讨论的投影画法都是第一角法。

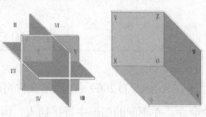

图 10-22

第三角法是将机件置于第 III 角内，使投影面处于观察者与机件之间（即保持人→面→物的位置关系）而得到正投影的方法。这种画法是把投影面假想成透明的来处理。顶视图是从机件的上方往下看所得的视图，把所得的视图就画在机件上方的投影面（水平面）上。前视图是从机件的前方往后看所得的视图，把所得的视图就画在机件前方的投影面（正平面）上。其余类推，如图 10-23 所示。

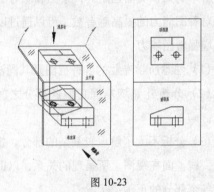

图 10-23

第一角法的投影面展开方式及视图配置，如图 10-24 所示。

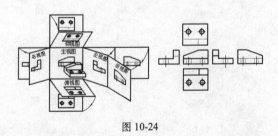

图 10-24

第三角法的投影面展开方式及视图配置，如图 10-25 所示。

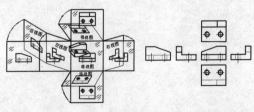

图 10-25

仔细比较两种画法便可看出，虽然两组基本视图配置位置有所不同，但各组视图都表达了机件各个方向的结构和形状，每组视图间都存在着长、宽、高 3 个方向尺寸的内在联系和机件上各结构的上下、左右、前后的方位关系。这里将两种画法的投影规律总结如下。

（1）两种画法都保持"长对正、高平齐、宽相等"的投影规律。

（2）两种画法的方位关系是："上下、左右"的方位关系判断方法一样，比较简单，容易判断。不同的是"前后"的方位关系判断，第一角法，以"主视图"为准，除后视图以外的其他基本视图，远离主视图的一方为机件的前方，反之为机件的后方，简称"远离主视是前方"；第三角法，以"前视图"为准，除后视图以外的其他基本视图，远离前视图的一方为机件的后方，反之为机件的前方，简称"远离主视是后方"。可见两种画法的前后方位关系刚好相反。

（3）根据前面两条规律，可得出两种画法的相互转化规律：主视图（或前视图）不动，将主视图（或前视图）周围上和下、左和右的视图对调位置（包括后视图），即可将一种画法转化成另一种画法。

另外，ISO 国际标准中规定，应在标题栏附近画出所采用画法的识别符号。第一角法的识别符号如图 10-26（a）所示，第三角法的识别符号为如图 10-26（b）所示。我国国家标准规定，由于我国采用第一角法，因此，当采用第一角法时无需标出画法的识别符号；当采用第三角法时，必须在图样的标题栏附近画出第三角法的识别符号。

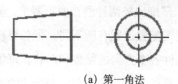
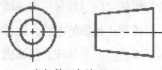

（a）第一角法   （b）第三角法

图 10-26

10.7.3 机械看图的原则

　　机械看图是绘制各类工程图技术人员必须要掌握的技能。看图的重点在于正交视图的阅读，视图所需的能力和用户对投影原理的了解有很大关系。

　　学习看图的方法就是如何去画这个物体，因为在看图的过程中，必须先对图中的细节和组成部分逐一了解，当心中对整个图具备完整的概念后，再将各个部分连接起来，就能熟练地了解整个建筑物的形状。增强看图能力，除了对所学的知识灵活运用外，绘图和练习的越多，对看图能力的提高越有益。可以通过以下几点增强看图能力：

　　（1）熟悉所学专业的各种视图及其画法；

　　（2）分析并熟练掌握它们各部分之间的关系；

　　（3）分析不太了解或较复杂的部分，找出各点、线、面在视图上所呈现的关系，以助于研究各个部分的正确形状。

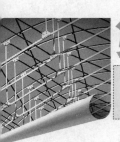

第3部分

综 合 实 战

学习完前面两部分后，用户应该对使用 AutoCAD 2009 进行机械设计绘图的方式和高级技巧等有了更深的了解！

本部分是在前两部分学习并掌握的基础上，根据 AutoCAD 绘图特点和国家机械标准来进行设计的 5 个代表性实例：机械轴测图、平面图、零件图、装配图以及三维视图的绘图应用。通过这 5 个综合实例来贯穿全书的章节内容，从新建文件、绘图、编辑到添加图块，以及标注文字和尺寸等功能在这几个视图中的应用，让用户轻松地掌握运用 AutoCAD 2009 绘图的要点，并知晓其在各部分的位置和功能。

这 5 个综合实战也能顺利完成以后，要再回头用心翻阅一下本书，找出自己以前学习过程中，哪些问题当时没有彻底弄明白、为什么，然后再总结一下学习效果。这些都弄清楚以后，您的机械绘图水平肯定有一个大的飞跃，也相信本书会给您的学习或工作带来更多的便利。

最后，为了使更多的人从您的学习过程中受益，别忘了发邮件、登录网站或 QQ 群中和我们分享您的得与失！

E-mail：editor.liu@gmail.com

http://www.fr-cad.net

QQ 群：16190321、18990499、9843746（CAD/CAM/CAE 应用方向）

友情提示：本部分的内容是以机械设计各方面均处于理想化的基础上，抽取最重要的模型来经过适当简化而完成的，不代表真实的案例原型！

第11章

机械轴测图——零件等轴测图的绘制

工程上通常用多面正投影图来表达物体，每个视图表达物体一面的形状，绘制出来的图形不变形。但是这种方法绘制的图形缺乏立体感，没有一定读图基础的人不那么容易看得懂。

这时，就引入了轴测图这个能表达物体的视图方式，它能改变物体和投影面的相对位置，在一个视图上能同时反映 3 个向度的形状，绘制出来的图形具有立体感。

等轴测图作为机械设计中的辅助图样，它不仅在机械的制造和安装过程中起到了很重要的作用，同时也是三维建模的一个重要基础，同时，学习绘制轴测图有助于提高看图和绘图的能力。

重点和难点

- 等轴测图设置
- 机械轴测图
- 形体等轴测图

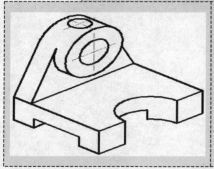
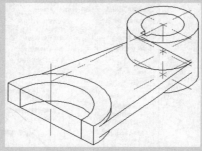
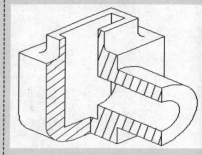

11.1 等轴测绘图环境的设置

等轴测图是二维空间下的立体图形，它与三维图形是不一样的，要正确地绘制出轴测图，首先在绘制之前必须对绘图环境进行设置。

11.1.1 设置等轴测模式

绘制等轴测图形时，首先需要在绘图环境中设置等轴测模式。

操作步骤

① 启动 AutoCAD 2009 中文版，以前面章节保存的"机械标注"为基础样板新建一个图形文件。

该样板中包含了对应机械绘图的各种设置，包括文字、尺寸标注等。

② 选择"工具"→"草图设置"命令后，在弹出的"草图设置"对话框中，选择 **捕捉和栅格** 选项卡，然后选中"捕捉类型"选项区中的 ◉ **等轴测捕捉 (M)** 单选按钮，如图 11-1 所示。

除了使用命令外，用户还可以在状态栏上右击"捕捉"选项，在弹出的快捷菜单中选择"设置"命令来调出"草图设置"对话框。

图 11-1

③ 切换到 极轴追踪 选项卡, 选中☑启用极轴追踪 (F10) (P) 复选框, 在 "极轴角设置" 选项区 中, 设置 "增量角" 为 30°; 在 "对 象捕捉追踪设置" 选项区 中, 选中 ◉用所有极轴角设置追踪 (S) 单选按钮, 如图 11-2 所示。

图 11-2

④ 单击对话框上的 [确定] 按钮完成图形的选择。

⑤ 在状态栏上, 打开 "极轴"、"对象捕 捉" 和 "对象追踪" 按钮。设置完成 后, 将该图形保存为 "等轴测图.dwt" 图形样板文件。

按<F5>键, 十字光标的样式将在 "等轴 测平面上"、"等轴测平面右" 和 "等轴 测平面左" 视图界面之间切换。

11.2 机械轴测图

多面正投影图能完整、准确地反映出物体的形状和大小, 且度量性好、作图简单, 但立体感不强, 只有具备一定识图能力的人才能看懂。有时工程上还需要采用一种立体感较强的图, 这种能同时反映物体长、宽、高 3 个方向形状的富有立体感的图即为轴测图。

轴测图可以让用户更加方便地观察图形, 它具有如下特点。

(1) 没有体积、不能着色。

(2) 用户可以使用三维动态观察器查看, 和立体图有明显的差别。

(3) 立体图可以转轴测图, 而轴测图不能转立体图。

绘制轴测图有以下几种方法。

11.2.1 投 影 法

几何学是机械制图的基础，它提供了一种基本的表达物体形状的方法——投影法。

1．投影的概念

当物体受到光线的照射时，会在地面或墙上产生影子。人们根据这一现象，经过几何抽象创造了投影法，并用它来绘制工程图样。

假设空间有一平面 P 和不在面上的一点 S，在 S 和 P 之间置一物体 ABC，连接 S 与 ABC 并延长交平面 P 于 abc。我们称 S 为投射中心，SA、SB、SC 为投射线，平面 P 为投影面，abc 为物体 ABC 在投影面 P 的投影，如图 11-3 所示。投影三要素即投影线、投影面、投影。

2．投影法分类

常用的投影法有两大类：中心投影法和平行投影法。

根据投射方向与投影面所成角度不同，平行投影法又分为斜投影法和正投影法。

● 中心投影法：投影线是一束由一点发出的投影线，如图 11-4（a）所示。

● 平行投影法：投影线是一束互相平行的投影线，如图 11-4（b）、（c）所示。

● 斜投影法：投影线与投影面倾斜，如图 11-4（b）所示。

● 正投影法：投影线与投影面垂直，如图 11-4（c）所示。

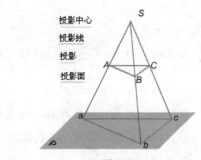

图 11-3

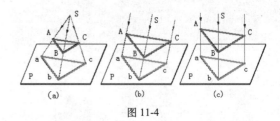

图 11-4

11.2.2 轴测投影概述

轴测投影属于一种单面平行投影，用轴测投影法绘出的图称为轴测投影图。其突出的优点是具有较强的直观性。

1．轴测投影的形成

用平行投影法将物体连同确定该物体的直角坐标系一起沿不平行于任一坐标平面的方向投射到一个投影面上，所得到的图形叫做轴测投影，简称轴测图。

投影面 P 称为轴测投影面；投射线 S 的方向称为投射方向。

空间坐标轴 ox、oy、oz 在轴测投影面上的投影 O1X1、O1Y1、O1Z1 称为轴测投影轴，简称轴测轴，如图 11-5 所示。

2．轴测投影的基本性质

（1）空间平行两直线，其投影仍保持平行。

（2）空间平行于某坐标轴的线段，其投影长度等于该坐标轴的轴向伸缩系数与线段长度的乘积。

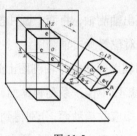

图 11-5

3．轴测投影的种类

轴测投影主要分为两类，即正轴测投影和斜轴测投影。

- 正轴测投影：投射方向垂直于轴测投影面。
- 斜轴测投影：投射方向倾斜于轴测投影面。

其中正轴测投影又可以分为 3 类。

- 正等轴测投影：$p=q=r$。
- 正二等轴测投影：$p=r\neq q$。
- 正三轴测投影：$p\neq q\neq r$。

其中 p、q、r 代表长、宽、高。

轴向变形系数：$p=q=r\approx0.82$，如图 10-6 左所示。

实际作图常采用简化轴向伸缩系数：

$$p=q=r=1$$

用简化系数画出的正等轴测图约放大了 $1/0.82\approx1.22$ 倍，如图 11-6 右所示。

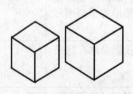

图 11-6

正等测轴测投影的轴间角均为 120°，如图 11-7 所示。

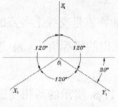

图 11-7

由投影图绘制正轴测投影图轴测图时，应注意以下几点。

（1）看懂投影图，并进行形体分析。

（2）确定坐标原点位置。一般定在物体的对称轴上且放在顶面或底面比较有利，然后画出轴测轴。

（3）优先确定物体在轴测轴上的点和线的位置，并运用平行投影特性作图，非投影轴平行线，不可直接测量。一般由上而下逐步完成，不可见部分，一般省略不画。

4．轴侧轴的位置和轴向变形系数

在图 11-5 所示中，O1X1、O1Y1、O1Z 为轴测轴，轴测轴之间的夹角称作轴间角。轴测单位长度与空间坐标单位长度之比，称为轴向变形系数。

沿 O1X1 轴的轴向变形系数：p =O1A1/OA

沿 O1Y1 轴的轴向变形系数：q =O1B1/OB

沿 O1Z1 轴的轴向变形系数：r =O1C1/OC

显然，轴间角的大小和轴向变形系数，随坐标轴 *ox*、*oy*、*oz* 对平面 P 的倾斜程度及轴测投影的方向 S 的不同而有所不同。

11.2.3　轴测图上的交线画法

以上介绍了轴测图的概念和分类，下面讲解轴测图上的交线绘制方法以及如何剖切。

1．辅助平面法

辅助平面法即运用辅助平面求得交线上

的一系列点。

2．坐标法

坐标法的特点是交线上各点的轴测投影，均按投影图示出的坐标值(x,y,z)逐点作出，然后光滑连接。

绘制图 11-8 所示的两相交圆柱的正等轴测图。

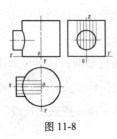

图 11-8

绘制简要步骤如下：

（1）画出轴测轴，将两个圆柱按正投影图所给定的相对位置画出轴测图；

（2）用辅助面法求作轴测图上的相贯线，首先在正投影图中作一系列辅助面，然后在轴测图上作出相应的辅助面，分别得到辅助交线，辅助交线的交点即为相贯线上的点，连接各点即为相贯线；

（3）去掉作图线，加深，完成全图，如图 11-9 所示。

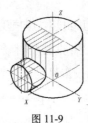

图 11-9

11.2.4　平行投影的知识

所谓平行投影，就是以平行光的方式来照射一物体，该物体的投影就成为平行投影。它具有以下几种特性，见表 11-1。

表 11-1　　　　　　　　　平行投影的特性

特　性	说　明	备　注
	类似性：在一般情况下，点的投影仍为点。直线的投影仍是直线。平面图形的投影仍为原图形的类似图形	
	从属性不变：点在一条直线上，点的投影必然在这条直线的同面投影上	
	简单比不变：直线 AB 上点 C 分 AB 为两段 AC 和 CB，AC：CB=ac：cb	
	平行性不变：空间两直线平行，则两直线上的投影平行	
	实形性：平行于投影面的直线，其投影反映直线的实长	平行于投影面的平面，其投影反映平面的实际大小

续表

特　性	说　明	备　注
	积聚性：直线与投影面垂直时，直线在该投影面上的投影积聚为一点。平面与投影面垂直时，其在该投影面上的投影积聚为一条直线	

11.3

绘制形体的等轴测图

11.3.1　支架等轴测图的绘制

支架等轴测图主要由座板、支撑板和圆筒 3 部分组成。在绘制形体等轴测图的过程中，可以根据形体的具体结构采用适当的绘制方法。

操作步骤

① 启动 AutoCAD 2009 中文版，以前面保存的"等轴测图.dwt"样板文件作为基础样板来新建图形文件。

② 将"粗实线"层设置为当前层。

③ 单击 ⃗ （直线）按钮，绘制形体左面的凹字形轮廓线，AutoCAD 提示：

```
命令: _line 指定第一点:
指定下一点或 [放弃(U)]: 20          //指定 A 点
指定下一点或 [放弃(U)]: 60          //指定 B 点
指定下一点或 [闭合(C)/放弃(U)]: 20   //指定 C 点
指定下一点或 [闭合(C)/放弃(U)]: 14   //指定 D 点
指定下一点或 [闭合(C)/放弃(U)]: 8    //指定 E 点
指定下一点或 [闭合(C)/放弃(U)]: 32   //指定 F 点
指定下一点或 [闭合(C)/放弃(U)]: 8    //指定 G 点
指定下一点或 [闭合(C)/放弃(U)]: c    //按<Enter>键
```

结果如图 11-10 所示。

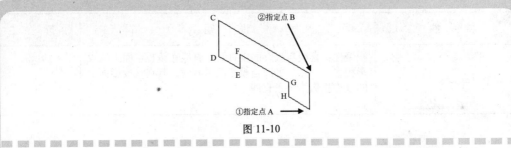

图 11-10

④ 按<Enter>键继续使用"直线"命令，利用捕捉功能，捕捉凹字形轮廓线的一个端点，向右上侧绘制一条长为 72 的棱线，AutoCAD 提示：

```
命令：_line 指定第一点：          //指定点 B
指定下一点或 [放弃(U)]：72
指定下一点或 [放弃(U)]：
```

结果如图 11-11 所示。

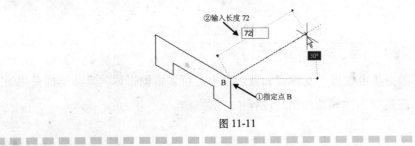

图 11-11

⑤ 单击 🔲 （复制）按钮，绘制左侧的棱线，AutoCAD 提示：

```
命令：_copy
选择对象：找到 1 个              //选择上一步绘制的对象
选择对象：
当前设置：复制模式 = 多个
指定基点或 [位移(D)/模式(O)] <位移>：         //指定点 B
指定第二个点或 <使用第一个点作为位移>：         //指定点 C
指定第二个点或 [退出(E)/放弃(U)] <退出>：        //按<Enter>键
```

结果如图 11-12 所示。

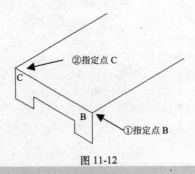

图 11-12

⑥ 继续使用"直线"命令绘制其他位置的棱线,并连接起来,结果如图 11-13 所示。

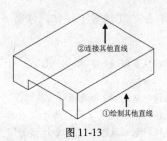

②连接其他直线

①绘制其他直线

图 11-13

⑦ 单击 ◯（椭圆）命令,绘制半径为 36 的等轴测圆,AutoCAD 提示:

```
命令: _ellipse
指定椭圆轴的端点或 [圆弧(A)/中心点(C)/等轴测圆(I)]: i
指定等轴测圆的圆心: <等轴测平面上>          // 按<F5>选择,指定下面直线中心 I
指定等轴测圆的半径或 [直径(D)]: 36
```

结果如图 11-14 所示。

①指定圆心 I

②输入半径 36

图 11-14

⑧ 单击 ◯（复制）按钮,复制上侧的等轴测圆,AutoCAD 提示:

```
命令: _copy
选择对象: 找到 1 个          //指定等轴测圆
选择对象:                  //按<Enter>键
当前设置: 复制模式 = 多个
指定基点或 [位移(D)/模式(O)] <位移>:     //指定点 A
指定第二个点或 <使用第一个点作为位移>:     //指定点 B
指定第二个点或 [退出(E)/放弃(U)] <退出>: //按<Enter>键
```

结果如图 11-15 所示。

③指定第二点 B

B
A

②指定点 A → ①选择等轴测圆

图 11-15

⑨ 单击 （修剪）按钮，修剪多余的图线，AutoCAD 提示：

```
命令：_trim
当前设置：投影=UCS，边=无
选择剪切边...
选择对象或 <全部选择>：找到 1 个
选择对象：找到 1 个，总计 2 个
选择对象：找到 1 个，总计 3 个
选择对象：找到 1 个，总计 4 个
选择对象：
选择要修剪的对象，或按住 <Shift> 键选择要延伸的对象，或
[栏选(F)/窗交(C)/投影(P)/边(E)/删除(R)/放弃(U)]：
选择要修剪的对象，或按住 <Shift> 键选择要延伸的对象，或
[栏选(F)/窗交(C)/投影(P)/边(E)/删除(R)/放弃(U)]：
选择要修剪的对象，或按住 <Shift> 键选择要延伸的对象，或
[栏选(F)/窗交(C)/投影(P)/边(E)/删除(R)/放弃(U)]：
选择要修剪的对象，或按住 <Shift> 键选择要延伸的对象，或
[栏选(F)/窗交(C)/投影(P)/边(E)/删除(R)/放弃(U)]：
选择要修剪的对象，或按住 <Shift> 键选择要延伸的对象，或
[栏选(F)/窗交(C)/投影(P)/边(E)/删除(R)/放弃(U)]：
选择要修剪的对象，或按住 <Shift> 键选择要延伸的对象，或
[栏选(F)/窗交(C)/投影(P)/边(E)/删除(R)/放弃(U)]：
选择要修剪的对象，或按住 <Shift> 键选择要延伸的对象，或
[栏选(F)/窗交(C)/投影(P)/边(E)/删除(R)/放弃(U)]：
```

结果如图 11-16 所示。

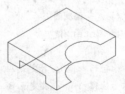

图 11-16

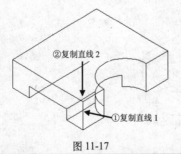

②复制直线 2

①复制直线 1

图 11-17

⑩ 选择"直线"命令，绘制出两个等轴测圆与矩形孔的交线，然后使用"修剪"命令，修剪多余的直线，结果如图 11-17 所示。

11 修剪其他部分的多余图线，结果如图
11-18 所示。

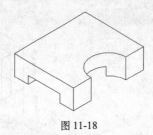

图 11-18

12 单击 / （直线）按钮，绘制支撑板的辅助线，AutoCAD 提示：

```
命令: _line 指定第一点:          //单击点 C
指定下一点或 [放弃(U)]: 32        //单击点 J
指定下一点或 [放弃(U)]: 20        //单击点 K
指定下一点或 [闭合(C)/放弃(U)]:    //指定点 L
指定下一点或 [闭合(C)/放弃(U)]:8   //指定点 N
指定下一点或 [闭合(C)/放弃(U)]:    //指定点 M
指定下一点或 [闭合(C)/放弃(U)]:    //按<Enter>键
```

然后使用"复制"命令绘制右侧的图线，并将它们连接起来，结果如图 11-19 所示。

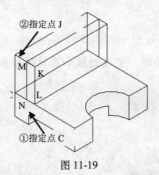

②指定点 J

M
K
L
N

①指定点 C

图 11-19

13 选择"椭圆"命令绘制等轴测圆，将等轴测面设置为右，AutoCAD 提示：

```
命令: _ellipse
指定椭圆轴的端点或 [圆弧(A)/中心点(C)/等轴测圆(I)]: i
指定等轴测圆的圆心: <等轴测平面 右>    // 按<F5>键，然后指定点 O
指定等轴测圆的半径或 [直径(D)]: 20

命令:
ELLIPSE
指定椭圆轴的端点或 [圆弧(A)/中心点(C)/等轴测圆(I)]: i
指定等轴测圆的圆心:              //指定直线中点 P
指定等轴测圆的半径或 [直径(D)]: 10
```

结果如图 11-20 所示。

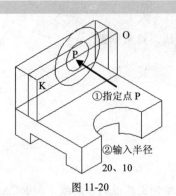

①指定点 P

②输入半径
20、10

图 11-20

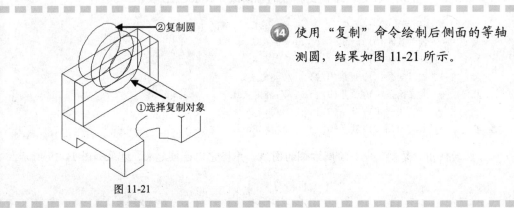

②复制圆

①选择复制对象

图 11-21

14 使用"复制"命令绘制后侧面的等轴
测圆，结果如图 11-21 所示。

15 选择"直线"命令绘制切线，完成肋板和圆筒的绘制。

```
命令: _line 指定第一点:
指定下一点或 [放弃(U)]: _tan 到
指定下一点或 [放弃(U)]:

命令: line 指定第一点:
指定下一点或 [放弃(U)]: _tan 到
指定下一点或 [放弃(U)]:

命令: line 指定第一点:
指定下一点或 [放弃(U)]: _tan 到
指定下一点或 [放弃(U)]:

命令: _line 指定第一点:
指定下一点或 [放弃(U)]: _tan 到
指定下一点或 [放弃(U)]:

命令: _line 指定第一点: _tan 到
指定下一点或 [放弃(U)]: _tan 到
指定下一点或 [放弃(U)]:
```

绘制切线后的如图 11-22 所示。

技巧

绘制切线时，按住<Shift>键右击鼠标，在弹出的快捷菜单中选择"切点"选项。

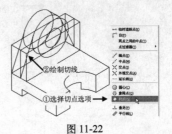

②绘制切线
①选择切点选项

图 11-22

⑯ 选择"修剪"命令修剪多余的图线，结果如图 11-23 所示。

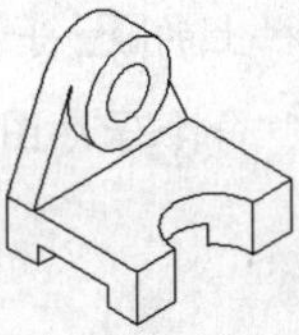

图 11-23

⑰ 使用"直线"命令绘制顶面上的辅助线，然后选择"椭圆"按钮绘制顶部等轴测圆，AutoCAD 提示：

```
命令:line 指定第一点:
指定下一点或 [放弃(U)]:
指定下一点或 [放弃(U)]:
指定下一点或 [闭合(C)/放弃(U)]:

命令:ellipse
指定椭圆轴的端点或 [圆弧(A)/中心点(C)/等轴测圆(I)]: i
指定等轴测圆的圆心:
指定等轴测圆的半径或 [直径(D)]: <等轴测平面 左> <等轴测平面 上> 6
```

删除刚才绘制的辅助直线，结果如图 11-24 所示。

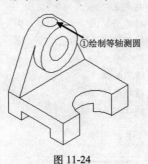

①绘制等轴测圆

图 11-24

⑱ 切换图层为"中心线"层，然后选择"直线"命令绘制圆的中心线，结果如图 11-25 左图所示。

AutoCAD
2009

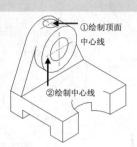
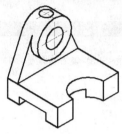

①绘制顶面
中心线

②绘制中心线

图 11-25

⑲ 单击状态栏上的 线宽 符号显示线宽，结果如图 11-25 右图所示。然后选择"文件"
→ "保存"命令保存图形文件为 Sample/CH11/1101.dwg。

11.3.2 拨叉等轴测图的绘制

拨叉是机械绘图中常见的零件，其结构较 柱，前部主体是半圆环；中间为连接部分和肋
为复杂，可以大致分为 3 部分：后部主体为圆 板，一般绘制时从后部主体圆柱开始。

操作步骤

① 启动 AutoCAD 2009 中文版，以前面保存的"等轴测图.dwt"样板文件作为基础样
板来新建图形文件。

② 将"中心线"层置为当前层。

③ 单击 ⧄（直线）按钮，绘制中心线，AutoCAD 提示：

```
命令: _line 指定第一点:    //指定点 A
指定下一点或 [放弃(U)]:    //指定点 B
指定下一点或 [放弃(U)]:    //按<Enter>键

命令:line 指定第一点:    //指定点 C
指定下一点或 [放弃(U)]:    //指定点 D
指定下一点或 [放弃(U)]:    //按<Enter>键
```

组合后的效果如图 11-26 所示。

B   ←②指定点 B   D

C   ①指定点 A → A

图 11-26

④ 切换图层为"粗实线",然后选择"椭圆"命令绘制半径为 25、15 的两个等轴测圆,
圆心为中心线交点 O,AutoCAD 提示:

```
命令: _ellipse
指定椭圆轴的端点或 [圆弧(A)/中心点(C)/等轴测圆(I)]: i
指定等轴测圆的圆心:
指定等轴测圆的半径或 [直径(D)]: <等轴测平面 上> 25

命令:ellipse
指定椭圆轴的端点或 [圆弧(A)/中心点(C)/等轴测圆(I)]: i
指定等轴测圆的圆心:
指定等轴测圆的半径或 [直径(D)]: 15
```

结果如图 11-27 所示。

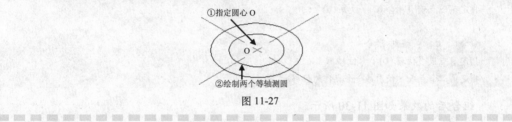

①指定圆心 O
②绘制两个等轴测圆

图 11-27

⑤ 使用"复制"命令,复制两个等轴测圆到上部 48 位置处,AutoCAD 提示:

```
命令: _copy
选择对象: 指定对角点: 找到 4 个
选择对象:              //按<Enter>键
当前设置: 复制模式 = 多个
指定基点或 [位移(D)/模式(O)] <位移>:     //指定点 O
指定第二个点或 <使用第一个点作为位移>: @48<270
指定第二个点或 [退出(E)/放弃(U)] <退出>: //按<Enter>键
```

复制后的结果如图 11-28 所示。

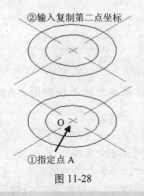

②输入复制第二点坐标

①指定点 A

图 11-28

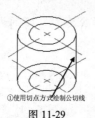

图 11-29

6 使用直线命令和捕捉模式，绘制外圆的两条公切线，结果如图 11-29 所示。

7 使用复制方式复制上部中心线 AB 至左侧距离为 4，以 CD 直线继续向两侧绘制直线距离分别为 3，AutoCAD 提示：

```
命令: _line 指定第一点:
指定下一点或 [放弃(U)]: 3
指定下一点或 [放弃(U)]:
指定下一点或 [闭合(C)/放弃(U)]:

命令: _copy 找到 1 个
指定基点或 [位移(D)] <位移>:
指定第二个点或 <使用第一个点作为位移>: 4
```

组合后的效果如图 11-30 所示。

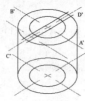

图 11-30

注意

复制后的直线仍为中心线线型，根据前面讲解的知识将中心线型改为实线。

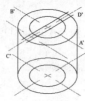

图 11-31

8 修剪多余的线条，并绘制辅助线，来完成键槽的绘制，如图 11-31 所示。

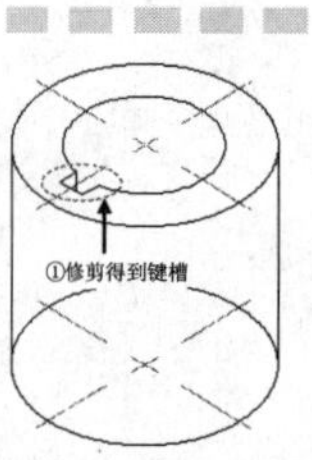

9 选择"直线"命令绘制主体基本形体等轴测图，AutoCAD 提示：

```
命令: _line 指定第一点:          //指定点 E
指定下一点或 [放弃(U)]: 18      //指定点 F
指定下一点或 [放弃(U)]: 84      //指定点 G
指定下一点或 [闭合(C)/放弃(U)]: 18  //指定点 H
指定下一点或 [闭合(C)/放弃(U)]: c   //按<Enter>键
```

绘制的结果如图 11-32 所示。

图 11-32

10 选择"椭圆"命令绘制半径为 42、30 的两个等轴测圆，圆心为上侧直线的中心，AutoCAD 提示：

```
命令:ellipse
指定椭圆轴的端点或 [圆弧(A)/中心点(C)/等轴测圆(I)]: i
指定等轴测圆的圆心:              //指定点 I
指定等轴测圆的半径或 [直径(D)]:42


命令:ellipse
指定椭圆轴的端点或 [圆弧(A)/中心点(C)/等轴测圆(I)]: i
指定等轴测圆的圆心:
指定等轴测圆的半径或 [直径(D)]: 30
```

组合后的效果如图 11-33 所示。

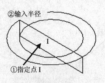

图 11-33

11 使用复制命令向下复制两个等轴测圆，AutoCAD 提示：

```
命令: _copy
选择对象: 指定对角点: 找到 2 个
选择对象:
当前设置: 复制模式 = 多个
指定基点或 [位移(D)/模式(O)] <位移>:    //指定点 G
指定第二个点或 <使用第一个点作为位移>:    //指定点 H
指定第二个点或 [退出(E)/放弃(U)] <退出>:
```

结果如图 11-34 所示。

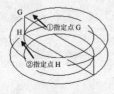

图 11-34

⑫ 使用修剪命令修剪左侧多余的半圆图线，并绘制辅助线完成半圆环的绘制，结果如图 11-35 所示。

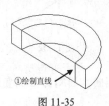

①绘制直线

图 11-35

技巧

绘制完成后，将两部分图形进行组合成为一个图形即可。

⑬ 切换图层为"中心线"，然后使用"直线"命令以主体上侧半圆中心点为基点绘制辅助线，AutoCAD 提示：

```
命令：_line 指定第一点：          //指定点 J
指定下一点或 [放弃(U)]：22        //向上移动 22 到点 K
指定下一点或 [放弃(U)]：110       //向右侧移动 110 到点 L
指定下一点或 [闭合(C)/放弃(U)]：  //向下移动到点 M
指定下一点或 [闭合(C)/放弃(U)]：  // 按<Enter>键
```

结果如图 11-36 所示。

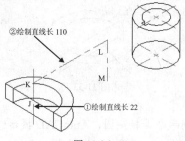

②绘制直线长 110

L

M

K

J

①绘制直线长 22

图 11-36

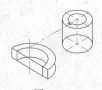

图 11-37

⑭ 将圆柱体移动到右侧交点处 L，结果如图 11-37 所示。

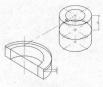

图 11-38

⑮ 使用复制命令向下距离 4 位置处复制左侧的圆弧，同时复制右上侧圆柱向下距离 26 处复制最外侧的圆柱，结果如图 11-38 所示。

16 选择直线命令，绘制筋板，如图 11-39
所示。

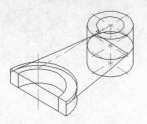

图 11-39

17 使用复制命令复制下部的切线，距离
为 10，如图 11-40 所示。

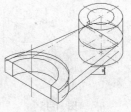

图 11-40

18 修剪多余的图线，如图 11-41 所示。

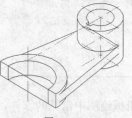

图 11-41

19 使用直线命令绘制筋板，分别是向左
和上下偏移为 4，如图 11-42 所示。

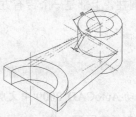

图 11-42

20 修剪多余的图线，并绘制辅助线，结
果如图 11-43 所示。

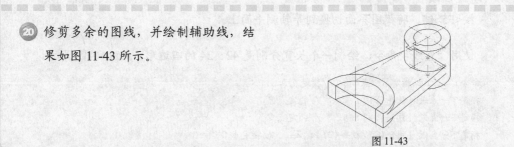

图 11-43

AutoCAD
2009

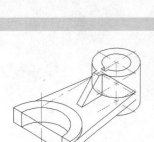

图 11-44

21 使用直线命令绘制筋板，宽为 8、长为 30，如图 11-44 所示。

图 11-45

22 修剪并删除多余的图线，如图 11-45 所示。

23 选择"文件"→"保存"命令保存图形文件为 Sample/CH11/1102.dwg。

11.3.3 箱盖零件等剖视图的绘制

箱盖是机械绘图中常见的零件，其结构较为复杂，可以大致分为 3 部分：底部是底板，中间是空心圆柱，上部是一个带有方槽的长方体。由于底板和组合柱体的宽度一致，在绘制等轴测图时，可将两部分一起绘制。

下面就以箱盖为例具体讲解其各部分的画法。

操作步骤

1 启动 AutoCAD 2009 中文版，以前面保存的"等轴测图.dwt"样板文件作为基础样板来新建图形文件。

2 按<F5>键，将视图界面切换到等轴测平面上。

3 使用"直线"命令，绘制一个长宽分别是 42、24 的四边形，AutoCAD 提示：

```
命令: _line 指定第一点:     //指定点 A
指定下一点或 [放弃(U)]: 24   //指定点 B
指定下一点或 [放弃(U)]: 42   //指定点 C
指定下一点或 [闭合(C)/放弃(U)]: 24   //指定点 D
指定下一点或 [闭合(C)/放弃(U)]: c
```

结果如图 11-46 所示。

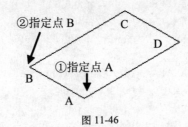

②指定点 B

①指定点 A

图 11-46

④ 使用 "复制" 命令，向上复制一个多边形，AutoCAD 提示：

```
命令: _copy
选择对象: 指定对角点: 找到 4 个
选择对象:
当前设置: 复制模式 = 多个
指定基点或 [位移(D)/模式(O)] <位移>:
指定第二个点或 <使用第一个点作为位移>: 49
指定第二个点或 [退出(E)/放弃(U)] <退出>:
```

结果如图 11-47 所示。

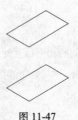

图 11-47

⑤ 使用直线连接相应图形，结果如图
11-48 所示。

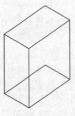

图 11-48

⑥ 绘制底平面圆角。相对于长方体左下边角，绘制距边角 15 的横竖两条辅助直线作
为绘制半径为 15 的等轴测圆圆弧的辅助线，AutoCAD 提示：

```
命令: _line 指定第一点:          //指定点 A
指定下一点或 [放弃(U)]: 15        //指定点 E
指定下一点或 [放弃(U)]:          //指定点 F
```

指定下一点或 [闭合(C)/放弃(U)]: 15   //指定点 G
指定下一点或 [闭合(C)/放弃(U)]:   //指定点 H
指定下一点或 [闭合(C)/放弃(U)]:   //按<Enter>键

命令: _ellipse
指定椭圆轴的端点或 [圆弧(A)/中心点(C)/等轴测圆(I)]: _a
指定椭圆弧的轴端点或 [中心点(C)/等轴测圆(I)]: i
指定等轴测圆的圆心:
指定等轴测圆的半径或 [直径(D)]: <等轴测平面 右> 15
指定起始角度或 [参数(P)]:
指定终止角度或 [参数(P)/包含角度(I)]:

结果如图 11-49 所示。

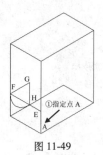

图 11-49

⑦ 选择 "复制" 命令，复制圆弧到右侧的相同位置处，并使用直线连接两圆弧，AutoCAD 提示:

命令: _copy
选择对象: 找到 1 个
选择对象:
当前设置: 复制模式 = 多个
指定基点或 [位移(D)/模式(O)] <位移>: 指定第二个点或 <使用第一个点作为位移>:
指定第二个点或 [退出(E)/放弃(U)] <退出>:

命令: _line 指定第一点: _tan 到
指定下一点或 [放弃(U)]: _tan 到
指定下一点或 [放弃(U)]:

结果如图 11-50 所示。

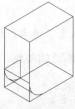

图 11-50

⑧ 修剪并删除多余的线条，结果如图
11-51 所示。

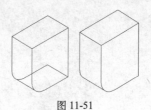

图 11-51

⑨ 按<F5>键，将视图切换到"等轴测平面右"。绘制两个半径为 16、8 的等轴测圆，
圆心为底部中心向上移动 25 位置处，AutoCAD 提示：

```
命令: ellipse
指定椭圆轴的端点或 [圆弧(A)/中心点(C)/等轴测圆(I)]: i
指定等轴测圆的圆心:
指定等轴测圆的半径或 [直径(D)]: 16

命令: ellipse
指定椭圆轴的端点或 [圆弧(A)/中心点(C)/等轴测圆(I)]: i
指定等轴测圆的圆心:
指定等轴测圆的半径或 [直径(D)]: 8
```

结果如图 11-52 所示。

图 11-52

⑩ 选择"复制"命令，复制两个圆向右
下侧 20 位置处，并使用直线连接，结
果如图 11-53 所示。

图 11-53

⑪ 选择"修剪"命令修剪图形，结果如
图 11-54 所示。

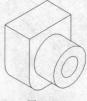

图 11-54

AutoCAD 2009

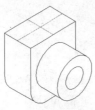

图 11-55

⑫ 将"中心线"图层置为当前层，选择
"直线"命令绘制顶面交线，结果如图
11-55 所示。

⑬ 选择"直线"命令，绘制一个长宽分别是 42、24 的四边形。

```
命令: _line 指定第一点:
指定下一点或 [放弃(U)]: 24
指定下一点或 [放弃(U)]: 42
指定下一点或 [闭合(C)/放弃(U)]: 24
指定下一点或 [闭合(C)/放弃(U)]: c
```

结果如图 11-56 所示。

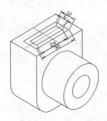

图 11-56

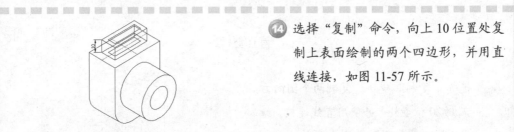

图 11-57

⑭ 选择"复制"命令，向上 10 位置处复
制上表面绘制的两个四边形，并用直
线连接，如图 11-57 所示。

⑮ 修剪多余的线条，结果如图 11-58 所示。

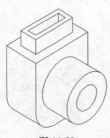

图 11-58

16　选择"倒圆角"命令，对两个地方倒半径为 2.5 的圆角，结果如图 11-59 所示。

图 11-59

17　选择"修剪"和"删除"命令，修剪与删除多余的线条，结果如图 11-60 所示。

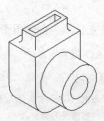

图 11-60

18　选择两个互相垂直的剖切平面把形体切开，一平面是沿着前后对称线截切，一平面沿着左右对称线切开，把形体的 1/4 剖去，剖切面的位置如图 11-61 所示。

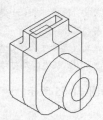

图 11-61

19　单击"修剪"和"删除"命令，修剪和删除多余的线条，结果如图 11-62 所示。

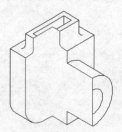

图 11-62

20　使用"直线"和"圆弧"命令，绘制出内部结构的可见轮廓线，并修剪和删除多余的线条，结果如图 11-63 所示。

图 11-63

AutoCAD 2009

图 11-64

21 选择"图案填充"命令，弹出"图案填充和渐变色"对话框，设置填充图案为 ANSI31，如图 11-64 所示。

22 选择填充区域，左侧图形填充方式使用默认；右侧平面则需要设置填充角度为 30°，AutoCAD 提示：

```
命令: bhatch
拾取内部点或 [选择对象(S)/删除边界(B)]:  正在选择所有对象...
正在选择所有可见对象...
正在分析所选数据...
正在分析内部孤岛...
拾取内部点或 [选择对象(S)/删除边界(B)]:
正在分析内部孤岛...
拾取内部点或 [选择对象(S)/删除边界(B)]:
拾取或按 <Esc> 键返回到对话框或 <单击右键接受图案填充>:
```

结果如图 11-65 所示。

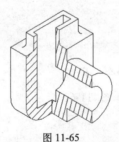

图 11-65

第12章

机械平面图——齿轮平面图绘制

AutoCAD 2009

齿轮是现代机械制造和仪表制作等工业中的重要的传动零件，齿轮的应用非常广泛，类型也极其多样。主要有圆柱齿轮、圆锥齿轮、蜗轮和蜗杆等，而最常用的是渐开线圆柱齿轮（包括直齿、斜齿和人字形齿轮等）。

从本章开始，重点讲解在机械绘图中应用较广泛的各种视图的绘制方法。

重点与难点

- 齿轮绘制基础知识
- 绘制齿轮平面图
- 进行尺寸标注

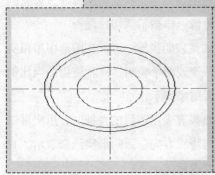
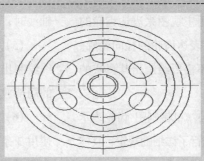

12.1

齿轮绘制基础知识

齿轮是机械零件中最常见的零件。本章通过对齿轮的绘制来讲解使用 AutoCAD 进行机械设计需要注意的各个事项。

12.1.1　机械原理及基本参数

齿轮是机械传动中广泛应用的传动零件组之一，一般都会成对使用。齿轮传动是机械传动中的重要组成部分，它的功能是将一个轴的转动传递给另外一个轴，它不仅能传递动力，而且还可以改变转速和回转方向。

在设计齿轮时，需要确定出齿轮的模数、齿数、分度圆的直径、齿顶圆的直径、齿宽和中心距以及作用在轴上力的大小和方向，并计算实际的传动比。

12.1.2　设计分析与技术要点

绘制齿轮时，首先需要绘制主视图中的分度圆和等分圆，然后使用阵列等编辑命令来绘制齿轮的其他内圆和轮毂等，最后再绘制圆柱齿轮的左视图，并进行尺寸标注。

绘制齿轮的零件图时，一般需要使用两个视图来表达结构形状，用主视图来表达齿轮的轮向轮廓，再用左视图来表达齿轮的径向轮廓。在绘制齿轮的轮齿时，不需要绘制出其真实的投影。

在 GB/T 4459.2-2003《机械制图 齿轮表示法》国家标准里面对此进行了详细的规定，具体如下。

（1）使用粗实线来绘制齿顶圆和齿顶线。

（2）使用点画线来绘制分度圆和分度线。

（3）使用细实线来绘制齿根圆和齿根线，也可以省略不绘制；在剖视图中，使用粗实线来绘制齿根线。

（4）在剖视图中，当剖切屏幕通过齿轮的轴线时，轮齿一律按不剖切处理。

（5）如需表明齿形，可以在图形中用粗实线绘制出一个或两个轮齿；或者使用适当比例的局部放大图来表示。

（6）当需要表示齿线的特征时，用户可以使用 3 条与齿线方向一致的细实线来表示。直齿则不需要表示。

注意

为了保证齿轮的加工精度和有关参数,标注尺寸时要考虑基准面,并规定出基准面的尺寸公差和形位公差。

在齿轮的零件图中,还应该使用表格的形式列出加工和检验时必要的参数和各项目的数值。

下面讲解如何绘制齿轮的平面图。

12.2

绘制齿轮平面图

机械平面图包括主视图、俯视图和左视图等多种视图。下面通过绘制齿轮的平面图来进行讲解各种视图的绘制方法,以及加强综合应用 AutoCAD 的绘制和编辑的能力。

12.2.1 新建文件和图层设置

使用 AutoCAD 2009 绘图时,首先要准备 好一张样板图,然后在此样板图中绘图。

操作步骤

① 单击"标准"工具栏上的 □(新建)按钮,新建一个 AutoCAD 文件。

② 单击"图层"工具栏上的 ▤(图层特性管理器)按钮,弹出"图层特性管理器"对话框,如图 12-1 所示。

注意

用户可以利用该对话框进行设置新图层、创建图层过滤器等各种操作。

图 12-1

3 单击该对话框中的 （新建图层）按钮创建新的图层，并双击该图层中的"名称"栏将名称改为"轮廓线"，其他设置保持不变，结果如图 12-2 所示。

技巧

在建立图层时，将图层的名字命名为相应的线型，这样在绘图时不但可以按层取线，而且还方便区分。

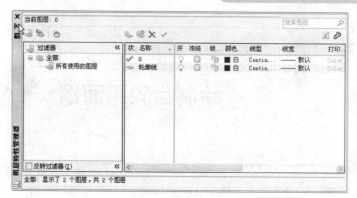

图 12-2

4 继续单击 （新建图层）按钮创建新的图层，并将名称改为"中心线"。在该图层上单击"颜色"栏中的 ■白单元格，弹出"选择颜色"对话框。在该对话框上选择红色，然后单击 确定 按钮将该颜色附着到"中心线"图层，如图 12-3 所示。

技巧

建立图层时，将图层的颜色设置成各不相同的颜色，这样不但可以让图形看起来更加漂亮和有层次感，而且可以根据颜色来判断所选择的图层是不是自己需要的图层。

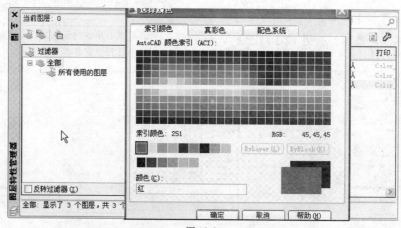

图 12-3

⑤ 继续单击该图层上的"线型"栏上的
　Contin... 单元格，弹出"选择线型"
　对话框，如图 12-4 所示。

注意

用户可以在"选择线型"对话框中选择已
经加载的线型到当前图层上，如果"已加
载的线型"列表框中没有合适的线型，可
以单击 加载(L)... 按钮来添加线型。

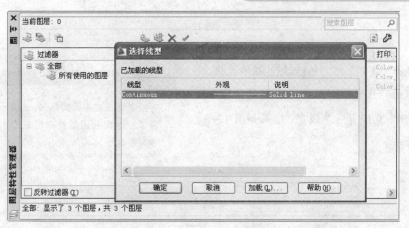

图 12-4

⑥ 单击该对话框上的 加载(L)... 按钮，弹出
　图 12-5 所示的"加载或重载线型"对话
　框。在该对话框中选中"CENTER"线
　型，并单击 确定 按钮，然后将该线
　型附着到"中心线"图层上。

注意

在"加载或重载线型"对话框中选择线型并
单击 确定 按钮后，弹出"线型-重载线
型"对话框，如图 12-6 所示。单击"重载线
型 CENTER"后返回到图 12-6 中的选择线型
对话框。这时需要用户选中当前加载的线型，
再单击"选择线型"对话框中的 确定 按
钮才能将该线型附着到当前图层中。

图 12-5

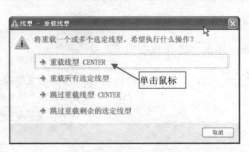

图 12-6

⑦ 单击"线宽"栏下的 ──默认 单元格，弹出"线宽"对话框，在该对话框中选中"0.13 毫米"线宽，结果如图 12-7 所示。

技巧

将线宽设置成不同的粗细，这样不仅符合国家标准而且图形打印出来后才更漂亮和有层次感。

图 12-7

⑧ 单击 确定 按钮将该线宽附着到"中心线"图层，其他设置保持不变，结果如图 12-8 所示。

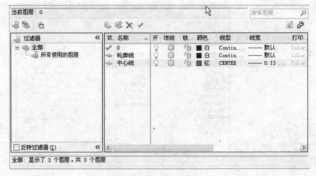

图 12-8

⑨ 重复以上步骤 ③ ~ ⑧，再创建"标注"、"剖面线"、"文字"、"点画线"等层，并设置相应的属性，结果如图 12-9 所示。

图 12-9

（1）在建立图层时如果将"开"或"冻结"栏选中，则在该层所绘制的图形将不显现，但是当前图层不能冻结；在图形复杂时，关闭不用图层上的图形将会给绘图带来很大方便。（2）如果选定"锁定"栏下面的锁，将某图层锁定，则在该图层所绘制的图形虽然还显示，但是却不能编辑该图层上所绘制的图形；在图形比较复杂时，为了防止编辑、修改错误，经常将不需要修改的图形的图层锁定。（3）标题栏打印机下面的图标默认为 ☺（打印）状态，当单击下面图标将其设置为 ☒（不打印）状态时，则在该层上绘制的图形将不能被打印。

12.2.2 绘制圆柱齿轮的主视图

主视图是所有视图最能反映机械零件状态的视图。

1. 绘制中心线

操作步骤

① 选中"中心线"图层，并单击 ✓（置为当前）按钮将"中心线"层置为当前层。然后单击 确定 按钮，返回到绘图界面，用户即可在"中心线"图层中绘制图形了。

② 单击 ✐（直线）按钮，AutoCAD 提示：

```
命令：_line
指定第一点：                    // 在屏幕上任意位置单击
指定下一点或【放弃(U)】：@240, 0  // 输入下一点坐标
指定下一点或【放弃(U)】：         // 按<Enter>键
```

结果如图 12-10 所示。

图 12-10

AutoCAD 2009

③ 单击 ☺（旋转）按钮，AutoCAD 提示：

```
命令: _rotate
UCS 当前的正确方向: ANGIR=逆时针    ANGBASE=0
选择对象: 找到 1 个                        // 选择②中绘制的直线
选择对象:                                 // 按<Enter>键结束选择
指定基点:                                 // 捕捉直线的中点
指定旋转角度，或【复制（C）/参照（R）】: C      // 输入 C，复制对象
旋转一组选定的对象
指定旋转角度，或【复制（C）/参照（R）】: 90     // 将原直线复制并旋转 90°
```

中心线绘制完毕，结果如图 12-11 所示。

图 12-11

2. 绘制分度圆和等分圆

操作步骤

① 选中"点画线"层，并单击 ✓（置为当前）按钮将"点画线"置为当前层。

② 单击 ☺ 按钮，AutoCAD 提示：

```
命令: _circle
指定圆的圆心或【三点（3P）/两点（2P）/相切、相切、半径（T）】:  // 选取中心线的交点
指定圆的半径或【直径（D）】: 100                          // 输入半径值 100
```

结果如图 12-12 所示。

图 12-12

3 单击 (偏移) 按钮，AutoCAD 提示：

命令：_offset
当前设置：删除源=否 图层=源 OFFSETGAPTYPE=0
指定偏移距离或【通过 (T) /删除 (E) /图层 (L) 】<通过>: 45
选择要偏移的对象，或【退出 (E) /放弃 (U) 】<退出>:   // 选择②中绘制
的圆
指定要偏移的那一侧上的点，或【退出 (E) /多个 (M) /放弃 (U) 】<退出>:   // 单击圆的内部
任意一点
选择要偏移的对象，【退出 (E) /放弃 (U) 】<退出>:   // 按<Enter>键
结束偏移

结果如图 12-13 所示。

图 12-13

3. 绘制齿顶圆、齿根圆以及减重孔

操作步骤

1 在"图层"工具栏上选择"轮廓线"
图层，将该图层置为当前图层，如图
12-14 所示。

图 12-14

2 单击 (圆) 按钮绘制齿顶圆，AutoCAD 提示：

命令：_circle
指定圆的圆心或【三点 (3P) /两点 (2P) /相切、相切、半径 (T) 】:   // 选取分度圆的圆心
指定圆的半径或【直径 (D) 】: 110   // 输入半径值 110

结果如图 12-15 所示。

图 12-15

3 单击 ⊕ (偏移) 按钮绘制齿根圆, AutoCAD 提示:

```
命令: _offset
当前设置: 删除源=否    图层=源    OFFSETGAPTYPE=0
指定偏移距离或【通过(T)/删除(E)/图层(L)】<通过>: 20
选择要偏移的对象, 或【退出(E)/放弃(U)】<退出>:                    // 选择②中绘制
的圆
指定要偏移的那一侧上的点, 或【退出(E)/多个(M)/放弃(U)】<退出>:    //单击圆的内部任
意一点
选择要偏移的对象, 【退出(E)/放弃(U)】<退出>:                    // 按<Enter>键结
束偏移
```

结果如图 12-16 所示。

图 12-16

4 单击 ⊘ (圆) 按钮绘制减重孔, AutoCAD 提示:

```
命令: _circle
指定圆的圆心或【三点(3P)/两点(2P)/相切、相切、半径(T)】:      // 选取等分圆与垂直中
心线的交点
指定圆的半径或【直径(D)】: 15                              // 输入半径值15
```

结果如图 12-17 所示。

图 12-17

图 12-18

5 单击 品 (阵列) 按钮, 弹出 "阵列" 对话框。选择 ⊙ 环形阵列(P) 选项, 并输入项目总数为 6, 填充角度为 360°, 中心点为中心线的交点, 如图 12-18 所示。

⑥ 单击（选择对象）按钮，在命令行提示下选择步骤④中所绘制的圆，然后按
<Enter>键返回到"阵列"对话框，AutoCAD 提示如下：

```
命令：_array
指定阵列中心点：
选择对象：找到 1 个
选择对象：                    // 按<Enter>键
```

单击对话框中的 预览(V) < 按钮预览图形，再单击 确定 按钮接受预览结果，
如图 12-19 所示。

图 12-19

4．绘制齿圈内圆和轮毂

操作步骤

① 单击 （圆）按钮绘制齿圈内圆，AutoCAD 提示：

```
命令：_circle
指定圆的圆心或【三点（3P）/两点（2P）/相切、相切、半径（T）】：  // 选取分度圆的圆心
指定圆的半径或【直径（D）】：80                              // 输入半径值80
```

结果如图 12-20 所示。

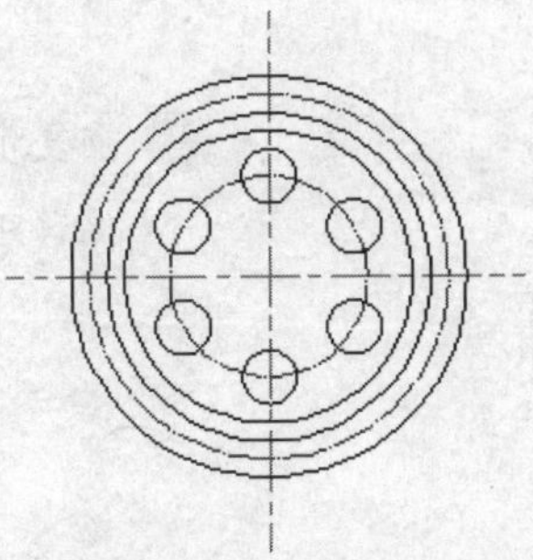

图 12-20

图 12-21

2 重复步骤 **1** 绘制轮毂的外径（R=30）、内径（R=19）及倒角圆（R=16），结果如图 12-21 所示。

5. 绘制键槽

操作步骤

1 单击 ⏚ （偏移）按钮，将水平中心线向上偏移 19，AutoCAD 提示：

```
当前设置：删除源=否    图层=源      OFFSETGAPTYPE=0
指定偏移距离或【通过（T）/删除（E）/图层（L）】<通过>：19
选择要偏移的对象，或【退出（E）/放弃（U）】<退出>：              //选择水平中心线
指定要偏移的那一侧上的点，或【退出（E）/多个（M）/放弃（U）】<退出>：//单击水平中心线上
方任意一点
选择要偏移的对象，【退出（E）/放弃（U）】<退出>：             // 按<Enter>键结
束偏移
```

结果如图 12-22 所示。

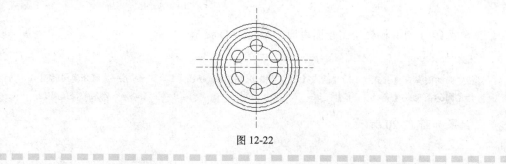

图 12-22

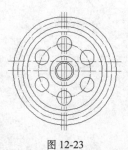

图 12-23

2 重复步骤 **1**，将垂直中心线向两侧各偏移距离 5，结果如图 12-23 所示。

③ 单击 ⊬ （修剪）按钮，对步骤 ①、② 中偏移的直线进行修剪，AutoCAD 提示：

当前设置：投影=UCS，边=无

选择剪切边……

选择对象或<全部选择>：共计找到 5 个　　　　　// 分别选择刚偏移的 3 条直线和轮毂内圆及倒角圆

选择对象：　　　　　　　　　　　　　　　　// 按<Enter>键结束选择

选择要修剪的对象，或按住 shift 键选择要延伸的对象，或

【栏选（F）/窗交（C）/投影（P）/边（E）/删除（R）/放弃（U）】：　// 选择要修剪的部分

选择要修剪的对象，或按住 shift 键选择要延伸的对象，或

【栏选（F）/窗交（C）/投影（P）/边（E）/删除（R）/放弃（U）】：　//按<Enter>键结束修剪

结果如图 12-24 所示。

技巧

AutoCAD 2009 中在选择修剪对象时可以通过框选（从右向左拉出一个选择框）一次将多个需要修剪的对象同时修剪掉。

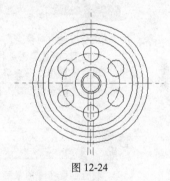

图 12-24

④ 单击 ✐ （删除）按钮，删除多余的线，

结果如图 12-25 所示。

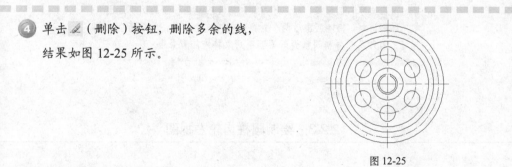

图 12-25

⑤ 单击 ▦ （特性匹配）按钮或输入 MATCHPROP 命令，AutoCAD 提示：

命令：_matchprop

选择源对象：　　　　　　　　　　　　　// 单击齿顶圆

当前活动设置：颜色 图层 线型 线型比例 线宽 厚度 打印样式 标注 文字 填充图案 多段线 视口 表格材质 阴影显示

选择目标对象或 [设置(S)]：指定对角点：　// 选择步骤③、④中修剪后的键槽

选择目标对象或 [设置(S)]：　　　　// 按<Enter>键结束命令

结果如图 12-26 所示。

图 12-26

在绘图时有时候会忘记切换图层，这样绘制出来的图形就不能通过线型、颜色等图层特性来区分绘制的是图形的那个部分。对此，用户不要担心，只需要用 MATCHPROP（特性匹配）命令将该图层上的线型"刷"到该层下即可。

特性匹配命令除了可以将不同的线型转换成相同线型外，还可以用在文字、剖面线、标注等方面，特性匹配在标注的运用后面有详细讲解，特性匹配后两个对象的特性完全一致，如果两个对象之间只是部分相同则最好不要用对象特性匹配命令。

12.2.3　绘制圆柱齿轮左视图

齿轮的主视图是由一组同心圆和环形分布的圆孔组成。左视图是在主视图的基础上生成的，因此需要借助主视图的已知信息确定同心圆的半径或者直径数值，这时就需要从主视图引出相应的辅助定位线，利用"对象捕捉"功能来确定各图形的位置。

1. 齿轮左视图的外轮廓

操作步骤

① 单击 ✐（构造线）按钮绘制辅助线，AutoCAD 提示：

命令：_xline
指定点或 [水平(H)/垂直(V)/角度(A)/二等分(B)/偏移(O)]：H   //绘制水平辅助线
指定通过点：   // 从上到下依次捕捉齿顶圆、分度圆、齿根圆、水平中心线与垂直中心线的交点
指定通过点：
......
指定通过点：   // 按<Enter>键结束命令

结果如图 12-27 所示。

图 12-27

② 单击 ╱ （直线）按钮在主视图右侧任
意单击一点绘制一条竖直线，结果如
图 12-28 所示。

图 12-28

③ 单击 ⌷ （偏移）按钮，偏移刚绘制的竖直直线，AutoCAD 提示：

命令：_offset
当前设置：删除源=否 图层=源 OFFSETGAPTYPE=0
指定要偏移距离或【通过(T)/删除(E)/图层(L)】<通过>：50
选择要偏移的对象，或【退出(E)/放弃(U)】<退出>：   // 选择②中绘制的直线
指定要偏移的那一侧上的点，或【退出(E)/多个(M)/放弃(U)】<退出>：// 在直线右侧单击一点
选择要偏移的对象，或【退出(E)/放弃(U)】<退出>：   // 按<Enter>键结束命令

结果如图 12-29 所示。

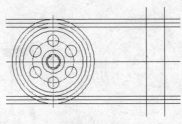

图 12-29

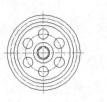

④ 单击 ╱ (修剪) 按钮,修剪多余的直线,结果如图 12-30 所示。

图 12-30

⑤ 单击 (特性匹配) 按钮,将分度圆在左视图上的投影线转变成中心线,AutoCAD 提示:

命令: _matchprop
选择源对象: // 单击主视图的中心线
当前活动设置: 颜色 图层 线型 线型比例 线宽 厚度 打印样式 标注 文字 填充图案 多段线 视
口 表格材质 阴影显示
选择目标对象或【设置 (S)】:   // 选择分度圆在左视图中的投影线和左视图的中心线
选择目标对象或【设置 (S)】:   // 按<Enter>键结束命令

结果如图 12-31 所示。

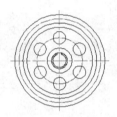

图 12-31

⑥ 分别单击分度圆、中心线在左视图中的投影线,用 AutoCAD 的夹点编辑将投影线向两端各拉伸 10,AutoCAD 提示:

单击按钮按住蓝色编辑点,向延长的方向拉伸
拉伸
指定拉伸点或【基点 (B) /复制 (C) /放弃 (U) /退出 (X)】: 10   //在命令提示框中输入要拉伸的长度

结果如图 12-32 所示。

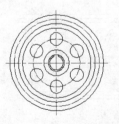
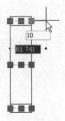

图 12-32

7 重复上面的步骤将 3 条投影线分别向两侧拉伸 10，结果如图 12-33 所示。

技巧

在机械绘图中，有时候一步到位的绘制方法速度并一定最快。这时先将图形的大致形状绘制出来，然后通过夹点编辑会更快，而且夹点编辑修改的部分和原来的图形仍然是一体的。

图 12-33

8 单击 ⬜（倒角）按钮，对左视图进行倒距离均为 3 的斜角，AutoCAD 提示：

（"修剪"模式）当前倒角距离 1=0.0000，距离 2=0.0000
选择第一条直线或【放弃 (U) /多段线 (P) /距离 (D) /角度 (A) /修剪 (T) /方式 (E) /多个 (M)】：d
指定第一个倒角距离 <0.0000>：3
指定第二个倒角距离 <3.0000>：   // 按 <Enter> 键接受默认值 3.0000
选择第一条一线或【放弃 (U) /多段线 (P) /距离 (D) /角度 (A) /修剪 (T) /方式 (E) /多个 (M)】：m
选择第一条一线或【放弃 (U) /多段线 (P) /距离 (D) /角度 (A) /修剪 (T) /方式 (E) /多个 (M)】：
选择第二条直线，或按住 Shift 键选择要应用角点的直线：
……
选择第一条一线或【放弃 (U) /多段线 (P) /距离 (D) /角度 (A) /修剪 (T) /方式 (E) /多个 (M)】：
              // 按 <Enter> 键结束命令

倒角后结果如图 12-34 所示。

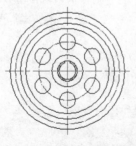

图 12-34

2．绘制齿轮的凹槽和减重孔

操作步骤

1 单击 ✏（构造线）按钮绘制辅助线，AutoCAD 提示：

```
命令: _xline
指定点或【水平(H)/垂直分(V)/角度(A)/二等分(B)/偏移(O)】: H    // 绘制水平辅助线
指定通过点:                    // 从上到下依次捕捉凹槽圆、减重孔、轮毂外圆与垂直中心线的交点
指定通过点:
......
指定通过点:                    // 按<Enter>键结束命令
```

结果如图 12-35 所示。

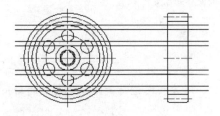

图 12-35

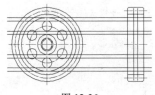

图 12-36

❷ 单击 ⊕ (偏移) 按钮，将左视图的垂直轮廓边线分别向内侧偏移 19，结果如图 12-36 所示。

图 12-37

❸ 单击 ┅ (修剪) 按钮，将左视图中多余的线修剪掉，结果如图 12-37 所示。

❹ 单击 ▱ (圆角) 按钮，AutoCAD 提示：

```
命令: _fillet
当前设置: 模式=修剪, 半径=0.0000
选择第一个对象或【放弃(U)/多段线(P)/半径(R)/修剪(T)/多个(M)】: r
指定圆角半径<0.0000>: 5
选择第一个对象或【放弃(U)/多段线(P)/半径(R)/修剪(T)/多个(M)】: m
选择第一个对象或【放弃(U)/多段线(P)/半径(R)/修剪(T)/多个(M)】:
选择第二个对象，或按住 Shift 键选择要应用角点的对象:
......
选择第一个对象或【放弃(U)/多段线(P)/半径(R)/修剪(T)/多个(M)】:
选择第二个对象或按住 <Shift> 键选择要应用角点的对象:            // 按<Enter>键结束命令
```

圆角后的结果如图 12-38 所示。

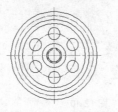 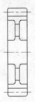

图 12-38

3．齿轮的键槽

操作步骤

1 单击 ✏ （构造线）按钮绘制辅助线，AutoCAD 提示:

```
命令: _xline
指定点或【水平（H）/垂直分（V）/角度（A）/二等分（B）/偏移（O）】: H    // 绘制水平辅助线
指定通过点:          // 从上到下依次捕捉键槽的顶点、轴孔外圆、倒角圆的交点
……
指定通过点:
指定通过点:          // 按<Enter>键结束命令
```

结果如图 12-39 所示。

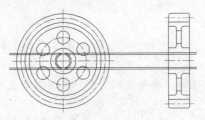

图 12-39

2 单击 ⬘ （偏移）按钮，AutoCAD 提示:

```
命令: _offset
当前设置: 删除源=否  图层=源  OFFSETGAPTYPE=0
指定要偏移距离或【通过（T）/删除（E）/图层（L）】<通过>: 3
选择要偏移的对象，或【退出（E）/放弃（U）】<退出>:               // 选择轮廓左边线
指定要偏移的那一侧上的点，或【退出（E）/多个（M）/放弃（U）】<退出>: // 在直线右侧单击一点
选择要偏移的对象，或【退出（E）/放弃（U）】<退出>:               // 选择轮廓右边线
指定要偏移的那一侧上的点，或【退出（E）/多个（M）/放弃（U）】<退出>: // 在直线左侧单击一点
选择要偏移的对象，或【退出（E）/放弃（U）】<退出>:               // 按<Enter>键结束命令
```

AutoCAD 2009

结果如图 12-40 所示。

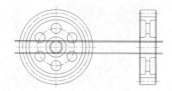

图 12-40

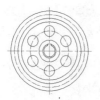

图 12-41

③ 单击 ⊸ （修剪）按钮，修剪多余的线，结果如图 12-41 所示。

图 12-42

④ 单击 ／ （直线）按钮，绘制倒角的投影线，并删除多余的线，结果如图 12-42 所示。

4．剖面线

操作步骤

① 在"图层"工具栏上选择"剖面线"图层，将该图层置为当前图层。

图 12-43

② 单击 ▨（图案填充）按钮，弹出图 12-43 所示的"图案填充和渐变色"对话框。

③ 单击"样例"图案，出现图 12-44 所示的"填充图案选项板"对话框。在该对话框中 ANSI 选项卡，并选择 ANSI31 填充图案。

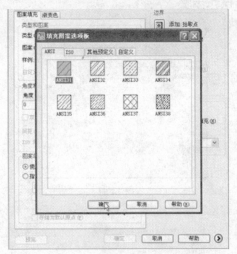

图 12-44

④ 单击 确定 按钮，返回到"图案填充和渐变色"对话框。再单击 （添加：拾取点）按钮，在 AutoCAD 绘图窗口中选取需要填充的内部点，如图 12-45 所示。

图 12-45

⑤ 按<Enter>键结束填充区域的选择，返回到"图案填充和渐变色"对话框。在该对话框中单击 预览 按钮预览填充结果，然后按<Enter>键接受填充，结果如图 12-46 所示。

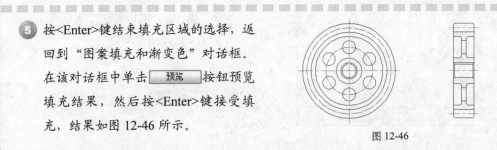

图 12-46

12.2.4 尺寸标注

图形绘制完成且对图形的长度、角度等进行标注完成后，才能确定图形的相对位置等信息。

1. 设置标注样式

进行标注时，系统默认的标注样式不符合我国的标注要求，这时就需要用户根据国家标准自定义标注样式。

操作步骤

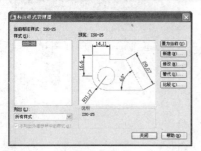

图 12-47

① 单击 ▨（标注样式）按钮，弹出"标注样式管理器"对话框，如图 12-47 所示。

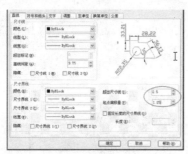

图 12-48

② 单击 修改(M)... 按钮，对 ISO-25 标注样式进行修改。在 直线 选项卡中修改"超出尺寸线"和"起点偏移量"分布为 2.5 和 1.25，如图 12-48 所示。

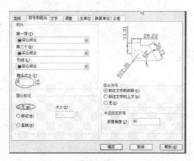

图 12-49

③ 单击 符号和箭头 选项卡，设置"箭头大小"为 5，"圆心标记"为 ◉ 无(N)，如图 12-49 所示。

图 12-50

④ 单击 文字 选项卡，调整"文字高度"为 5，"从尺寸线偏移"为 1.25，如图 12-50 所示。

⑤ 设置完成后，单击 确定 按钮返回到"标注样式管理器"对话框。选择该样式，然后单击 置为当前(U) 按钮将修改后的标注样式置为当前。

技巧

用户可以根据自己的习惯和喜好来设置标注形式和大小，一旦样式设置好，以后在更换图形时，不管图形变大或变小，只需要将 调整 选项卡中"标注特征比例"下的 使用全局比例(S) 修改为相应的比例即可，而不再需要重新设置标注样式，如图 12-51 所示。

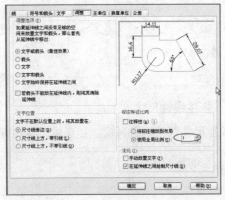

图 12-51

AutoCAD 2009

2. 标注圆尺寸

操作步骤

① 在"图层"工具栏上选择"标注层"图层，将该图层置为当前图层。

② 单击 ◎（直径）标注按钮，AutoCAD 提示：

```
命令：dimdiameter
选择圆弧或圆                              // 选择等分线的点画线圆
标注文字=110
指定尺寸线位置或【多行文字（M）/文字（T）/角度（A）】：  //在需要标注的位置单击一点
```

结果如图 12-52 所示。

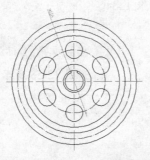

图 12-52

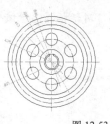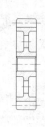

③ 重复步骤②，标注轮毂的外圆和倒角圆以及减重孔，结果如图 12-53 所示。

图 12-53

3. 标注线性尺寸

线性尺寸包括水平直线、竖直线、斜线等多种尺寸。

操作步骤

① 单击 ┠┨（线性）标注按钮，AutoCAD 提示：

```
命令：_dimlinear
指定第一条尺寸界线原点或<选择对象>：    // 选取图中 A 点
指定第二条尺寸界线原点：            // 选取图中 B 点
指定尺寸线位置或
【多行文字（M）/文字（T）/角度（A）/水平（H）/垂直（V）/旋转（R）】：    // 在适当位置单击
标注文字=10
```

结果如图 12-54 所示。

图 12-54

② 重复步骤① 标注其他线型尺寸，结果如图 12-55 所示。

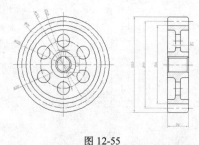

图 12-55

4. 标注左视图上的轮毂内孔

操作步骤

① 单击 ✏ （构造线）按钮绘制辅助线，AutoCAD 提示：

```
命令: _xline
指定点或【水平（H）/垂直分（V）/角度（A）/二等分（B）/偏移（O）】: H    // 绘制水平辅助线
指定通过点:              // 将鼠标延轮毂内圆滑动当出现的虚线与垂直中心线相交时单击
指定通过点:              // 按<Enter>键结束命令
```

结果如图 12-56 所示。

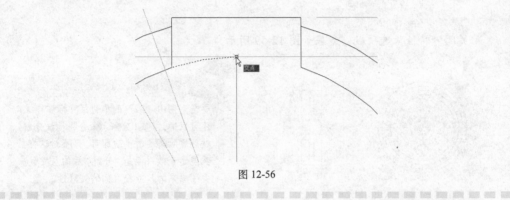

图 12-56

② 单击 ⊢ （线性）标注按钮，AutoCAD 提示：

```
指定第一条尺寸界限线原点或<选择对象>:    //选择图中 A 点
指定第二条尺寸界限原点:              //选取图中 B 点
指定尺寸线位置
【多行文字（M）/文字（T）/角度（A）/水平（H）/垂直（V）/旋转（R）】:
标注文字=32
```

结果如图 12-57 所示。

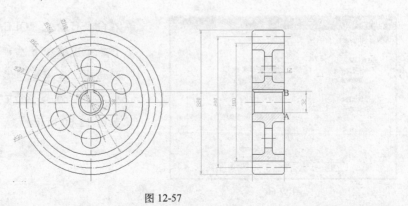

图 12-57

③ 单击 ✎ （删除）按钮，删除步骤 ① 中所做的辅助线。

图 12-58

④ 选中步骤 ② 中尺寸 32，然后单击 🔲 （特性）按钮，弹出"特性"选项板，在该选项板中将"直线和箭头"选项区中的"尺寸线 2"和"延伸线 2"设置为"关"，如图 12-58 所示。

⑤ 关闭"特性"选项板，结果如图 12-59 所示。

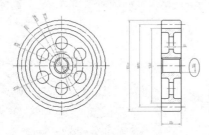

图 12-59

注意

要得到图中"32"的单边尺寸标注样式，还可以通过 📄 （分解）命令将标注分解，然后删除不要的半边即可，只不过这样虽然能达到效果但是"分解"后的尺寸就失去了原来的尺寸线之间的关联性。

5. 标注倒角

标注倒角时，由于倒角的特殊性，有时需要设置标注倒角的引线。

操作步骤

图 12-60

① 在命令行输入"QLEADER"，在命令行提示中输入 S 后弹出"引线设置"对话框。在 注释 选项卡中设置"注释类型"为 ◉ 多行文字(M)，其他选项如图 12-60 所示。

② 单击 引线和箭头 按钮，设置"箭头"样
式为 空心闭合 ；"角度约
束"中的"第一段"为 45°，"第二段"
为 90°，如图 12-61 所示。

图 12-61

③ 单击 附着 选项卡，设置"文字在左
边"选项为"第一行中间"，如图 12-62
所示。

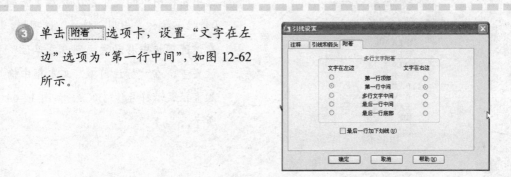

图 12-62

④ 设置完快速引线后，指定引线的标注位置，AutoCAD 提示：

```
命令: _qleader
指定第一个引线点或【设置(S)】<设置>: S       // 弹出图 12-60 所示对话框，按图示要求进行
设置
指定第一个引线点或【设置(S)】<设置>:       // 单击图 12-63 所示中的 A 点
指定下一点:                              // 单击图 12-63 所示中的 B 点
指定下一点:                              // 单击图 12-63 所示中的 C 点
指定文字宽度<2.5>: 5
输入注释文字的第一行<多行文字(M)>: C3       // 按<Enter>键结束第一行文字的输入
输入注释文字的第一行:                     // 按<Enter>键结束输入
```

结果如图 12-63 所示。

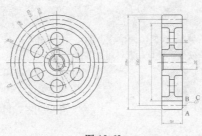

图 12-63

引线标注除了用来标注倒角外，还可以用来添加说明解释等的指引线。它的另一个重要运用是装配图中零件标号时的指引，这一运用将在第 14 章有详细讲解。

6. 添加直径符号

标注完成后，在机械绘图中，往往还不能详细地说明加工的方法。这是就需要对标注进行修正和完善。

操作步骤

图 12-64

① 选中左视图中的尺寸 220，然后单击⊞（特性）按钮，出现"特性"选项板。在该选项板中移动滑块到"主单位"设置下，在"标注前缀"文本框中输入直径表示符号"%%C"，如图 12-64 所示。

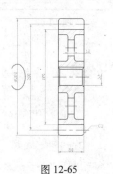

图 12-65

② 关闭特性对话框，此时可看到左视图中尺寸 220 前面多了一个直径符号φ，如图 12-65 所示。

③ 重复步骤②，将尺寸 32 前也添加上直径符号φ。

④ 单击（特性匹配）按钮，AutoCAD 提示：

```
命令：_matchprop
选择源对象：                          //   单击φ220 的尺寸标注
当前活动设置：颜色 图层 线型 线型比例 线宽 厚度 打印样式
标注 文字 填充图案 多段线 视口 表格材质 阴影显示
选择目标对象或【设置（S）】：          //   单击尺寸 200
选择目标对象或【设置（S）】：          //   单击尺寸 180
选择目标对象或【设置（S）】：          //   按<Enter>键结束命令
```

结果如图 12-66 所示。

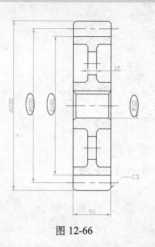

图 12-66

7. 添加公差

机械绘图中，由于加工的原因，一般都不能根据尺寸精确地进行加工，这时就需要用到一定的偏差，即公差。

操作步骤

① 选中左视图中的尺寸 φ220，然后单击 （特性）按钮，在弹出的"特性"选项板"公差"选项下，设置"显示公差"为"极限偏差"。然后在"公差下偏差"输入框中输入 0.1，再将"公差文字高度"改为 0.5，如图 12-67 所示。

图 12-67

② 重复步骤 **①**，将尺寸 φ32、10、38 也添加上相应的公差值。

③ 关闭特性对话框，结果如图 12-68 所示。

技巧

对尺寸的修改除了使用"特性"选项板外，还可以使用 A✎（尺寸编辑）命令来修改。只不过尺寸编辑命令编辑后的尺寸，不能使用"特性匹配"命令中的"刷子"将具有相同特性的标注转换成特定的标注形式，在有多个相同类型的标注时相对较慢。

AutoCAD 2009

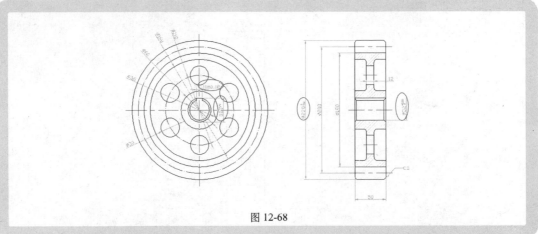

图 12-68

8. 多个相同形状图形的标注

操作步骤

① 选中左视图中的尺寸 φ30，然后单击 （特性）按钮，在"特性"选项板的"主单位"选项下将"标注前缀"中输入直径表示符号"6—%%C"，结果如图 12-69 所示。

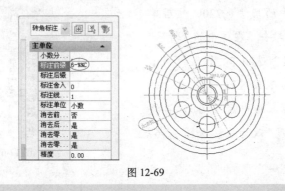

图 12-69

12.2.5　添加粗糙度

操作步骤

① 将图层切换到"标注层"绘制粗糙度符号，单击 ／（直线）按钮，AutoCAD 提示：

```
命令: _line
指定第一点:                                    // 单击 CAD 屏幕上的任意一点
指定下一点或【放弃(U)】: @-15<60
指定下一点或【放弃(U)】: @7.5<120
指定下一点或【闭合(C)/放弃(U)】: @7.5<0
指定下一点或【闭合(C)/放弃(U)】:               // 按<Enter>键结束命令
```

结果 12-70 所示。

图 12-70

② 选择 "绘图" → "块" → "定义属性"
命令，在弹出的 "属性定义" 对话框
中，输入 "提示" 属性值为 "输入粗
糙度的值"，各项设置如图 12-71 所示。

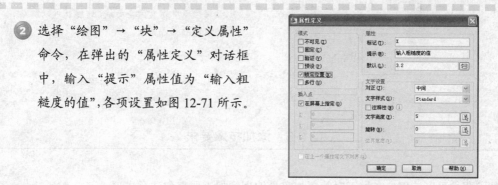

图 12-71

③ 单击 [确定] 按钮，返回到绘图区域，
指定水平横线的中点位置作为属性插
入点，结果如图 12-72 所示。

图 12-72

④ 选择 "绘图" → "块" → "创建……"
命令，在弹出的 "块定义" 对话框中输
入 "名称" 为 "粗糙度"。单击 [ ] (拾
取点) 按钮拾取绘制的粗糙度符号的三
角形下顶点作为插入基点；在 "对象"
选项区中单击 [ ] (选择对象) 按钮选择
粗糙度符号和 X，并选中 ⊙删除(D) 按
钮，然后输入说明文字，最后单击
[确定] 按钮将粗糙度定义为图块，
各项设置如图 12-73 所示。

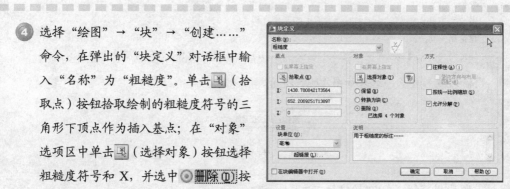

图 12-73

⑤ 在命令行输入 INSERT 将刚创建的块插入到图中相应位置，AutoCAD 提示：

命令：_insert
指定插入点或【基点（B）/比例（S）/X/Y/Z/旋转（R）】： // 在图中单击想要放置粗糙的位置
输入属性值
粗糙度的值<3.2>： // 可任意输入想要的粗糙度的值

　结果如图 12-74 所示。

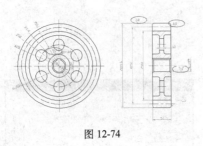

图 12-74

> 技巧
>
> 用户还可以使用 WBLOCK（写块）命令将粗糙度定义为全局块，这样就可以供其他图形文件调用。

12.2.6　添加技术要求

技术要求可以让用户在加工时能更加容易地理解加工要点和注意事项。

操作步骤

① 将图层切换到"文字"层，添加技术要求，单击 A（多行文字）按钮，AutoCAD 提示：

命令：_mtext
当前文字样式："Standard "当前文字高度：5
指定第一角点：
指定对角点或【高度（H）/对正（J）/行距（L）/旋转（R）/样式（S）/宽度（W）】：

输入技术要求，结果如图 12-75 所示。

技术要求：
1、调制处理后表面硬度HRC40-45.
2、未注明圆角R3-R5.

图 12-75

② 单击 A 按钮，AutoCAD 提示：

命令：_dtext
当前文字样式：Standard 当前文字高度：5.0000　注释性：否
指定文字的起点或【对正（J）/样式（S）】：　// 在合适的位置单击一点

AutoCAD 2009

指定高度<5.0000>:　　　　　　　　　　　　　　// 按<Enter>键接受默认值

指定文字的旋转角度<0>:　　　　　　　　　　　// 按<Enter>键接受默认值

在光标处输入"其余:",结果如图 12-76 所示。

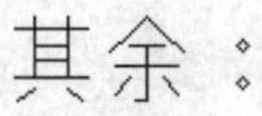

其余：

图 12-76

③ 在命令行输入 INSERT,将已创建好的
粗糙度图块插入到刚书写的文字后
面,结果如图 12-77 所示。

其余：

图 12-77

12.2.7　插入标题栏和填写参数表

标题栏可以让设计、修改和加工工作人员
能方便地进行核校、修改和加工,包括设计日
期、设计者名称等。参数表则填写该零件的各
项参数要素。

操作步骤

① 在命令行输入 INSERT,弹出"插入"对话框,对话框中显示上次插入图块的名称
等信息,如图 12-78 所示。

注意

插入时,图块内的每个对象仍在它原来的
图层上绘出,只有 0 图层上的对象在插入
时被绘制在当前层上,线型、颜色、线宽
也随当前层而改变,从而影响图块的使
用,因此定义图块时,建议用户不要使用
0 图层。

图 12-78

② 在"名称"文本框中输入名称,或者单击 浏览(B)... 按钮选择图块。此处单击 浏览(B)...
按钮,弹出"选择图形文件"对话框,选择"标准图框",如图 12-79 所示。

图 12-79

③ 单击 打开⑩ ▼ 按钮打开该图形，返回到"插入"对话框，在对话框中右上角显示选择块的预览图形，用户还可以在该对话框中设置插入点位置、缩放比例和旋转角度等，此处使用默认值，如图 12-80 所示。

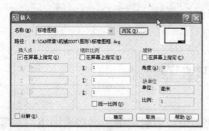

图 12-80

图 12-81

④ 单击 确定 按钮将标准图框插入到绘图界面，并调整到合适位置，结果如图 12-81 所示。

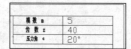

图 12-82

⑤ 单击 A 按钮，填写参数表，结果如图 12-82 所示。

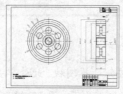

图 12-83

⑥ 用户可以使用同样的方法填写标题栏等各项信息，此处不再详细讲解，结果如图 12-83 所示。

第**13**章

机械零件图——箱体类零件设计

箱体类零件是机械设计中常见的一类零件，一方面是作为轴系零部件的支撑体，另一方面也是传动件的润滑装置。

本章主要讲解机械箱体类零件的设计和绘制。

重点和难点

- 箱体类零件基础
- 绘制齿轮泵机座
- 标注尺寸和公差
- 添加文字说明
- 插入标准图框

AutoCAD 2009

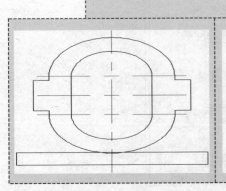

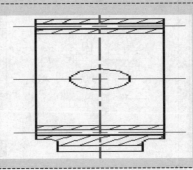

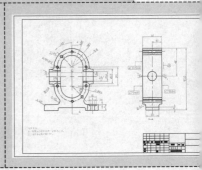

13.1 箱体类零件基础

箱体类零件是机械设计中常见的一类零件，它一方面是轴承、齿轮类零部件的支撑部件（如可以用来安装密封的端盖等零件），另一方面它本身还是传动件的润滑装置（如下箱体的容腔可以加注润滑油来润滑齿轮等部件）。

一般来说，箱体类根据功能的差别，导致其结构也不尽相同。另外，因为箱体属于空腔类构造，内外结构都比较复杂，所以表达起来会非常麻烦，这时就需要设计者能准确地选择相应的视图种类和数量。

13.1.1 要 点 提 示

箱体机座是绘制箱体类零件的一个重要部分。在该例中，用户需要充分利用视图之间的投影对应关系，来辅助绘制中心线等各种定位直线。

另外，本章还讲到了局部剖视图，在齿轮泵机座的绘制过程中，我们也对此进行了充分应用。

13.1.2 绘 制 步 骤

绘制图 13-1 所示的箱体类零件。

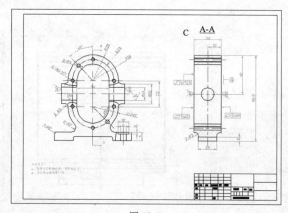

图 13-1

操作步骤

① 配置系统环境：包括新建文件、图层的设置、图幅和标题栏图框。

② 绘制主视图：首先绘制主视图的外部轮廓，然后绘制螺钉孔和限位销孔。

③ 绘制局部剖视图：选择机座较难表达的部分绘制局部剖视图。

④ 绘制左视图：根据机座的主视图来绘制左视图。

⑤ 标注尺寸：对图形添加尺寸标注，包括粗糙度和形位公差。

⑥ 添加注释：对图形添加技术说明和插入外部标题框。

13.2 绘制齿轮泵机座

下面我们通过齿轮本机座的绘制过程来讲解 AutoCAD 2009 二维绘图功能的综合应用，以及如何绘制齿轮泵机座。

13.2.1　新建文件和图层设置

首先，新建图形文件和进行绘图前的系统设置。

操作步骤

① 单击工具栏 □ （新建）图标，新建一个 AutoCAD 文件。

② 单击工具栏上的 ⊜ （图层特性管理器）图标，设置新图层，根据上一章介绍的设置分别建立"轮廓线"、"中心线"、"标注"、"剖面线"、"文字"和"点画线"等图层，结果如图 13-2 所示。

图 13-2

13.2.2　绘制中心线

操作步骤

① 选中 "中心线" 图层，并单击 ✓ （置为当前）按钮将 "中心线" 置为当前层，再单击 ▭确定▭ 按钮。

② 单击 ╱ （直线）按钮，AutoCAD 提示：

```
命令: _line
指定第一点:                         // 在屏幕上任意单击一点
指定下一点或 [放弃(U)]:@66, 0
指定下一点或 [放弃(U)]:             // 按<Enter>键结束命令
```

结果如图 13-3 所示。

图 13-3

③ 单击 ▱ （偏移）按钮，AutoCAD 提示：

```
命令: _offset
当前设置: 删除源=否    图层=源    OFFSETGAPTYPE=0
指定偏移距离或 [通过(T)/删除(E)/图层(L)] <通过>: 14
选择要偏移的对象，或 [退出(E)/放弃(U)] <退出>:                  // 选择②中绘制的直线
指定要偏移的那一侧上的点，或 [退出(E)/多个(M)/放弃(U)] <退出>: // 单击直线的下方任意一点
选择要偏移的对象，或 [退出(E)/放弃(U)] <退出>:                  // 选择刚偏移的直线
指定要偏移的那一侧上的点，或 [退出(E)/多个(M)/放弃(U)] <退出>: // 单击直线的下方任意一点
选择要偏移的对象，或 [退出(E)/放弃(U)] <退出>:                  // 按<Enter>键结束命令
```

结果如图 13-4 所示。

图 13-4

④ 单击 ╱（直线）按钮，AutoCAD 提示：

```
命令: _line
指定第一点: fro                        // 单击 ┌° （捕捉自）按钮或输入 fro 命令
基点:                                  // 单击最上面直线中点 A
<偏移>: @0, 33
指定下一点或 [放弃(U)]: @0, -133
指定下一点或 [放弃(U)]:                  // 按<Enter>键结束命令
```

结果如图 13-5 所示。

此处是用绘图命令将直线准确的绘制出来，绘制过程中经常要用到"中点"、"交点"、"圆心"和"基点"等捕捉点，用户可以将"对象捕捉"工具条打开放置在 AutoCAD 界面下，还可以运用前面讲的偏移、修改、复制等命令来编辑。

图 13-5

13.2.3 绘制主视图的外形轮廓

操作步骤

① 选中"轮廓线"图层，单击 ✓（置为当前）按钮将该图层置为当前图层，然后关闭对话框。

② 单击 ⌐（多段线）按钮，AutoCAD 提示：

```
命令: _pline
指定起点: fro
基点:                                      // 单击图中A点
<偏移>: @28, 0
当前线宽为: 0.0000
指定下一个点或 [圆弧(A)/半宽(H)/长度(L)/放弃(U)/宽度(W)]: a
指定圆弧的端点或
[角度(A)/圆心(CE)/方向(D)/半宽(H)/直线(L)/半径(R)/第二个点(S)/放弃(U)/宽度(W)]: a

指定包含角: 180
指定圆弧的端点或 [圆心(CE)/半径(R)]: r
指定圆弧半径: 28
指定圆弧的方向<270>: 180
指定圆弧的起点或:
[角度(A)/圆心(CE)/闭合(CL)/方向(D)/半宽(H)/直线(L)/半径(R)/第二个点(S)/放弃(U)/宽
度(W)]: l
指定下一点或 [圆弧(A)/闭合(C)/半宽(H)/长度(L)/放弃(U)/宽度(W)]: 28
指定下一点或 [圆弧(A)/闭合(C)/半宽(H)/长度(L)/放弃(U)/宽度(W)]: a
指定圆弧的端点或
[角度(A)/圆心(CE)/闭合(CL)/方向(D)/半宽(H)/直线(L)/半径(R)/第二个点(S)/放弃(U)/宽
度(W)]: a
指定包含角: 180
指定圆弧的端点或 [圆心(CE)/半径(R)]: r
指定圆弧的半径: 28
指定圆弧的弦方向 <270>: 0
指定圆弧的端点或
[角度(A)/圆心(CE)/闭合(CL)/方向(D)/半宽(H)/直线(L)/半径(R)/第二个点(S)/放弃(U)/宽
度(W)]: l
指定下一点或 [圆弧(A)/闭合(C)/半宽(H)/长度(L)/放弃(U)/宽度(W)]: c
```

结果如图 13-6 所示。

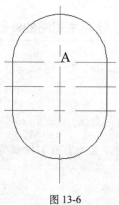

图 13-6

③ 单击 ⛊ （偏移）按钮，AutoCAD 提示：

命令: _offset
当前设置: 删除源=否 图层=源 OFFSETGAPTYPE=0
指定偏移距离或 [通过(T)/删除(E)/图层(L)] <14.0000>: 10
选择要偏移的对象，或 [退出(E)/放弃(U)] <退出>:   // 选择②中绘制的多边形
指定要偏移的那一侧上的点，或 [退出(E)/多个(M)/放弃(U)] <退出>: // 单击腰圆的内部任意一点
选择要偏移的对象，或 [退出(E)/放弃(U)] <退出>:   // 按<Enter>键结束偏移

结果如图 13-7 所示。

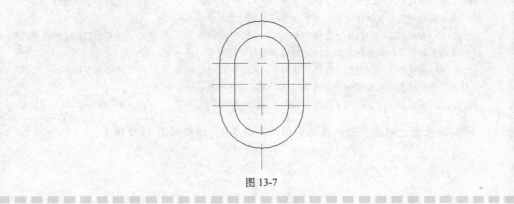

图 13-7

④ 单击 口 （矩形）按钮，AutoCAD 提示：

命令: _rectang
指定第一个角点或 [倒角(C)/标高(E)/圆角(F)/厚度(T)/宽度(W)]: fro
基点: // 单击图中 A 点
<偏移>: @-35,-3
指定另一个角点或 [面积(A)/尺寸(D)/旋转(R)]: @17,-22

结果如图 13-8 所示。

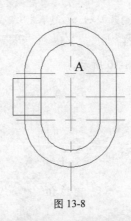

图 13-8

⑤ 单击 ⊣⊢（修剪）按钮，AutoCAD 提示：

```
命令: _trim
当前设置:投影=UCS，边=无
选择剪切边...
选择对象或 <全部选择>: 找到 1 个                    // 选择外侧多边形
选择对象:找到 1 个，总计 2 个                        // 选择刚绘制的矩形
选择对象:                                          // 按<Enter>键结束选择

选择要修剪的对象，或按住 <Shift> 键选择要延伸的对象，或
[栏选(F)/窗交(C)/投影(P)/边(E)/删除(R)/放弃(U)]:     // 选择右上侧矩形
选择要修剪的对象，或按住 <Shift> 键选择要延伸的对象，或
[栏选(F)/窗交(C)/投影(P)/边(E)/删除(R)/放弃(U)]:     // 选择矩形框中间的多边形
选择要修剪的对象，或按住 <Shift> 键选择要延伸的对象，或
[栏选(F)/窗交(C)/投影(P)/边(E)/删除(R)/放弃(U)]:     // 选择右下侧矩形
选择要修剪的对象，或按住 <Shift> 键选择要延伸的对象，或
[栏选(F)/窗交(C)/投影(P)/边(E)/删除(R)/放弃(U)]:     // 按<Enter>键结束修剪
```

修剪结束后，删除多余的线（矩形的右边长），结果如图 13-9 所示。

图 13-9

⑥ 单击 ⚏（镜像）按钮，AutoCAD 提示：

```
命令: _mirror
选择对象:找到 1 个                    // 选择⑤中修剪后的半个矩形
选择对象:                            // 单击 A 点
指定镜像线的第一点: 指定镜像线的第二点:   // 单击 B 点
要删除源对象吗? [是(Y)/否(N)] <N>:     // 按<Enter>键接受默认值
```

修剪多余的线，结果如图 13-10 所示。

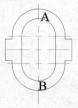

图 13-10

⑦ 单击囗（矩形）按钮，AutoCAD 提示：

> 命令： _rectang
> 指定第一个角点或 [倒角(C)/标高(E)/圆角(F)/厚度(T)/宽度(W)]:fro
> 基点：　　　　　　　　　　　　　　　　　　// 单击图中 A 点
> <偏移>: @-42.5, -27.5
> 指定另一个角点或 [面积(A)/尺寸(D)/旋转(R)]: @85, -9

结果如图 13-11 所示。

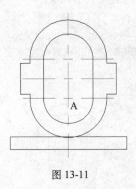

图 13-11

⑧ 单击（分解）按钮，分解步骤⑦中的矩形。

⑨ 单击（偏移）按钮，AutoCAD 提示：

> 命令： _offset
> 当前设置：删除源=否　　图层=源　　OFFSETGAPTYPE=0
> 指定偏移距离或 [通过(T)/删除(E)/图层(L)]<10.0000>: 4
> 选择要偏移的对象，或 [退出(E)/放弃(U)]<退出>:　　　　　// 选择矩形最下边的边
> 指定要偏移的那一侧上的点，或 [退出(E)/多个(M)/放弃(U)]<退出>: // 单击直线上方任意一点
> 选择要偏移的对象，[退出(E)/放弃(U)]<退出>:　　　　　　　// 按<Enter>键结束偏移

结果如图 13-12 所示。

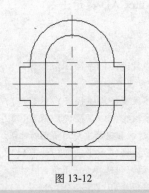

图 13-12

⑩ 按<Enter>键继续执行偏移命令，AutoCAD 提示：

命令：_offset
当前设置：删除源=否 图层=源 OFFSETGAPTYPE=0
指定偏移距离或 [通过(T)/删除(E)/图层(L)]<4.0000>: 20.5
选择要偏移的对象，或 [退出(E)/放弃(U)]<退出>:   // 选择矩形左边
指定要偏移的那一侧上的点，或 [退出(E)/多个(M)/放弃(U)]<退出>: // 单击直线右方任意
一点
选择要偏移的对象，或 [退出(E)/放弃(U)]<退出>:   // 选择矩形最右边的边
指定要偏移的那一侧上的点，或 [退出(E)/多个(M)/放弃(U)]<退出>: // 单击直线左方任意
一点
选择要偏移的对象，[退出(E)/放弃(U)]<退出>:   // 按<Enter>键结束偏移

结果如图 13-13 所示。

图 13-13

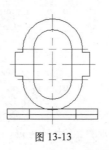

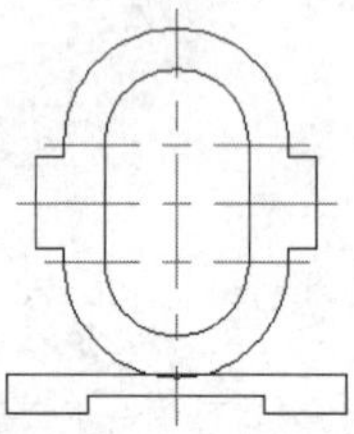

图 13-14

⑪ 单击 (修剪) 按钮，根据需要选择
修剪的边，结果如图 13-14 所示。

⑫ 单击 (圆角) 按钮，AutoCAD 提示：

命令：_fillet
当前设置：模式 = 修剪，半径 = 3.0000
选择第一个对象或 [放弃(U)/多段线(P)/半径(R)/修剪(T)/多个(M)]: r
指定圆角半径 <3.0000>: 2
选择第一个对象或 [放弃(U)/多段线(P)/半径(R)/修剪(T)/多个(M)]: m
选择第一个对象或 [放弃(U)/多段线(P)/半径(R)/修剪(T)/多个(M)]:
选择第二个对象，或按住 <Shift> 键选择要应用角点的对象:
选择第一个对象或 [放弃(U)/多段线(P)/半径(R)/修剪(T)/多个(M)]:
选择第二个对象，或按住 <Shift> 键选择要应用角点的对象:
选择第一个对象或 [放弃(U)/多段线(P)/半径(R)/修剪(T)/多个(M)]: //按<Enter>键结束命令

结果如图 13-15 所示。

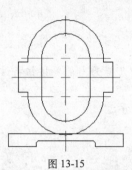

图 13-15

13　重复步骤 12，将圆角半径设置为 5，对多边形和矩形相交处倒圆角，结果如图 13-16 所示。

技 巧

如果倒圆角时出现不能正确倒角的情况，可先将多段线用"分解"命令分解后再倒圆角。

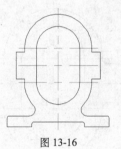

图 13-16

14　重复步骤 12，将圆角半径设置为 3，对上侧部分进行倒圆角，结果如图 13-17 所示。

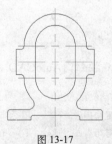

图 13-17

13.2.4　绘制螺钉孔和限位销孔

开槽盘头螺钉为机械标准件，此螺钉孔主要用于螺钉连接。

1. 绘制点画线

操作步骤

1 选中"点画线"层，单击√（置为当前）按钮将该图层置为当前图层。

2 单击 / 按钮，AutoCAD 提示：

```
命令：_line
指定第一点：                                        // 在屏幕上单击A点
指定下一点或 [放弃(U)]：@33<135
指定下一点或 [放弃(U)]：                            // 按<Enter>键结束命令
命令：_line
指定第一点：                                        // 在屏幕上单击B点
指定下一点或 [放弃(U)]：@33<-45
指定下一点或 [放弃(U)]：                            // 按<Enter>键结束命令
```

结果如图 13-18 所示。

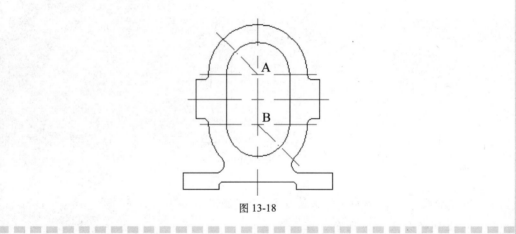

图 13-18

3 单击 ⚓ 按钮，AutoCAD 提示：

```
命令：_offset
当前设置：删除源=否   图层=源   OFFSETGAPTYPE=0
指定偏移距离或 [通过(T)/删除(E)/图层(L)]<20.5000>：5
选择要偏移的对象，或 [退出(E)/放弃(U)]<退出>：            // 选择小腰圆孔
指定要偏移的那一侧上的点，或 [退出(E)/多个(M)/放弃(U)]<退出>：   // 单击腰圆孔外侧任
意一点
选择要偏移的对象，或 [退出(E)/放弃(U)]<退出>：            // 按<Enter>键结束
偏移
```

结果如图 13-19 所示。

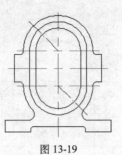

图 13-19

- -

④ 单击🖳按钮或输入 MATCHPROP 命令，AutoCAD 提示：

> 命令：_matchprop
> 选择源对象：　　　　　　　　　　　　　　// 单击❷中绘制的直线
> 当前活动设置：颜色 图层 线型 线型比例 线宽 厚度 打印样式 标注 文字 填充图案 多段线 视
> 口 表格材质 阴影显示
> 选择目标对象或 [设置(S)]：　　　　　　　// 选择❸中偏移后的腰圆
> 选择目标对象或 [设置(S)]：　　　　　　　// 按<Enter>键结束命令

结果如图 13-20 所示。

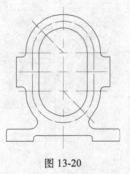

图 13-20

2．绘制螺纹孔

在刚才绘制的腰圆基础上绘制螺纹孔。

⑤ 单击◉按钮绘制螺纹顶径，AutoCAD 提示：

> 命令：_circle
> 指定圆的圆心或 [三点(3P)/两点(2P)/相切、相切、半径(T)]：　　　// 选取 A 点
> 指定圆的半径或 [直径(D)]：1.7　　　　　　　　　　　　　　　// 输入半径值 1.7

结果如图 13-21 所示。

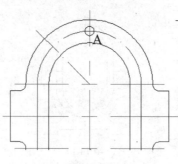

图 13-21

⑥ 选中"轮廓线",并单击 ✔（置为当前）按钮将该图层置为当前图层。

⑦ 单击 ⊘ 按钮绘制螺纹的底径，AutoCAD 提示：

```
命令：_circle
指定圆的圆心或 [三点（3P）/两点（2P）/相切、相切、半径（T）]：    // 选取 A 点
指定圆的半径或 [直径（D）]：2                                    // 输入半径值 2
```

然后单击 ⊹ 按钮，修剪掉螺纹顶径的 1/4 圆弧，结果如图 13-22 所示。

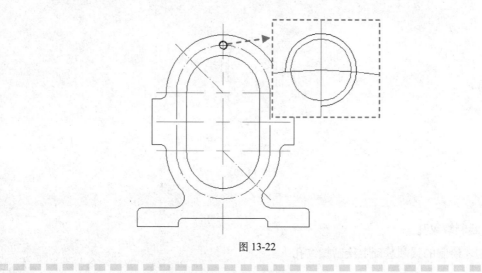

图 13-22

⑧ 单击 ⊠（复制）按钮，AutoCAD 提示：

```
命令：_copy
选择对象：                              // 选择上面绘制的螺纹孔
找到 2 个
选择对象：                              // 按<Enter>键结束选择
指定基点或 [（位移（D））<位移>：          // 用对象捕捉捕捉螺纹孔的圆心
指定第二个点或<使用第一点作为位移>：       // 用对象捕捉捕捉 A 点
```

指定第二个点或 [退出 (E) /放弃 (U)]<退出>: // 用对象捕捉捕捉 B 点
指定第二个点或 [退出 (E) /放弃 (U)]<退出>: // 用对象捕捉捕捉 C 点
指定第二个点或 [退出 (E) /放弃 (U)]<退出>: // 用对象捕捉捕捉 D 点
指定第二个点或 [退出 (E) /放弃 (U)]<退出>: // 用对象捕捉捕捉 E 点
指定第二个点或 [退出 (E) /放弃 (U)]<退出>: // 按<Enter>键结束复制

结果如图 13-23 所示。

此处可用 "复制" 命令复制 3 个圆, 然后用 "镜像" 命令对称出另外 3 个圆, 也可以先 "阵列" 3 个圆, 然后用 "镜像" 对称出另外 3 个圆, 有兴趣的读者可以试试看。

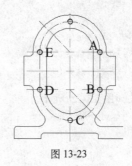

图 13-23

⑨ 单击 ⊙ 按钮绘制限位销, AutoCAD 提示:

```
命令: _circle
指定圆的圆心或 [三点 (3P) /两点 (2P) /相切、相切、半径 (T)]:     // 选取 A 点
指定圆的半径或 [直径 (D)]: 2                                    // 输入半径值 2
```

重复绘圆, 圆心选取 B 点, 半径为 2,

结果如图 13-24 所示。

至此, 箱体的主视图绘制完成。

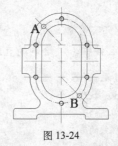

图 13-24

13.2.5 局部剖视图

由于部分零件表达不清楚, 主视图绘制完   成后, 需要绘制该部分的局部剖视图。

操作步骤

① 单击 ✏ 按钮, AutoCAD 提示:

```
命令: _line
指定第一点: fro                          // 单击 按钮或在命令行输入 fro
基点:                                   // 单击图中的 A 点
<偏移>: @0, -4
指定下一点或 [放弃(U)]: @17, 0
命令: _line
指定第一点: fro                          // 单击 按钮或在命令行输入 fro
基点:                                   // 单击图中的 B 点
<偏移>: @0, 4
指定下一点或 [放弃(U)]: @17, 0
指定下一点或 [放弃(U)]:                   // 按<Enter>键结束命令
```

结果如图 13-25 所示。

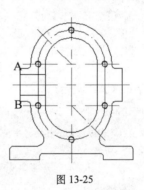

图 13-25

②单击 按钮，对绘制的直线进行镜像操作，AutoCAD 提示:

```
命令: _mirror
选择对象: 找到 2 个                      // 选择①中镜像后的两条直线
指定镜像线的第一点:                      // 单击 A 点
指定镜像线的第二点:                      // 单击 B 点
要删除源对象吗? [是(Y)/否(N)]<N>:        // 按<Enter>键接受默认值
```

结果如图 13-26 所示。

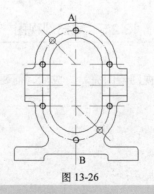

图 13-26

3 单击 ⬒ 按钮，AutoCAD 提示:

命令:offset
当前设置: 删除源=否　图层=源　　OFFSETGAPTYPE=0
指定偏移距离或 [通过(T)/删除(E)/图层(L)]<5.0000>: 2
选择要偏移的对象，或 [退出(E)/放弃(U)]<退出>:　　　　　　// 选择图中直线AB
指定要偏移的那一侧上的点，或[退出(E)/多个(M)/放弃(U)]<退出>:　// 单击直线下方任意一点
选择要偏移的对象，或 [退出(E)/放弃(U)]<退出>:　　　　　　　// 按<Enter>键结束
偏移

结果如图 13-27 所示。

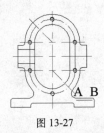

图 13-27

4 单击 ⬒ 按钮，对底座右侧的直线进行偏移，AutoCAD 提示:

命令:offset
选择要偏移的对象，或 [退出(E)/放弃(U)] <退出>:　　　　　　　　// 选择图中直线CD
指定要偏移的那一侧上的点，或 [退出(E)/多个(M)/放弃(U)] <退出>:// 单击直线左侧任意一点
选择要偏移的对象，或 [退出(E)/放弃(U)] <退出>:　　　　　　　　// 选择刚偏移的直线
指定要偏移的那一侧上的点，或 [退出(E)/多个(M)/放弃(U)] <退出>:// 选择该直线左侧
选择要偏移的对象，或 [退出(E)/放弃(U)] <退出>:　　　　　　　　// 选择刚偏移的直线
指定要偏移的那一侧上的点，或 [退出(E)/多个(M)/放弃(U)] <退出>:// 选择该直线左侧
选择要偏移的对象，或 [退出(E)/放弃(U)] <退出>:　　　　　　　　// 选择刚偏移的直线
指定要偏移的那一侧上的点，或 [退出(E)/多个(M)/放弃(U)] <退出>:// 选择该直线左侧
选择要偏移的对象，或 [退出(E)/放弃(U)] <退出>:　　　　　　　　// 选择刚偏移的直线
指定要偏移的那一侧上的点，或 [退出(E)/多个(M)/放弃(U)] <退出>:// 选择该直线左侧
选择要偏移的对象，或 [退出(E)/放弃(U)] <退出>:　　　　　　　　// 按<Enter>键结束

结果如图 13-28 所示。

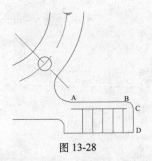

图 13-28

⑤ 单击 ⊣ （延伸）按钮，AutoCAD 提示：

```
当前设置：投影=UCS，边=无
选择边界的边……
选择对象或<全部选择>：找到 1 个                        // 选择直线 AB
选择对象：                                           // 按<Enter>键
选择要延伸的对象，或按住 <Shift> 键选择要修剪的对象，或
[栏选(F)/窗交(C)/投影(P)/边(E)/放弃(U)]：              // 选择左边的直线
选择要延伸的对象，或按住 <Shift> 键选择要修剪的对象，或
[栏选(F)/窗交(C)/投影(P)/边(E)/放弃(U)]：              // 选择右边的直线
选择要延伸的对象，或按住 <Shift> 键选择要修剪的对象，或
[栏选(F)/窗交(C)/投影(P)/边(E)/放弃(U)]：              // 按<Enter>键结束命令
```

结果如图 13-29 所示。

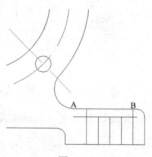

图 13-29

图 13-30

⑥ 单击 ⊣ 按钮，根据需要选择修剪的边，结果如图 13-30 所示。

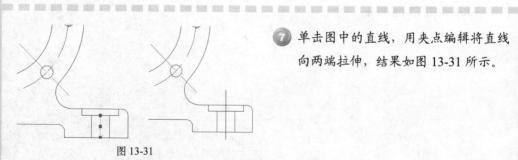

图 13-31

⑦ 单击图中的直线，用夹点编辑将直线向两端拉伸，结果如图 13-31 所示。

⑧ 单击▓按钮，将该直线转换成中心线，
如图 13-32 所示。

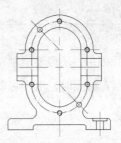

图 13-32

⑨ 单击∿（样条曲线）按钮，绘制样条曲线作为局部剖视图的边界，AutoCAD 提示:

```
命令: _spline
指定第一个点或 [对象(O)]:                      // 单击A点
指定一下点:                                   // 单击B点
指定下一点或 [闭合(C)/拟合公差(F)]<起点切向>:   // 单击C点
指定下一点或 [闭合(C)/拟合公差(F)]<起点切向>:   // 按<Enter>键
指定起点切向:                                 // 按<Enter>键
指定端点切向:                                 // 按<Enter>键结束命令
```

重复以上操作，依次绘制其他几条样条曲线，结果如图 13-33 所示。

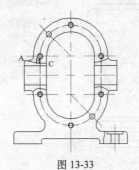

图 13-33

⑩ 切换"剖面线"图层为当前图层。

⑪ 选择 ANSI31 线型，选取绘制剖面线
的内部点，结果如图 13-34 所示。

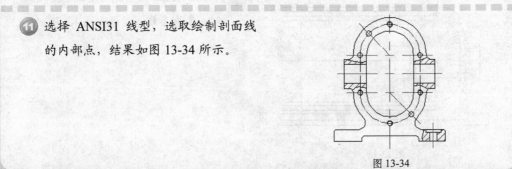

图 13-34

13.2.6 绘制左视图

绘制完主视图后，还需要绘制左视图来完善零件图。绘制左视图时，用户可以根据"机械三视图"的规律来精确绘制：主、俯视图长对正；主、左视图高平齐；俯、左视图宽相等。

操作步骤

1 选中"轮廓线"，单击 ✓ （置为当前）按钮将该图层置为当前图层。

2 选择"绘图"→"射线"命令，AutoCAD 提示：

```
命令: _ray
指定起点:                              //  选择图中 A 点
指定通过点:                            //  利用导航线单击 A 点右边一点
指定通过点:                            //  按<Enter>键结束命令
```

重复 **2** 绘制多条辅助线，结果如图 13-35 所示。

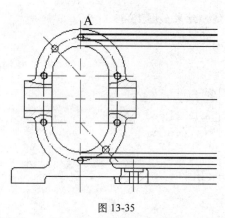

图 13-35

辅助线的形式有很多种，例如前面讲过的 ✏ （构造线），当然此处也可以用直线作为辅助线，都能达到相同的效果，只是根据个人喜好自行选择。

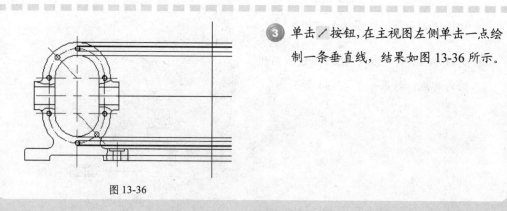

3 单击 ✏ 按钮，在主视图左侧单击一点绘制一条垂直线，结果如图 13-36 所示。

图 13-36

④ 单击 ⬚ 按钮，选择 ③ 中绘制的直线，
向右侧偏移 30，结果如图 13-37 所示。

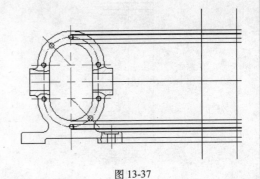

图 13-37

⑤ 单击 ⊹ 按钮，根据需要选择修剪的
边，结果如图 13-38 所示。

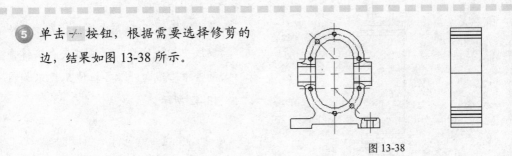

图 13-38

⑥ 单击 ⬚ 按钮，选择图 13-38 所示中左
视图中左右两条边线，向内侧各偏移
5，再将两条边线的任意一条偏移 15
作为中心线，结果如图 13-39 所示。

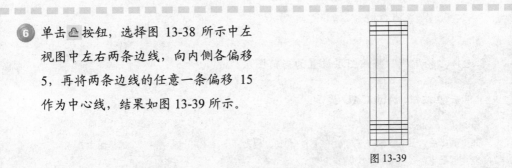

图 13-39

⑦ 单击 ⊹ 按钮，根据需要选择修剪的
边，结果如图 13-40 所示。

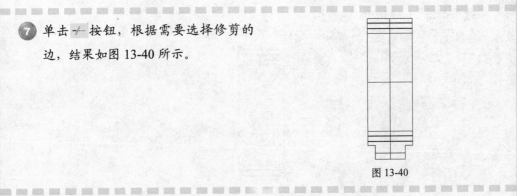

图 13-40

⑧ 选择"中心线"图层设置为当前图层。

AutoCAD 2009

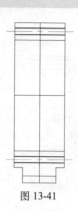

图 13-41

9 单击 / 按钮，绘制两条螺纹孔的中心线，结果如图 13-41 所示。

图 13-42

10 单击 按钮，将 6 中偏移的直线也转换成中心线线型，并通过夹点编辑将两条中心线向外侧各拉伸 5，结果如图 13-42 所示。

11 选择"轮廓线"将该图层设置为当前图层。

12 单击 按钮，AutoCAD 提示：

```
命令：_circle
指定圆心或 [三点 (3P)/两点 (2P)/相切、相切、半径 (T)]:     // 选择图中A点
指定圆的半径或 [直径 (D)]: 7
```

结果如图 13-43 所示。

图 13-43

⑬ 单击 ⬜ 按钮，AutoCAD 提示：

```
当前设置：模式=不修剪，半径=0.0000
选择第一个对象或 [放弃 (U) /多段线 (P) /半径 (R) /修剪 (T) /多个 (M)]: r
指定圆角半径<0.0000>: 3
选择第一个对象或 [放弃 (U) /多段线 (P) /半径 (R) /修剪 (T) /多个 (M)]: m
选择第一个对象或 [放弃 (U) /多段线 (P) /半径 (R) /修剪 (T) /多个 (M)]: t
输入修剪模式选项 [修剪 (T) /不修剪 (N)]<不修剪>: t
选择第一个对象或 [放弃 (U) /多段线 (P) /半径 (R) /修剪 (T) /多个 (M)]:
选择第二个对象，或按住<Shift>键选择要应用角点的对象:
选择第一个对象或 [放弃 (U) /多段线 (P) /半径 (R) /修剪 (T) /多个 (M)]:
选择第二个对象，或按住<Shift>键选择要应用角点的对象:      // 按<Enter>键结束命令
```

结果如图 13-44 所示。

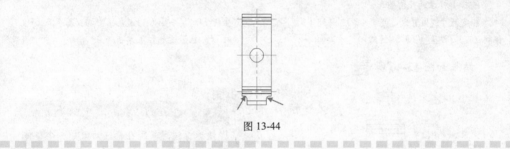

图 13-44

⑭ 打开 "剖面线" 图层，并将该图层设置为当前图层。

⑮ 单击 ⬚（图案填充）按钮，在出现的
界面选择 ANSI31 线型并调整合适的
线性比例，选取打剖面线的内部点，
结果如图 13-45 所示。

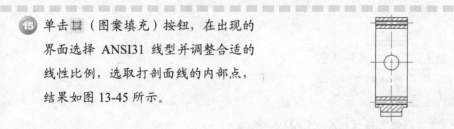

图 13-45

13.3 标注尺寸与公差

图形绘制完成后，需要对图形进行尺寸标注。

13.3.1 标注尺寸

操作步骤

1 选中"标注"图层，单击 ✓（置为当前）按钮将该图层置为当前图层。

2 使用 AutoCAD 默认的标注样式，单击 ⊞（快速标注）按钮，AutoCAD 提示：

```
命令: _qdim
关联标注优先级=端点
选择要标注的几何图形: 找到 1 个          // 选中左视图中机座的总厚度
选择要标注的几何图形:
指定尺寸线位置或 [连续 (C) /并列 (S) /基线 (B) /坐标 (O) /半径 (R) /直径 (D) /基准点 (P) /
编辑 (E) /设置 (T)] <连续>:                // 在合适的位置单击一点
```

结果如图 13-46 所示。

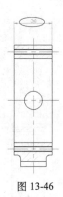

图 13-46

> **注意**
>
> 快速标注通常用在标注对象是一个整体时，标注时直接单击对象即可，但是快速标注只能标注水平或垂直线型而不能标注倾斜的直线。

3 单击 ⊢（线性）按钮，AutoCAD 提示：

```
命令: _dimlinear
指定第一条尺寸界线原点或 <选择对象>:
指定第二条尺寸界线原点:
指定尺寸线位置或
[多行文字(M)/文字(T)/角度(A)/水平(H)/垂直(V)/旋转(R)]: t
输入标注文字 <22>: %%C22
指定尺寸线位置或
[多行文字(M)/文字(T)/角度(A)/水平(H)/垂直(V)/旋转(R)]:
标注文字 = 22
```

结果如图 13-47 所示。

在标注时可以通过选择命令行的提示输入
自己想要表示的形式，也可以按 CAD 默认
的形式进行标注，标注全部完成后再统一
修改，这一点在上一章已经有了详细的讲
解，这里就不再赘述。虽然都能达到想要
的结果，但是显然标注全部完成后统一修
改效率更高些。

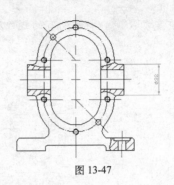

图 13-47

④ 重复步骤 ③ 标注 ϕ14，结果如图 13-48
所示。

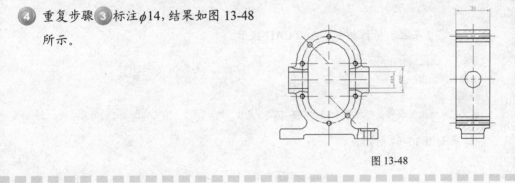

图 13-48

⑤ 单击 ⊢⊣ 按钮，AutoCAD 提示：

```
命令：_dimlinear
指定第一条尺寸界限线原点或<选择对象>：    // 选取图中 A 点
指定第二条尺寸界限原点：               // 选取图中 B 点
指定尺寸线位置或
[多行文字(M)/文字(T)/角度(A)/水平(H)/垂直(V)/旋转(R)]：   //在合适位置单击
一点放置尺寸标注线
标注文字=28
```

结果如图 13-49 所示。

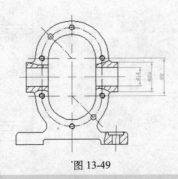

图 13-49

⑥ 重复步骤⑤，标注所有的线性尺寸，结果如图 13-50 所示。

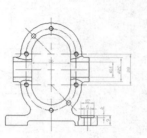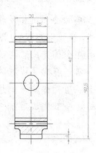

图 13-50

⑦ 单击 ⊙（半径）标注按钮，AutoCAD 提示：

命令：_dimradius
选择圆弧或圆：
标注文字=18
指定尺寸线位置或 [多行文字(M)/文字(T)/角度(A)]:   // 在合适的位置单击一点

结果如图 13-51 所示。

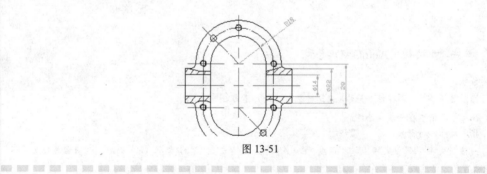

图 13-51

⑧ 重复步骤⑦标注其他圆弧半径，结果如图 13-52 所示。

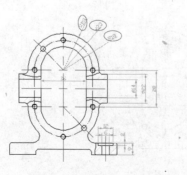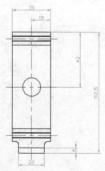

图 13-52

⑨ 单击 ⊙（半径）标注按钮，AutoCAD 提示：

命令：_dimradius
选择圆弧或圆：
标注文字=3
指定尺寸线位置或 [多行文字(M)/文字(T)/角度(A)]: t
输入标注文字<3>: 2-R3
指定尺寸线位置或 [多行文字(M)/文字(T)/角度(A)]:   // 在合适的位置单击一点

结果如图 13-53 所示。

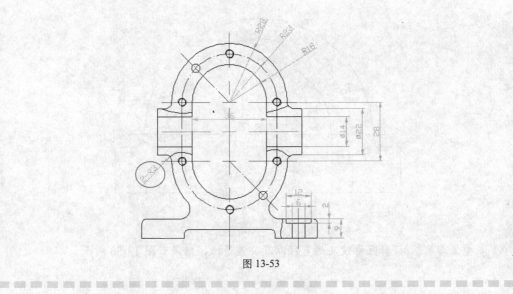

图 13-53

⑩ 重复步骤 ⑨，标注其他圆角，结果如图 13-54 所示。

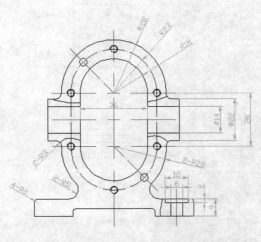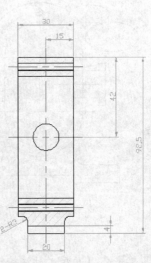

图 13-54

11 单击 🔘（直径）标注按钮，AutoCAD 提示：

命令：_dimdiameter
选择圆弧或圆   // 选择限位销轴的圆
标注文字=4
指定尺寸线位置或 [多行文字(M)/文字(T)/角度(A)]：t
输入标注文字<4>：2-%%C4
指定尺寸线位置或 [多行文字(M)/文字(T)/角度(A)]： // 在需要标注的位置单击

结果如图 13-55 所示。

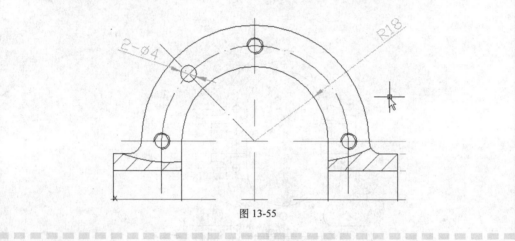

图 13-55

12 重复步骤 **11**，标注螺纹孔的直径以及公差等级，结果如图 13-56 所示。

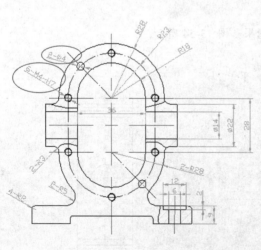
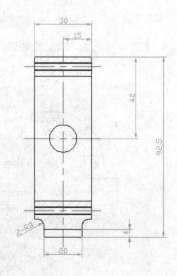

图 13-56

13 单击 △（角度）标注按钮，AutoCAD 提示：

选择圆弧、圆、直线或<指定顶点>:	// 选择垂直中心线
选择第二条直线:	// 选择点画线
指定标注弧线位置或 [多行文字 (M) /文字 (T) /角度 (A)]:	// 在合适位置单击一点
标注文字=45	

结果如图 13-57 所示。

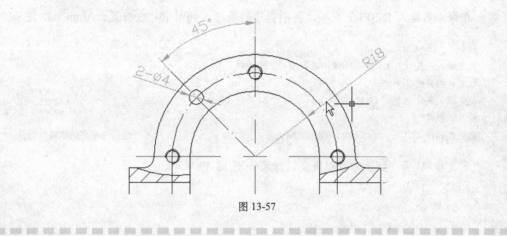

图 13-57

14 重复步骤 13,继续角度标注,结果如图 13-58 所示。

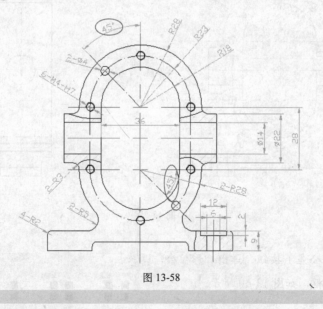

图 13-58

13.3.2 粗糙度和形位公差的标注

进行粗糙度和形位公差的标注时,首先需　　要了解它们的绘制方法。粗糙度一般均是利用

"属性定义"的方式来创建带属性的块实现；形　　位公差 AutoCAD 则有固定的标注形式。

操作步骤

① 参照 12.2.5 小节所讲的粗糙度的画法，绘制一个粗糙度符号并将它做成块。

② 在命令行输入 INSERT 命令，将刚创建的块插入到图中相应位置，AutoCAD 提示：

```
命令: _insert
指定插入点或 [基点(B)/比例(S)/X/Y/Z/旋转(R)]: r
指定旋转角度<0>: 90
指定插入点或 [基点(B)/比例(S)/X/Y/Z/旋转(R)]:          // 在A点单击作为插入点
输入属性值
粗糙度的值<3.2>: 按<Enter>键接受默认值                  // 可任意输入想要的粗糙度的值
```

重复步骤 ②，标注其他粗糙度，结果如图 13-59 所示。

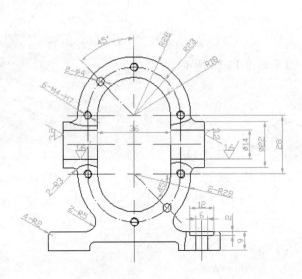
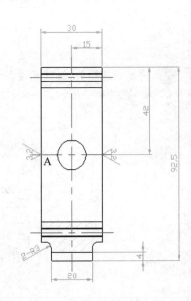

图 13-59

③ 单击 ▦（公差）按钮，弹出"形位公差"对话框，如图 13-60 所示。

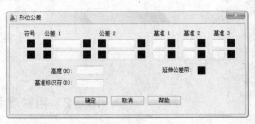

图 13-60

④ 单击符号下方的 ■（特征符号）黑色方块，弹出"特征符号"对话框，结果如图 13-61 所示。

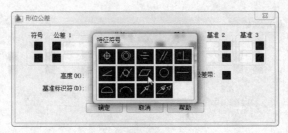

图 13-61

⑤ 单击 ▱（平面度）符号，然后在"公差 1"输入框中输入 0.02，如图 13-62 所示。

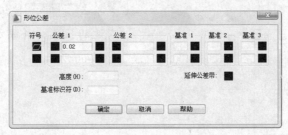

图 13-62

⑥ 单击 确定 按钮，将平面度放到 AutoCAD 界面的合适位置，如图 13-63 所示。

图 13-63

⑦ 重复步骤 ④ ~ ⑥，标注另外一个平面度。

⑧ 参照 12.2.4 小节中倒角标注时引线的应用，将图中添加上合适的引线，结果如图 13-64 所示。

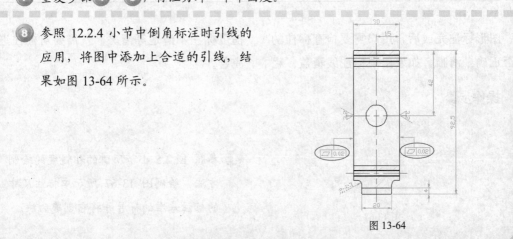

图 13-64

⑨ 重复步骤 ③ ~ ⑤，单击 // （平行度）符号。然后在输入框中输入 0.05，在基准框中输入 "A"，结果如图 13-65 所示。

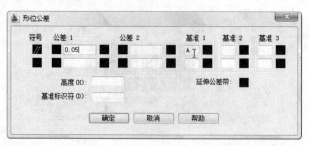

图 13-65

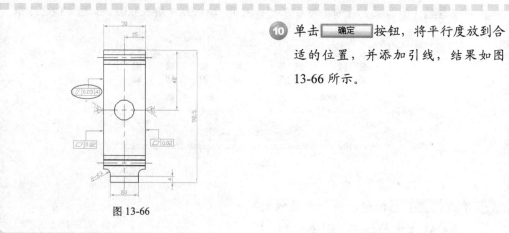

图 13-66

⑩ 单击 确定 按钮，将平行度放到合适的位置，并添加引线，结果如图 13-66 所示。

13.3.3 完善标注和剖面

图形标注完成后，用户需要检查标注的是否正确、清晰，如果出现标注线覆盖、粗糙度标注不清楚等情况，就需要对标注进行完善。

操作步骤

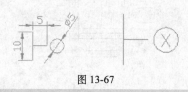

图 13-67

① 参照 12.2.5 小节所讲的粗糙度的绘制方法，绘制图 13-67 所示中标注尺寸的标注基准的符号并将它创建为块。

② 在命令行输入 INSERT 命令，将刚创建的块插入到图中相应位置，AutoCAD 提示：

```
命令: _insert
指定插入点或 [基点(B)/比例(S)/X/Y/Z/旋转(R)]:  // 在合适的位置单击作为插入点
输入属性值
粗糙度的值<X>: A
```

结果如图 13-68 所示。

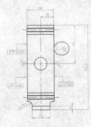

图 13-68

③ 单击 ↗（多段线）按钮，AutoCAD 提示：

```
命令: _pline
指定起点: fro
基点: <偏移>: @10, 0                                      // 单击 A 点
当前线宽为 0.0000
指定下一个点或 [圆弧(A)/半宽(H)/长度(L)/放弃(U)/宽度(W)]: w
指定起点宽度<0.0000>: 0
指定端点的宽度<0.0000>: 0.5
指定下一个点或 [圆弧(A)/半宽(H)/长度(L)/放弃(U)/宽度(W)]:      // 单击 B 点
指定下一点或 [圆弧(A)/闭合(C)/半宽(H)/长度(L)/放弃(U)/宽度(W)]: w
指定起点宽度<0.5000>: 0
指定端点的宽度<0.0000>:
指定下一点或 [圆弧(A)/闭合(C)/半宽(H)/长度(L)/放弃(U)/宽度(W)]: // 单击 C 点
指定下一点或 [圆弧(A)/闭合(C)/半宽(H)/长度(L)/放弃(U)/宽度(W)]: // 按<Enter>键
```

重复多段线命令绘制另一端的箭头，结果如图 13-69 所示。

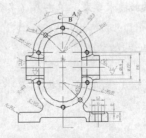

图 13-69

④ 选择"绘图"→"文字"→"单行文字"命令，AutoCAD 提示：

```
命令：_dtext
当前文字样式：Standard 当前文字高度：0.0000
指定文字的起点或 [对正 (J) /样式 (S)]:           // 单击 A 点
指定高度<2.5000>:                              // 按<Enter>键接受默认值
指定文字的旋转角度<0>:                          // 按<Enter>键接受默认值
```

输入完成后依次在 B、C 点单击输入"A、A-A"，结果如图 13-70 所示。

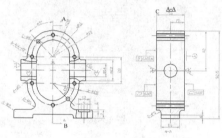

图 13-70

13.4 添加文字说明和插入标准图框

尺寸标注完成，这时就需要对图形添加技术说明和插入图框等操作，技术说明包括该零件的处理方法和在绘图中无法显示出来的一些特殊工艺等。

操作步骤

① 将图层切换到"文字"层添加技术要求，单击 A（多行文字）按钮，AutoCAD 提示：

```
命令：_mtext
当前文字样式："Standard" 当前文字高度：2.5
指定第一角点：
指定对角点或 [高度 (H) /对正 (J) /行距 (L) /旋转 (R) /样式 (S) /宽度 (W)]:
```

结果如图 13-71 所示。

技术要求：
1、铸件应经时效处理，消除内应力。
2、未注铸造圆角 R1-R3。

图 13-71

② 在命令行输入 INSERT 命令，弹出"插入"对话框，对话框中显示上次插入图块的名称等信息。

③ 在"名称"文本框中输入名称，或者单击 浏览(B)... 按钮选择图块。此处单击 浏览(B)... 按钮，弹出"选择图形文件"对话框，选择"标准图框"，如图 13-72 所示。

图 13-72

④ 单击 打开(O) ▼ 按钮打开该图形，返回"插入"对话框，此处将缩放比例更改为 0.5 并选中统一比例，如图 13-73 所示。

在该对话框中右上角显示选择块的预览图形，用户还可以设置插入点位置、缩放比例和旋转角度等参数。

图 13-73

⑤ 将标准图框插入到 AutoCAD 绘图窗口中，并调整到合适位置，结果如图 13-74 所示。至此，机械箱体零件的视图绘制完成。

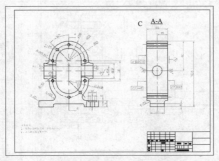

图 13-74

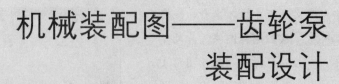

第**14**章

机械装配图——齿轮泵装配设计

装配图是表达机械或部件的图样。任何一种机械产品的设计，都要绘制装配图，用于表达设计意图、说明工作以及结构原理，并且也是管理、装配、运输、使用和维修的重要依据。因此，装配图是机械设计工作的重要技术文件之一。

重点与难点

- 装配图基础
- 建立零件图图库
- 装配零件
- 标注尺寸
- 添加明细栏和技术要求

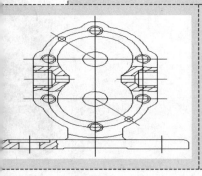

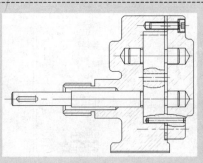

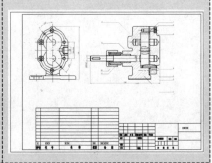

14.1

装配图基础

在手工绘图中，绘制装配图是一项复杂的工作，而用 AutoCAD 绘制装配图就容易多了。因为没有必要重画零件的各个视图，用户只要将先前画好的零件图做成块，在画装配图时插入这些图块，再进行适当修改即可。

14.1.1　设 计 分 析

组件装配表达了组件的整体设计思路、工作原理和装配关系，也表达了各零件间的相互位置、尺寸和结构形状。

对零件进行组装时，需要根据零件在装配图中的位置来正确地定位。用户需要熟练地掌握基点复制、粘贴、插入块等命令，这样才能正确、快速地组装零件图形。

绘制装配图时，一般首先需要创建一张新图，并打开需要装配的各个零件图。然后综合使用各种编辑命令对零件进行组装，最后使用修剪、插入块、图案填充等命令对组装后的图形进行完善。

14.1.2　技术要点分析

在绘制齿轮泵装配图时，主要使用两个视图来表达组成齿轮泵的各个零件。

为了便于看图、装配、图样管理以及做好生产准备工作，必须对每个不同的零件进行编号，这种编号称为零件的序号，同时用户需要编制相应的明细栏。

部件和零件的共同点是都要表达出它们的内外结构，因此关于零件的各种表达方法和选用原则，在表达部件时也适用。但是也有不同的地方，如装配图需要表达的是部件的总体情况；而零件图仅需要表达零件的结构形状。针对装配图有的特点，为了清晰简便地表达出部件的结构，国家标准《机械制图》对绘制装配图提出了一些规定画法和特殊的表达样式，说明如下。

1．规定画法

国家规定画法如下。

（1）两相邻零件的接触面和配合面规定只绘制一条线。但是当两个相邻零件的基本尺寸不相同时，即使间隙非常小，也必须绘制两条线。

（2）两相邻金属零件的剖面线的倾斜方向应该相反，或者方向一致但间隔不同。在各个视图上，同一零件的剖面线倾斜方向和间隔应该保持一致。剖面厚度在 2mm 以下的图形允

AutoCAD 2009

许以涂黑来代替剖面符号。

（3）对于螺纹紧固件以及实心的轴、手柄、连杆、销和键等零件，如果剖切平面通过其对称平面或轴线时，则这些零件均按不剖绘制。如需特别表明这些零件中的某些构造，如凹槽、键槽和销孔等，则可用局部剖视来表示。

2. 特殊的表达方法

除了规定画法外，国家还规定了特殊的表达方法。

（1）沿零件的结合面剖切和拆卸画法：在装配图的某个视图上，为了使某个部件或部分表达的更清楚，可以假想某些零件的结合面选取剖切平面或假想将某些零件拆卸后绘制，需要时可以添加说明并添加注释"拆出**"等。

（2）展开画法：为了表示传动机构的传动路线和零件间的装配关系，用户可以假想按传动顺序沿轴线剖切，然后依次展开，使剖切平面摊平，与选定的投影面平行再画出其剖视图。

（3）假想画法：在装配图中，当需要表示某些零件的运动范围和极限位置时，用户可以使用双点划线绘制出该运动零件在极限位置的外形图。

（4）简化画法：对于装配图中若干相同的零件组，如轴承座、螺栓连接等，可以详细地绘制出一组或几组，其余只需要表示装配位置。

装配图中的滚动轴承允许采用简化画法，同一轴上的相同型号的轴承，在不致引起误解时，只完整的绘制一个即可。

在装配图中，当剖切平面通过的某些组合件为标准产品（如油杯、油标、管接头等）或该组合件已有其他图形表示清楚时，则可以只绘制出其外形。

装配图中，零件的工艺结构如小圆角、倒角和退刀槽等可以不绘制出来。

在装配剖视图中，当不致引起误解时，剖切平面后不需表达的部分可以省略不画。

（5）夸大画法：在装配图中，如果绘制的零件直径或厚度是小于 2mm 的孔或薄片以及较小的斜度和锥度，允许该部分不按比例而夸大画出。

（6）单独零件的单独视图画法：在装配图中，可以单独画出某零件的视图，但是必须在所画视图的上方标注出该零件的视图名称，在相应视图的附近用箭头指明投影方向，并标注上同样的字母。

14.2 建立零件图图库

操作步骤

① 打开书中附带的光盘找到齿轮泵零件图，将该文件夹复制到另外一个文件下并重命名为"齿轮泵零件图及装配图"。

② 打开"齿轮泵零件图及装配图"文件夹，打开其中的"泵体.dwg"图形文件。

③ 单击 ▦（图层特性管理器）按钮，打开"图层特性管理器"对话框。单击 ✎（新建图层）按钮，创建两个新图层，并分别将它们命名为"泵体主视图"和"泵体左视图"，具体设置如图 14-1 所示。

状	名称	开.	冻结	锁...	颜色	线型	线宽	打印...	打.
	泵体主视图	♀	○	᠍᠍	■白	Continu...	—— 默认	Color_7	🖨
✓	泵体左视图	♀	○	᠍᠍	■白	Continu...	—— 默认	Color_7	🖨
	尺寸线	♀	○	᠍᠍	■白	Continu...	—— 默认	Color_7	🖨
	粗点画线	♀	○	᠍᠍	□青	CENTER	—— 默认	Color_4	🖨
	粗实线	♀	○	᠍᠍	■白	Continu...	—— 默认	Color_7	🖨
	粗虚线	♀	○	᠍᠍	□黄	DASHD...	—— 默认	Color_2	🖨
	点画线	♀	○	᠍᠍	■白	CENTER	—— 默认	Color_7	🖨
	双点划线	♀	○	᠍᠍	■洋	PHANT...	—— 默认	Color_6	🖨
	文本	♀	○	᠍᠍	■白	Continu...	—— 默认	Color_7	🖨
	细实线	♀	○	᠍᠍	■白	Continu...	—— 默认	Color_7	🖨
	虚线	♀	○	᠍᠍	■绿	DASHD...	—— 默认	Color_3	🖨

当前图层: 泵体左视图　　　　　搜索图层

全部: 显示了 12 个图层，共 12 个图层

图 14-1

④ 关闭图层管理器回到绘图窗口，选中整个主视图，单击"图层"工具栏上的"图层选择"列表框，将该视图上所有线型转换成"泵体主视图"层的线型，如图 14-2 所示。

图层特性管理器按钮

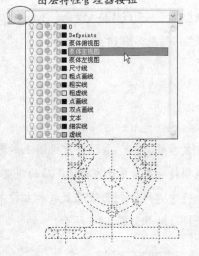
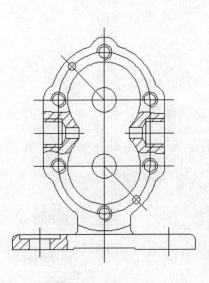

图 14-2

将每个视图都放在单一的图层下,便于后面装配时对图形进行修改。装配好后对图形进行修改时只需将不修改的零件的相应视图层关闭掉,将要修改的零件的视图分解后进行修改即可,在后面将进行详细讲解。

⑤ 选中主视图中的所有中心线,然后通过"特性"工具栏中的设置将线的"颜色"修改为红色、"线型"为 Center,"线宽"为 0.13mm,如图 14-3 所示(左为直线对象,右为结果)。

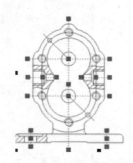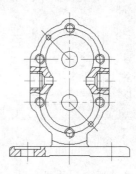

图 14-3

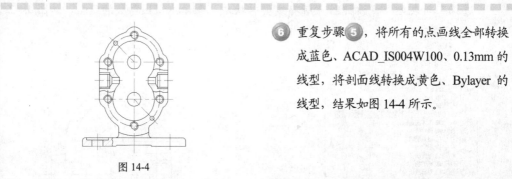

图 14-4

⑥ 重复步骤⑤,将所有的点画线全部转换成蓝色、ACAD_IS004W100、0.13mm 的线型,将剖面线转换成黄色、Bylayer 的线型,结果如图 14-4 所示。

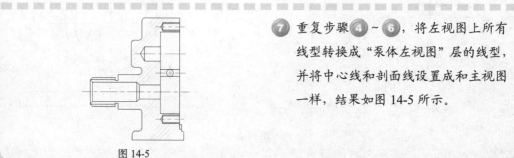

图 14-5

⑦ 重复步骤④~⑥,将左视图上所有线型转换成"泵体左视图"层的线型,并将中心线和剖面线设置成和主视图一样,结果如图 14-5 所示。

⑧ 输入 WBLOCK 命令，弹出"写块"
对话框，将"主视图"转换为图块，
并将左下角点作为插入基点，命名为
"泵体主视图"，设置如图 14-6 所示。

　　"Wblock"（写块）命令没有快捷按钮，
绘图下拉菜单中也没有相应的命令。

图 14-6

⑨ 重复步骤⑧，将左视图也转换成图块，保存到相同的文件夹下，并命名为"泵体
左视图"。

⑩ 重复步骤②~⑨，将其他零件也转化为相应视图名称的"图块"，并一起保存在
相同的文件夹下，便于后面装配时调用。

　　将各个视图都做成相应的块是为了便于后面装配时对某个零件
的单独视图进行移动、对齐、旋转等命令操作。

14.3

装 配 零 件

零件图块创建完成后，即可进行零件的装配。

14.3.1　插入装配零件图块

创建零件图块完成后，就可以装配零件　　了，首先是插入零件图块。

操作步骤

1 单击工具栏 □（新建）按钮，新建一个 AutoCAD 文件。

图 14-7

2 单击 ⬚（插入块）按钮，弹出"插入"对话框来插入零件图块，如图 14-7 所示。

图 14-8

3 单击 浏览(B)... 按钮，在弹出的"选择图形文件"对话框中选择要插入图块的文件夹，如图 14-8 所示。

4 选择"泵体主视图"，并单击 打开(O) ▼按钮将"泵体主视图"插入到新建的图形文件中，在绘图窗口中选择合适的插入点。

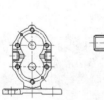

图 14-9

5 重复步骤 **2** ~ **4**，将"泵体左视图"插入到当前图形中，结果如图 14-9 所示。

图 14-10

6 对主视图和左视图的位置进行调整，使两个图形符合机械绘图中的视图关系，结果如图 14-10 所示。

⑦ 重复步骤 ② ～ ⑥，将"密封垫"的
主视图和左视图也插入到该图形文件
中，结果如图 14-11 所示。

图 14-11

⑧ 单击 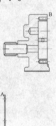（移动）按钮，AutoCAD 提示：

```
命令：_move
选择对象：                         //选择密封垫的左视图
找到 1 个
选择对象：                         // 按<Enter>键结束选择
指定基点或 ［位移(D)］ <位移>：       //  选择密封垫左视图中的 A 点
指定第二点或<使用第一个点作为位移>：   // 单击泵体左视图的 B 点
```

结果如图 14-12 所示。

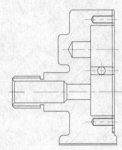

图 14-12

⑨ 重复步骤 ⑧，将密封垫的主视图也移到泵体主视图上相应的位置，结果如图 14-13 所示。

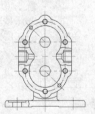
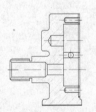

图 14-13

注意

细心的读者可能发现密封垫装配到泵体主视图上时，泵体主视图上的局部剖视部分应该看不见，可是图中泵体主视图并没有发生变化，这是因为下一步将要装配泵盖。当泵盖装配上后对主视图一起调整，密封垫在主视图仍然是看不见的，所以这一步对主视图进行修改完善是没有必要的，而密封圈主要在左视图上体现。

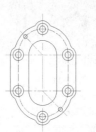

10 重复步骤 2 ~ 5，将"泵盖"的主视图和左视图也插入到该绘图窗口中，如图 14-14 所示。

图 14-14

11 输入 ALIGN 命令对齐图形，AutoCAD 提示：

命令：`align`	
选择对象：	// 选择泵盖主视图
找到 1 个	
选择对象：	// 按<Enter>键结束选择
指定第一个源点：	// 单击 A 点螺钉孔圆心处
指定第一个目标点：	// 单击 B 点螺钉孔圆心处
指定第二个源点：	// 单击 C 点螺钉孔圆心处
指定第二个目标点：	// 单击 D 点螺钉孔圆心处
指定第三个源点或<继续>：	// 按<Enter>键
是否基于对齐点缩放对象？[是(Y)/否(N)] <否>：N	// 按<Enter>键接受默认值

结果如图 14-15 所示。

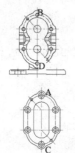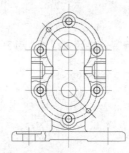

图 14-15

技巧

在机械绘图中，装配时经常要用到 align（对齐）命令，尤其是在有旋转角度和需要缩放比例时，用"对齐"命令通常要比"移动"或"复制"命令限制更全面。AutoCAD 在绘图时，很多限制已被相应平面限制了，只需使用"移动"或"复制"命令即可完成限制。本例也可以用移动进行装配，有兴趣的读者可以自己装配。这里介绍"对齐"命令是为后面装配输入齿轮轴作铺垫，在装配"输入齿轮轴"时将会看到"对齐"命令的奇特效果。

14.3.2　修改装配视图

插入零件图块完成后，有时插入的结果并不符合我们的要求，这时就需要对已装配好的主视图进行修改、完善，具体步骤如下。

操作步骤

1 单击 📇 （图层特性管理器）按钮，将"泵盖主视图"、"密封垫主视图"两个图层关闭，如图 14-16 所示。

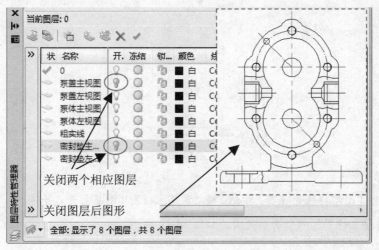

图 14-16

2 单击 📄 （分解）按钮，将图 14-16 所示中的"泵体主视图"分解。

3 单击 📄 （删除）按钮，将多余的图线删除掉，结果如图 14-17 所示。

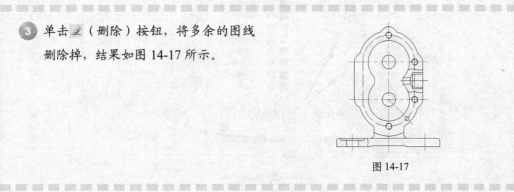

图 14-17

4 单击 ✂ （修剪）按钮，AutoCAD 提示：

```
命令: _trim
当前设置: 投影=UCS, 边=无
选择剪切边……
选择对象或<全部选择>: 共计找到 1 个          // 选择主视图中垂直中心线
选择对象:                                  // 按<Enter>键结束选择
选择要修剪的对象, 或按住<shift>键选择要延伸的对象, 或
[栏选(F)/窗交(C)/投影(P)/边(E)/删除(R)/放弃(U)]:     // 选择图形的左侧部分
……
选择要修剪的对象, 或按住<shift>键选择要延伸的对象, 或
[栏选(F)/窗交(C)/投影(P)/边(E)/删除(R)/放弃(U)]:  // 按<Enter>键结束修剪
```

删除修剪后多余的线, 结果如图 14-18 所示。

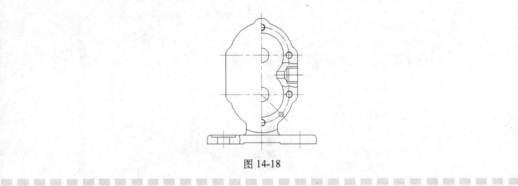

图 14-18

⑤ 单击 ▦ (图层特性管理器) 按钮, 将 "泵盖主视图" 图层打开, 并将 "泵体主视图"、"密封垫主视图" 两个图层关闭, 如图 14-19 所示。

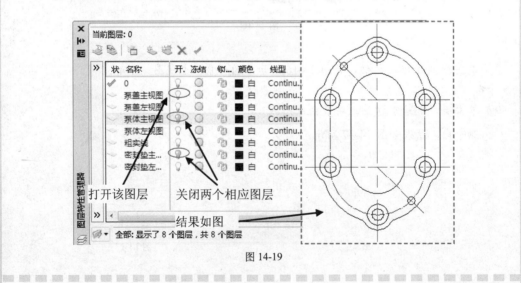

图 14-19

⑥ 单击 ▦ 按钮, 将泵盖主视图块分解。

7 单击 按钮,将多余的线删除掉,结
果如图 14-20 所示。

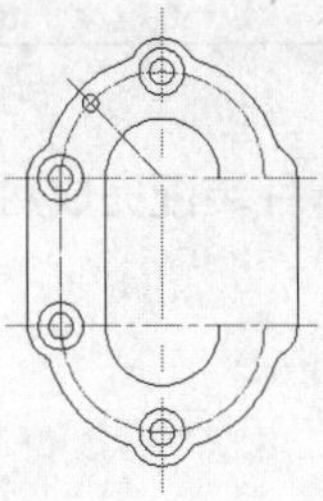

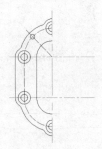

图 14-20

8 单击 按钮,对"泵盖主视图"进行
修剪,并将多余的图线删除,保留泵
盖主视图的左侧部分,结果如图 14-21
所示。

图 14-21

9 单击 按钮,将"泵盖主视图"、"泵
体主视图"和"密封垫主视图"3 个图
层全部打开,结果如图 14-22 所示。

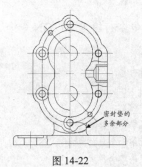

密封垫的
多余部分

图 14-22

10 重复步骤 1 ~ 9,将"密封垫"多余
的部分删除掉,结果如图 14-23 所示。

注意

本例主视图是按半剖视图进行显示图
形的,泵盖部分主要在左半部分放映,
而相应的右半部分则重点放映的是泵
体部分。上面的所有修改也是基于这一
原则,有兴趣的读者可以将两个部分换
过来,这里不再赘述。

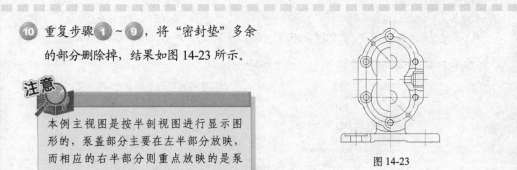

图 14-23

14.3.3　装配左视图

主视图上的零件装配完成后，就可以使用同样的方法来装配左视图。

操作步骤

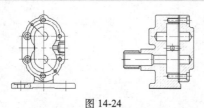

图 14-24

❶ 重复以上步骤，将泵盖的左视图也装配到泵体上，结果如图 14-24 所示。

图 14-25

❷ 单击 ⬚（插入块）按钮，插入"输入齿轮轴"图块，如图 14-25 所示。

❸ 在命令行输入 ALIGN 命令，AutoCAD 提示：

```
命令: align
选择对象:                                    // 选择输入齿轮轴
找到 1 个
选择对象:                                    // 按<Enter>键结束选择
指定第一个源点:                              // 单击 A 点
指定第一个目标点:                            // 单击 B 点
指定第二个源点:                              // 单击 C 点
指定第二个目标点:                            // 单击 D 点
指定第三个源点或<继续>:                      // 按<Enter>键接受默认值
是否基于对齐点缩放对象? [是(Y)/否(N)] <否>: N  // 按<Enter>键接受默认值
```

结果如图 14-26 所示。

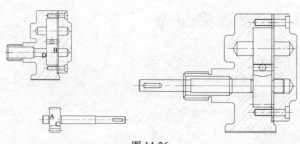

图 14-26

14.3.4　编辑左视图

左视图上的零件装配完成后，结果并不符合我们的要求，这时就需要对已装配好的"输入齿轮轴"进行修改和完善，如图 14-27 所示。

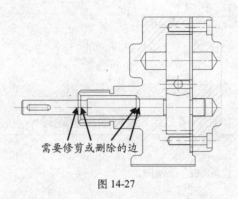

需要修剪或删除的边

图 14-27

操作步骤

1️⃣ 单击 （分解）按钮，将泵体左视图块分解。

2️⃣ 单击 按钮，AutoCAD 提示：

```
命令：_trim
当前设置：投影=UCS，边=无
选择剪切边……
选择对象或<全部选择>：共计找到 4 个                  // 选择图 14-27 中所指示的 4 条线
选择对象：                                          // 按<Enter>键结束选择
选择要修剪的对象，或按住<shift>键选择要延伸的对象，或
[栏选（F）/窗交（C）/投影（P）/边（E）/删除（R）/放弃（U）]：  // 选择要修剪的部分
……
选择要修剪的对象，或按住<shift>键选择要延伸的对象，或
[栏选（F）/窗交（C）/投影（P）/边（E）/删除（R）/放弃（U）]：  // 按<Enter>键结束修剪
```

删除修剪后多余的线，结果如图 14-28 所示。

技巧

在 AutoCAD 中，图块的边线也可以作为剪切边，不必再将图形分解。

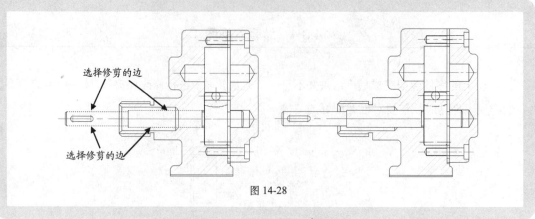

图 14-28

14.3.5　装配输出齿轮轴

下面我们进行装配输出齿轮轴的左视图。

操作步骤

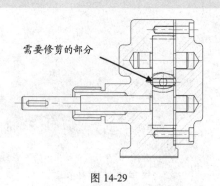

图 14-29

1 重复前面的装配步骤将"输出齿轮轴"装配到左视图上，结果如图 14-29 所示。

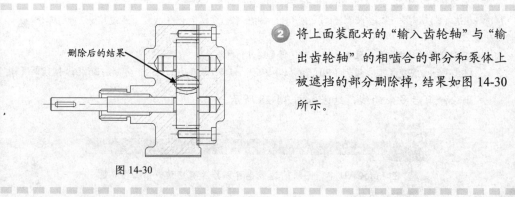

图 14-30

2 将上面装配好的"输入齿轮轴"与"输出齿轮轴"的相啮合的部分和泵体上被遮挡的部分删除掉，结果如图 14-30 所示。

3 单击 按钮，调入"销轴"图块。

14.3.6　调整剖视图

各部分装配完成后，会发现部分零件在视图中没有显示出来，这时就需要对显示不出来的主要部分绘制局部剖视图。因限位销轴在中心剖视图中看不见，所以必须对左侧的全剖视图进行局部剖视调整。

操作步骤

1 单击 ✏ 按钮绘制辅助线，AutoCAD 提示：

```
命令：_xline
指定点或[水平(H)/垂直分(V)/角度(A)/二等分(B)/偏移(O)]：H    // 绘制水平辅助线
指定通过点：        // 选取图中 A 点
指定通过点：        // 选取图中 B 点
指定通过点：        // 按<Enter>键结束命令
```

结果如图 14-31 所示。

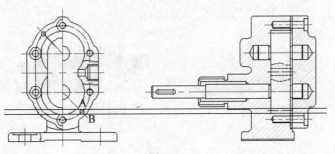

图 14-31

2 限位销轴在左视图上的投影正好被输入齿轮轴的轮齿和泵盖遮挡住，将遮挡的部分修剪和删除后结果如图 14-32 所示。

在修剪中，因为螺栓已经能准确表达，为了保证剖视图形的完整性可以将下面的部分删除掉。

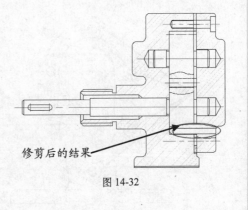

修剪后的结果

图 14-32

AutoCAD
2009

14.3.7 装 配 轴 销

调整剖视图完成后，就可以在该部分进行轴销的装配。

操作步骤

1 将"销轴"装配到泵体上，并将主视图上右侧的销轴剖视显示，结果如图 14-33 所示。

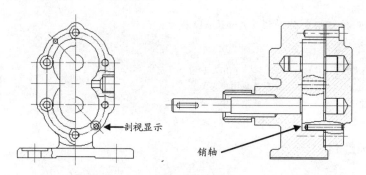

图 14-33

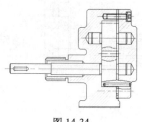

图 14-34

2 单击 按钮，插入"弹簧垫"和"螺栓"的左视图图块，并将它们分别装配到相应的视图上，如图 14-34 所示。

3 单击 按钮，插入"螺栓"的主视图图块，并将其装配到主视图相应的位置上，如图 14-35 所示。

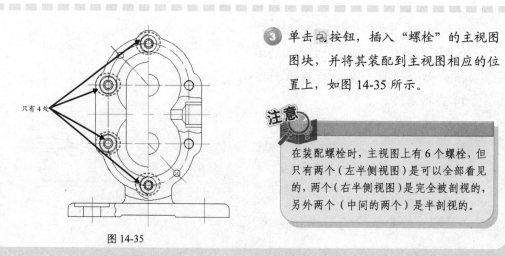

图 14-35

在装配螺栓时，主视图上有 6 个螺栓，但只有两个（左半侧视图）是可以全部看见的，两个（右半侧视图）是完全被剖视的，另外两个（中间的两个）是半剖视的。

④ 螺栓装配后对主视图进行修改、完善，将中间两个螺栓半剖视，右侧两个全剖视，结果如图 14-36 所示。

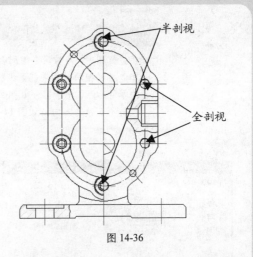

图 14-36

技巧

初步装配完成后，对视图进行审核，然后将要修改的图块进行分解，分解后可对图形作想要的修改。建议修改后将图形重新做成块，便于再次修改或对其他零件的修改，当然如果确信不需要再修改，也可以不做成块。

⑤ 单击 按钮，插入零件图块。在弹出的"插入"对话框中单击 浏览(B)... 按钮，选择"填料压盖"图块，并在旋转输入框中输入 180，将插入的图形旋转 180°，如图 14-37 所示。

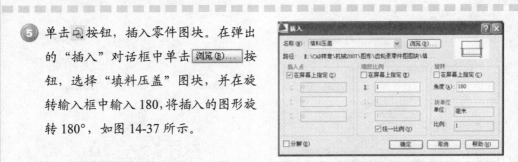

图 14-37

⑥ 将"填料压盖"装配到左视图中相应的位置，并对装配后的视图进行修改，结果如图 14-38 所示。

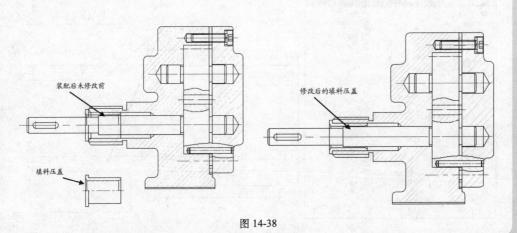

装配后未修改前

修改后的填料压盖

填料压盖

图 14-38

AutoCAD
2009

在装配图中，常常几个相配合的零件都要同时剖视显示，而且在零件材料相同时如果剖面线都一样，那么剖视后将很难分清各自的零件。为了便于区分零件，通常将相邻的两个零件的剖面线修改成不一致的方向，如图14-39所示为两种不同的设置。

图 14-39

⑦ 将"泵体"与"输入齿轮轴"之间的间隙"填入填料"，选择图14-40所示中的材料。

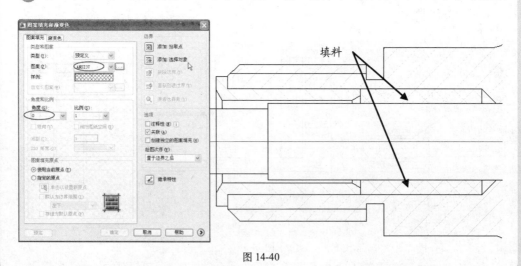

填料

图 14-40

⑧ 将"压紧螺母左视图"图块装配到左视图中相应的位置，并对装配后的视图进行修改，结果如图 14-41 所示。

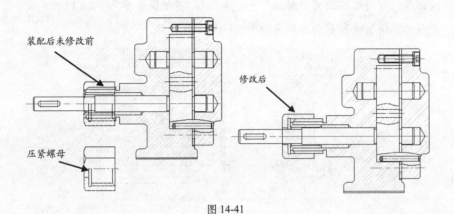

装配后未修改前

修改后

压紧螺母

图 14-41

⑨ 完成装配后的图形如图 14-42 所示。

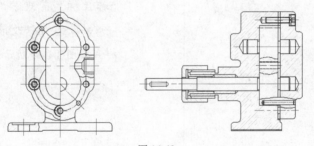

图 14-42

至此装配过程已经初步完成，然后就可以对装配图添加尺寸标注、明细栏、技术要求图框等进行完善。

14.4 对装配图添加标注

对装配图添加标注的方法和零件图类似。

AutoCAD 2009

操作步骤

1 单击工具栏 按钮，设置新图层，出现图层特性管理器单击面板中的 按钮建立新的图层，并将名称改为"标注"和"文字"，其他设置参见 12.2.1 小节图层设置，并将标注设置为当前层，结果如图 14-43 所示。

图 14-43

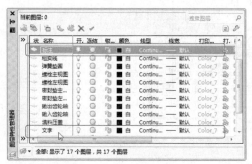

2 单击 （标注样式）按钮，在弹出的"标注样式管理器"对话框中单击 修改(M)... 按钮修改标注样式，将标注样式按图 14-44 所示设置。

图 14-44

3 修改文字样式为 ☑使用大字体(U)，并选择大字体为 bigfont，其他设置保持 AutoCAD 默认值，单击"应用"按钮完成修改，并将该设置置为当前标注样式，如图 14-45 所示。

将引线形式设置为空心闭合箭头，是为了和标注的实心闭合箭头有所区别，这样图纸看起来才有层次感，同时将不必要的圆心标记去掉，能使图纸显得更整齐清洁。将字体设置为 bigfont.shx 并选中 ☑使用大字体(U)，是为了使后面的标注能正常显示，不出现乱码。有兴趣的读者可以将字体设置成其他格式，看后面标注时会出现什么情况，这里不再赘述。

图 14-45

④ 单击 △（角度）标注按钮，AutoCAD 提示：

命令: _dimangular
选择圆弧、圆、直线或<指定顶点>:   // 选择垂直中心线
选择第二条直线: // 选择点画线
指定标注弧线位置或[多行文字(M)/文字(T)/角度(A)]:   // 在合适位置单击一点
标注文字=45

结果如图 14-46 所示。

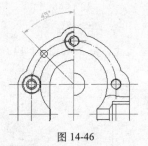

图 14-46

⑤ 重复步骤 ④，继续角度标注，结果如
图 14-47 所示。

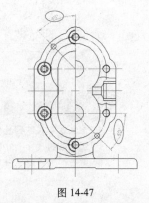

图 14-47

6 单击 ⊢⊣（线性）标注按钮，AutoCAD 提示：

```
命令：_dimlinear
指定第一条尺寸界限线原点或<选择对象>：                          // 选取图中A点
指定第二条尺寸界限原点：                                      // 选取图中B点
指定尺寸线位置
[多行文字（M）/文字（T）/角度（A）/水平（H）/垂直（V）/旋转（R）]：t // 输入文字
输入标注文字<15>：G3/8
指定尺寸线位置或
[多行文字(M)/文字(T)/角度(A)/水平(H)/垂直(V)/旋转®]：              // 按<Enter>键结束
命令
标注文字 = 15
```

结果如图 14-48 所示。

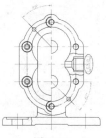

图 14-48

7 重复步骤 **6** 标注其他线型尺寸，结果如图 14-49 所示。

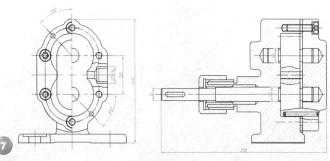

图 14-49

注意

虽然基本尺寸都已经全部标注完成，但是可以看出有明显错误。例如轴的尺寸"Φ11"标注为11，"Φ13"标注为13且没有公差要求，下面将通过尺寸编辑命令对标注的尺寸进行修改和完善。

8 单击"文字"工具栏上的 A⁄（编辑文字）按钮，或输入 DDEDIT 命令，出现"口"
选择按钮，单击图中尺寸 G3/8，如图 14-50 所示。

图 14-50

9 选中"3/8"，然后单击"选项"按钮，在弹出的菜单中选择"堆叠"选项，结果如
图 14-51 所示。

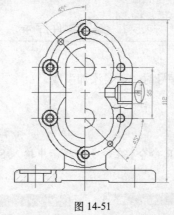

图 14-51

10 继续选择要修改的尺寸，尺寸修改后的结果如图 14-52 所示。

注意

装配图中只需要表明重要的装配尺寸和主要外形尺寸，具体的尺
寸标注应该参见零件图。

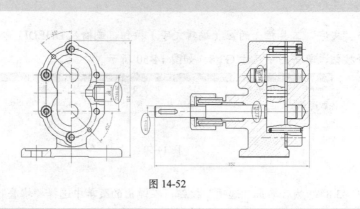

图 14-52

14.5

添加明细栏和技术要求

标注完尺寸后，需要对零件进行编号并书写技术要求。

14.5.1　编写零件序号

为了标注清晰，对零件添加序号时，需要添加引线。

操作步骤

① 在命令行输入 QLEADER 命令，在命令行提示中输入 S 后弹出"引线设置"对话框，如图 14-53 所示。

图 14-53（a）

图 14-53（b）

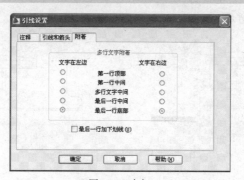

图 14-53（c）

② 设置完成后，AutoCAD 提示：

```
命令: _qleader
指定第一个引线点或[设置(S)]<设置>: S
指定第一个引线点或[设置(S)]<设置>:            // 单击图 14-54 所示中的 A 点
指定下一点:                                // 单击图 14-54 所示中的 B 点
指定下一点:                                //  单击图 14-54 所示中的 C 点
指定文字宽度<1>: 1
输入注释文字的第一行<多行文字(M)>: 1          //  按<Enter>键结束第一行文字的输入
输入注释文字的第一行:                        //按<Enter>键结束输入
```

结果如图 14-54 所示。

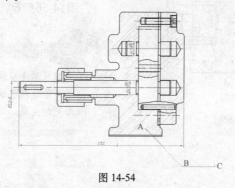

图 14-54

③ 继续使用"快速引线"命令，创建引线，AutoCAD 提示：

```
命令: _qleader
指定第一个引线点或[设置(S)]<设置>:     // 单击图 14-55 所示中的 A 点
指定下一点:                         // 运用导航线单击上图中过 B 点的垂直线的交点
指定下一点:                         // 运用导航线单击上图中过 B 点的垂直线的交点
指定文字宽度<1>:                    //  按<Enter>键接受默认值
输入注释文字的第一行<多行文字(M)>: 2    // 按<Enter>键结束第一行文字的输入
输入注释文字的第一行:                 // 按<Enter>键结束输入
```

结果如图 14-55 所示。

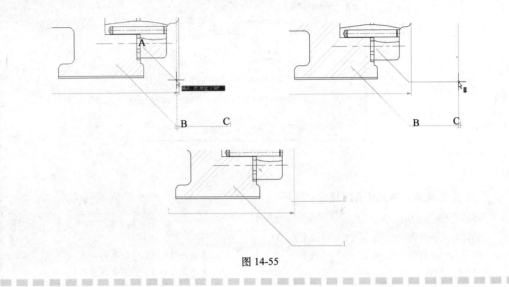

图 14-55

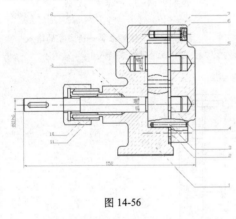

图 14-56

4 重复步骤 3，运用导航线将所有的引线的第二个和第三个折点在图 14-55 所示的 B、C 点的铅垂线上，结果如图 14-56 所示。

在编写零件号的时候根据机械制图要求，尽可能地将引线的折点对齐，使绘制的图形更加美观。

14.5.2　填写明细栏和添加技术要求

标注完成后，对图形进行添加明细栏和技术要求。

操作步骤

1 打开"文字"图层并将该图层置为当前层。

② 单击 🔲 按钮，调入"图框"的图块，并将图框放置到合适的位置，如图 14-57 所示。

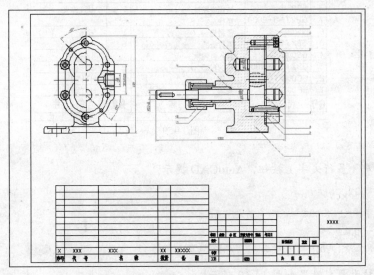

图 14-57

③ 单击 🔲 按钮，选择刚插入的图框，将图框分解。

④ 双击图中带有"XX"符号的地方，在"XX"符号位置输入相应的内容，结果如图 14-58 所示。

图 14-58

⑤ 单击 🔲（复制）按钮，将步骤 ④ 明细栏中填入的内容复制到相应的空白明细栏处，并将其填写完整，结果如图 14-59 所示。

11	GC006	填料压盖	1	Q235
10	85.15.10	压紧螺母	1	Q235
9	85.15.09	填料		
8	GS005	输出齿轮轴	1	45+淬火
7	GB/T65-2000	螺栓	6	
6	GW004	密封垫	1	石棉
5	GB/T93-1987	弹簧垫圈	6	
4	GS003	输入齿轮轴	1	45+淬火
3	GB/T119-2000	销C4×25	2	35
2	GC002	泵盖	1	HT150
1	GP001	泵体	1	HT150
序号	代　号	名　　称	数量	备　注

图 14-59

⑥ 单击 A（多行文字）按钮，AutoCAD 提示：

> 命令：_mtext
> 当前文字样式："Standard" 当前文字高度：2.5
> 指定第一角点：
> 指定对角点或[高度（H）/对正（J）/行距（L）/旋转（R）/样式（S）/宽度（W）]：

输入技术要求结果如图 14-60 所示。

技术要求：
1、两齿轮轴轮齿的啮合面占齿长的3/4以上，用
手转动齿轮轴应能灵活转动。
2、未加工表面涂漆。
3、制造与验收技术条件应符合国家标准。

图 14-60

⑦ 输入完成后，用户可以添加标题栏上的各项参数，结果如图 14-61 所示。

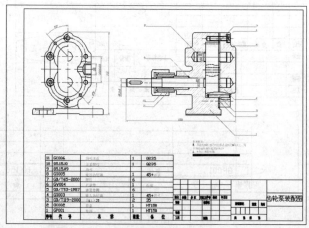

图 14-61

⑧ 选择"文件"→"保存"命令，保存图形文件为 Sample/CH14/1401.dwg。

第15章

机械效果图——轴承和轴承座三维图设计

因为三维效果图具有较强的立体感和真实感，能更清晰地、全面地表达构成空间立体各组成部分的形状以及相对位置，所以设计人员往往首先是从构思三维立体模型开始来进行设计。

本章就是通过绘制一个三维的轴承和轴承座来讲解三维视图下进行机械设计的要点和方法。

AutoCAD 2009

重点和难点

- ■ 轴承三维图的绘制
- ■ 绘制轴承内外圈
- ■ 修饰轴承
- ■ 轴承座三维图的绘制
- ■ 绘制轴承座螺栓孔

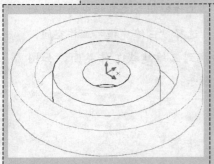

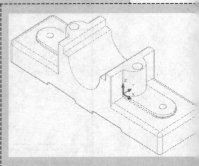

15.1

轴承三维图的绘制

在机械绘图中，三维视图因为具有比较直观的特点而广受欢迎。在三维视图中总装立体图则最能表达机械轴承的整体效果。通过总装立体图，用户可以清晰直观地看到各部件的工作原理，以及部件和部件之间的位置和装配关系。

首先绘制轴承的三维视图。

15.1.1 新建文件和图层

操作步骤

图 15-1

1 单击工具栏 ▢（新建）按钮，新建一个 AutoCAD 文件。

注意

如果上次使用是在二维界面下绘图，则出现图 15-1 所示"AutoCAD 经典"界面。

2 单击"工作空间"工具栏中的下拉列表框，选择"三维建模"工作空间，则切换到三维建模工作界面，如图 15-2 所示。

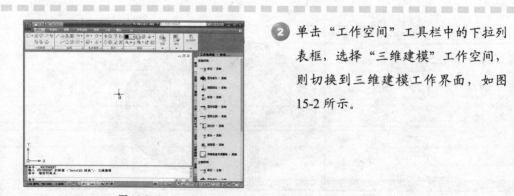

图 15-2

③ 选择"图层"→"图层特性"命令，在弹出的"图层特性管理器"对话框中设置新图层。然后将"轴承外圈"图层设置为当前层，如图 15-3 所示。

图 15-3

15.1.2　绘制轴承外圈

操作步骤

① 在绘图前首先对视图模式进行设置，如图 15-4 所示。

图 15-4

② 在命令行输入 ISOLINES 命令，然后将其值设置为 16。

③ 单击 🗔（圆柱体）按钮，AutoCAD 提示：

```
指定底面的中心点或 [三点(3P)/两点(2P)/相切、相切、半径(T)/椭圆(E)]: 0,0,0
指定底面半径或 [直径(D)] <10.0000>: 80
指定高度或 [两点(2P)/轴端点(A)] <0.0000>:25
```

结果如图 15-5 所示。

系统变量 ISOLINES 用于设置实体表面网格线的数量，系统默认为 4，可以根据自己的需要更改，网格线的密度越大三维图形看起来越真实，但是相应的计算机反应速度越慢。图 15-6 所示为网格线为 4 时的情况。

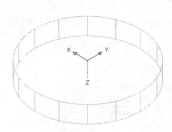

图 15-5

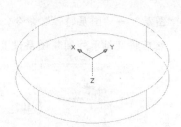

图 15-6

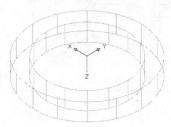

图 15-7

④ 重复步骤 ③，绘制一个与上面圆柱体同心等高半径为 60 的圆柱体，结果如图 15-7 所示。

⑤ 在命令行输入 HIDE 命令消隐视图，结果如图 15-8 所示。

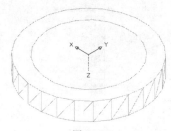

图 15-8

"消隐"命令能使二维线框、三维线框中看不见的线隐藏起来，这样有助于观察视图，一旦移动或刷新图形则图形又回到消隐前状况。如果将视觉样式设置为"三维线框"、"三维隐藏"或"真实"显示，则不会出现这种情况。关于"三维线框"、"三维隐藏"和"真实"显示将在后面讲解。

⑥ 单击 ◎（差集）按钮，AutoCAD 提示：

```
命令: _subtract
选择要从中减去的实体或面域
选择对象: 找到 1 个              // 选择大圆柱体
选择对象:                      // 按<Enter>键结束选择
选择对象: 选择要减去的实体或面域 ...  // 选择小圆柱体按<Enter>键结束选择
选择对象: 找到 1 个
选择对象:                      // 按<Enter>键结束命令
```

结果如图 15-9 所示。

仔细观察图 15-8 和图 15-9，会发现上面的变化。图 15-8 消隐后显示的实际上是两个图形，从步骤 ⑤ 中也能发现，两个圆柱体是相互独立的，而图 15-9 中的则是一个实体，在 AutoCAD 中通过布尔运算（并集、交集、差集）后本来独立的几个实体将被合并成一个实体，本例用的是"差集"运算。

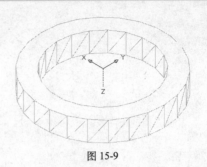

图 15-9

15.1.3　绘制轴承内圈

操作步骤

① 单击"图层"下拉菜单，选中"轴承内圈"图层并将该层置为当前层。

为了快速显示图层管理器界面，用户可以在命令行输入简化命令"LA"，然后在出现的图层管理器中选择"轴承内圈"并将该层设置为当前层。

② 重复 15.1.2 小节中步骤 ① 选择俯视图，结果如图 15-10 所示。

图 15-10

③ 单击 ⊘ 按钮，AutoCAD 提示：

```
命令: _circle
指定圆的圆心或 [三点(3P)/两点(2P)/相切、相切、半径(T)]:      //  对象捕捉同心圆的圆心
指定圆的半径或 [直径(D)]: 45
```

结果如图 15-11 所示。

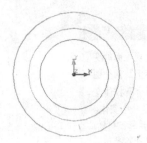

图 15-11

④ 重复步骤③，绘制一个半径为 20 的
同心圆，结果如图 15-12 所示。

图 15-12

⑤ 单击▣（拉伸）按钮，AutoCAD 提示：

```
命令: _extrude
当前线框密度: ISOLINES=16
选择要拉伸的对象: 找到 1 个
选择要拉伸的对象: 找到 1 个,总计 2 个       // 选择刚绘制的两个圆
选择要拉伸的对象:                          // 按<Enter>键结束选择
指定拉伸的高度或 [方向(D)/路径(P)/倾斜角(T)]: 25
```

拉伸后选择"东南视图"，结果如图 15-13 所示。

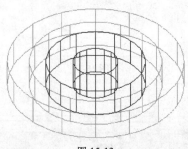

图 15-13

注意

在 AutoCAD 中绘制机械三维图形时，除
了可以直接利用三维实体命令绘制（例如
轴承外圈的绘制）外，还可以通过先绘制
二维平面图，然后通过编辑命令将二维平
面图转换成三维图，例如轴承内圈的绘
制。但是二维对象必须是一个闭合的面域
或多段线，例如本例的圆相当于一个面
域，也可以通过绘制多段线来将二维对象
编辑成三维实体，后面例子将具体讲解通
过拉伸将二维多段线转变成三维实体。

⑥ 单击 ⑩（差集）按钮，AutoCAD 提示：

```
命令: _subtract
选择要从中减去的实体或面域...                // 选择大圆柱体按<Enter>键结束选择
选择对象: 找到 1 个
选择对象: 选择要减去的实体或面域 ...          // 选择小圆柱体按<Enter>键结束选择
选择对象: 找到 1 个
选择对象:                                 // 按<Enter>键结束命令
```

布尔运算后消隐视图，结果如图 15-14 所示。

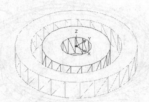

图 15-14

⑦ 选择 "视图" → "视觉样式" → "三维隐藏" 命令，结果如图 15-15 所示。

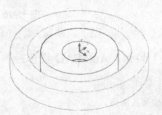

图 15-15

> 前面讲过二维线框图通过消隐后能将不必要的线隐藏掉，虽然能初步看到三维形状，但是一旦刷新或移动等命令操作，将会重新变成二维线框，如果将视觉样式转换成三维线框后，再运行其他命令，三维图形依然不会改变，如图 15-13 所示。

15.1.4　修改和完善轴承内、外圈

操作步骤

① 单击 "图层" 下拉菜单，选中 "滚子" 图层并将该层置为当前层。

② 单击 (圆环体) 按钮, AutoCAD 提示:

```
命令: _torus
指定中心点或 [三点(3P)/两点(2P)/相切、相切、半径(T)]: 0,0,-12.5
指定半径或 [直径(D)]: 52.5              // 此处指定的半径是圆环体的内侧半径
指定圆管半径或 [两点(2P)/直径(D)]: 12.5
```

二维线宽消隐后结果如图 15-16 所示。

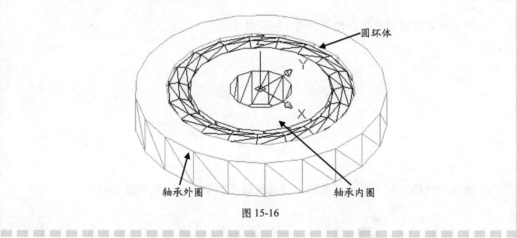

图 15-16

③ 单击 (差集) 按钮, AutoCAD 提示:

```
命令: _subtract
选择要从中减去的实体或面域...
选择对象: 找到 1 个                    // 选择轴承外圈
选择对象: 找到 1 个, 总计 2 个         // 选择轴承内圈按<Enter>键结束选择
选择对象:
选择要减去的实体或面域...             // 选择圆环体按<Enter>键结束选择
选择对象: 找到 1 个
选择对象:                            // 按<Enter>键结束命令
```

结果如图 15-17 所示。

图 15-17

注意

通过"差集"运算原来的 3 个实体变成了现在的 1 个实体, 细心的读者会发现, 此时图形的颜色变成了一种颜色。

15.1.5 绘制滚子

操作步骤

① 单击 ● （球）按钮，AutoCAD 提示：

```
命令：_sphere
指定中心点或 [三点(3P)/两点(2P)/相切、相切、半径(T)]：52.5,0,12.5
指定半径或 [直径(D)] <52.5000>：12.5
```

如图 15-18 所示。

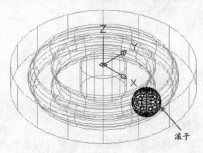

滚子

图 15-18

② 单击 田 （阵列）按钮，AutoCAD 弹出
"阵列"对话框，使用 ◎ 环形阵列 (P) 来
阵列滚子，如图 15-19 所示。

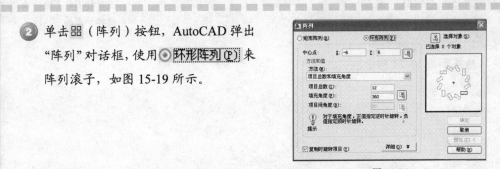

图 15-19

③ 单击 ▣ （中心点）按钮，在绘图窗口
中选择原点作为阵列中心。然后单击
▣ （选择对象）按钮，选择刚绘制的
球体作为阵列对象，最后单击
▭ 确定 按钮完成阵列，结果如图
15-20 所示。

 注意

在 AutoCAD 中，很多命令在二维和三维
操作中是通用的。例如本例的阵列命令，
以及轴承修饰中将要讲到的倒角等。当然
有些命令二维和三维是不通用的，例如镜
像、旋转等。

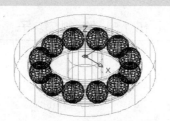

图 15-20

15.1.6　对轴承的修饰

轴承绘制完成后，一般将轴承的棱角修改成圆角。

操作步骤

1 单击 ⌐ （圆角）按钮，AutoCAD 提示：

```
命令：_fillet
当前设置：模式 = 修剪，半径 = 0.0000
选择第一个对象或 [放弃(U)/多段线(P)/半径(R)/修剪(T)/多个(M)]：  // 选择轴承外圈
输入圆角半径：1
选择边或 [链(C)/半径(R)]：                               // 选择外圈的上边外径
选择边或 [链(C)/半径(R)]：                               // 选择外圈的下边外径
已选定 2 个边用于圆角
```

结果如图 15-21 所示。

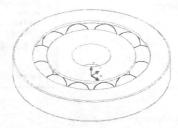

图 15-21

2 单击 ⌐ （倒角）按钮，对轴承内圈倒半径为 1 的角，AutoCAD 提示：

```
命令：_chamfer
（"修剪"模式）当前倒角距离 1 = 0.0000，距离 2 = 0.0000
选择第一条直线或 [放弃(U)/多段线(P)/距离(D)/角度(A)/修剪(T)/方式(E)/多个(M)]：// 选
择轴承内圈
基面选择...
```

输入曲面选择选项 [下一个(N)/当前(OK)] <当前(OK)>:   // 按<Enter>键接受默认选项
指定基面的倒角距离: 1   // 输入 1
指定其他曲面的倒角距离 <1.0000>:   // 按<Enter>键接受默认值
选择边或 [环(L)]: 选择边或 [环(L)]: 选择边或 [环(L)]   // 选择轴承内圈的两条棱边

结果如图 15-22 所示。

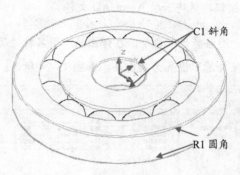

图 15-22

③ 选择"视图" → "视觉样式" → "真
实"命令,结果如图 15-23 所示。

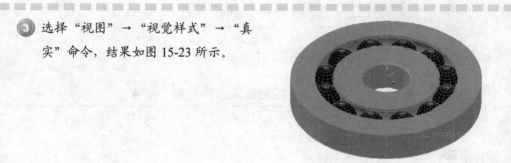

图 15-23

④ 单击 (保存)按钮,保存图形文件为 Sample/CH15/1501.dwg。

15.2
轴承座三维图的绘制

轴承三维图绘制完成后,就需要绘制支撑轴承的轴承座。下面我们说明轴承座三维图的绘制
方法。

15.2.1 新建文件和图层

操作步骤

① 单击 □ （新建）按钮，新建一个 AutoCAD 文件。

② 选择"图层"→"图层特性"命令，在弹出的"图层特性管理器"对话框中设置新图层并将"轴承座轮廓"设置为当前层，如图 15-24 所示。

图 15-24

15.2.2 绘制轴承座外轮廓

操作步骤

图 15-25

① 选择"视图"→"前主视图"命令，将界面切换到二维前视图界面。如图 15-25 所示。

② 单击 ⌐（多段线）按钮，AutoCAD 提示：

```
命令：_pline
指定起点：                                      // 在屏幕上单击 A 点
当前线宽为 0.0000
指定下一个点或 [圆弧(A)/半宽(H)/长度(L)/放弃(U)/宽度(W)]：70
```

```
// 用导航线沿水平方向捕捉即相当于输入(@70, 0)
指定下一点或 [圆弧(A)/闭合(C)/半宽(H)/长度(L)/放弃(U)/宽度(W)]: a    // 绘制圆弧
指定圆弧的端点或
[角度(A)/圆心(CE)/闭合(CL)/方向(D)/半宽(H)/直线(L)/半径(R)
/第二个点(S)/放弃(U)/宽度(W)]: ce
指定圆弧的圆心: @4,0
指定圆弧的端点或 [角度(A)/长度(L)]: a 指定包含角: -90
指定圆弧的端点或
[角度(A)/圆心(CE)/闭合(CL)/方向(D)/半宽(H)/直线(L)/半径(R)
/第二个点(S)/放弃(U)/宽度(W)]: l                              继续绘制直线
指定下一点或 [圆弧(A)/闭合(C)/半宽(H)/长度(L)/放弃(U)/宽度(W)]: 47
//  导航线沿水平方向捕捉即相当于输入 "@47, 0"
指定下一点或 [圆弧(A)/闭合(C)/半宽(H)/长度(L)/放弃(U)/宽度(W)]: a
指定圆弧的端点或
[角度(A)/圆心(CE)/闭合(CL)/方向(D)/半宽(H)/直线(L)/半径(R)
/第二个点(S)/放弃(U)/宽度(W)]: ce
指定圆弧的圆心: @0,-4
指定圆弧的端点或 [角度(A)/长度(L)]: a 指定包含角: -90
指定圆弧的端点或
[角度(A)/圆心(CE)/闭合(CL)/方向(D)/半宽(H)/直线(L)/半径(R)/第二个点(S)/放弃(U)/宽
度(W)]: l
指定下一点或 [圆弧(A)/闭合(C)/半宽(H)/长度(L)/放弃(U)/宽度(W)]: 30
//  导航线沿水平方向捕捉即相当于输入 "@30, 0"
指定下一点或 [圆弧(A)/闭合(C)/半宽(H)/长度(L)/放弃(U)/宽度(W)]: a
指定圆弧的端点或
[角度(A)/圆心(CE)/闭合(CL)/方向(D)/半宽(H)/直线(L)/半径(R)
/第二个点(S)/放弃(U)/宽度(W)]: ce
指定圆弧的圆心: @4,0
指定圆弧的端点或 [角度(A)/长度(L)]: a
指定包含角: -90
指定圆弧的端点或
[角度(A)/圆心(CE)/闭合(CL)/方向(D)/半宽(H)/直线(L)/半径(R)/第二个点(S)/放弃(U)/宽
度(W)]: l
指定下一点或 [圆弧(A)/闭合(C)/半宽(H)/长度(L)/放弃(U)/宽度(W)]: 47
//  导航线沿水平方向捕捉即相当于输入 "@47, 0"
指定下一点或 [圆弧(A)/闭合(C)/半宽(H)/长度(L)/放弃(U)/宽度(W)]: a
指定圆弧的端点或
[角度(A)/圆心(CE)/闭合(CL)/方向(D)/半宽(H)/直线(L)/半径(R)
/第二个点(S)/放弃(U)/宽度(W)]: ce
指定圆弧的圆心: @0,-4
指定圆弧的端点或 [角度(A)/长度(L)]: a 指定包含角: -90
指定圆弧的端点或
[角度(A)/圆心(CE)/闭合(CL)/方向(D)/半宽(H)/直线(L)/半径(R)/第二个点(S)/放弃(U)/宽
度(W)]: l
```

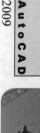

AutoCAD
2009

指定下一点或 [圆弧(A)/闭合(C)/半宽(H)/长度(L)/放弃(U)/宽度(W)]: 70
// 导航线沿水平方向捕捉相当于"@70, 0"
指定下一点或 [圆弧(A)/闭合(C)/半宽(H)/长度(L)/放弃(U)/宽度(W)]: 30
// 导航线沿垂直方向捕捉相当于"@0, 30"
指定下一点或 [圆弧(A)/闭合(C)/半宽(H)/长度(L)/放弃(U)/宽度(W)]: 90
// 导航线沿水平方向捕捉相当于"@-90, 0"
指定下一点或 [圆弧(A)/闭合(C)/半宽(H)/长度(L)/放弃(U)/宽度(W)]: 40
// 导航线沿垂直方向捕捉相当于"@0, 40"
指定下一点或 [圆弧(A)/闭合(C)/半宽(H)/长度(L)/放弃(U)/宽度(W)]: 10
// 导航线沿水平方向捕捉相当于"@-10, 0"
指定下一点或 [圆弧(A)/闭合(C)/半宽(H)/长度(L)/放弃(U)/宽度(W)]: 10
// 导航线沿垂直方向捕捉相当于"@0, -10"
指定下一点或 [圆弧(A)/闭合(C)/半宽(H)/长度(L)/放弃(U)/宽度(W)]: 10
//导航线沿水平方向捕捉相当于"@-10, 0"
指定下一点或 [圆弧(A)/闭合(C)/半宽(H)/长度(L)/放弃(U)/宽度(W)]: a
指定圆弧的端点或[角度(A)/圆心(CE)/闭合(CL)/方向(D)/半宽(H)/直线(L)/半径(R)
/第二个点(S)/放弃(U)/宽度(W)]: ce
指定圆弧的圆心: @-30,0
指定圆弧的端点或 [角度(A)/长度(L)]: a 指定包含角: -180
指定圆弧的端点或
[角度(A)/圆心(CE)/闭合(CL)/方向(D)/半宽(H)/直线(L)/半径(R)/第二个点(S)/放弃(U)/宽度(W)]: l
指定下一点或 [圆弧(A)/闭合(C)/半宽(H)/长度(L)/放弃(U)/宽度(W)]: 10
//导航线沿水平方向捕捉相当于"@-10, 0"
指定下一点或 [圆弧(A)/闭合(C)/半宽(H)/长度(L)/放弃(U)/宽度(W)]: 10
// 导航线沿垂直方向捕捉相当于"@0, 10"
指定下一点或 [圆弧(A)/闭合(C)/半宽(H)/长度(L)/放弃(U)/宽度(W)]: 10
//导航线沿水平方向捕捉相当于"@-10, 0"
指定下一点或 [圆弧(A)/闭合(C)/半宽(H)/长度(L)/放弃(U)/宽度(W)]: 40
//导航线沿垂直方向捕捉相当于"@0, -40"
指定下一点或 [圆弧(A)/闭合(C)/半宽(H)/长度(L)/放弃(U)/宽度(W)]: 90
// 导航线沿水平方向捕捉相当于"@-90, 0"
指定下一点或 [圆弧(A)/闭合(C)/半宽(H)/长度(L)/放弃(U)/宽度(W)]: c

结果如图 15-26 所示。

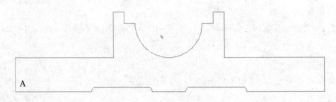

图 15-26

注意

在 AutoCAD 中绘制三维图，除了可以直接利用三维实体命令绘制外，还可以通过先绘制二维平面图，然后通过编辑命令将二维平面图转换成三维，但是二维对象必须是一个闭合的面域或多段线，前面绘制轴承内圈时绘制的圆就相当于面域，本例用的是多段线。

③ 单击 ⬚ （拉伸）按钮，AutoCAD 提示：

```
命令: _extrude
当前线框密度: ISOLINES=16
选择要拉伸的对象: 找到 1 个          // 选择刚绘制的多段线
选择要拉伸的对象:                    // 按<Enter>键结束选择
指定拉伸的高度或 [方向(D)/路径(P)/倾斜角(T)]: 80
```

拉伸完成后，重复步骤 ① 选择"东南视图"，结果如图 15-27 所示。

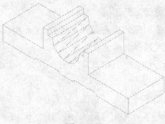

图 15-27

15.2.3 绘制轴承座的椭圆形凸台和圆柱凸台

底座绘制完成后，绘制轴承座的两个凸台。

操作步骤

① 选中"椭圆形凸台"并将该图层置为当前层。

② 选择"视图" → "视觉样式" → "三维隐藏"命令，如图 15-28 所示。

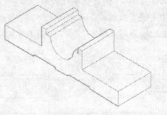

图 15-28

图 15-29

③ 选择"视图"→"俯视"命令切换视图，结果如图 15-29 所示。

④ 单击 → （多段线）按钮，AutoCAD 提示：

```
命令：_pline
指定起点：fro 基点：                    // 单击图 15-30 所示中的 A 点
<偏移>：@0,22.5
当前线宽为 0.0000
指定下一点或 [圆弧(A)/闭合(C)/半宽(H)/长度(L)/放弃(U)/宽度(W)]：55
指定下一点或 [圆弧(A)/闭合(C)/半宽(H)/长度(L)/放弃(U)/宽度(W)]：a
指定圆弧的端点或[角度(A)/圆心(CE)/闭合(CL)/方向(D)/半宽(H)
/直线(L)/半径(R)/第二个点(S)/放弃(U)/宽度(W)]：ce
指定圆弧的圆心：@0,17.5
指定圆弧的端点或 [角度(A)/长度(L)]：a 指定包含角：180
指定圆弧的端点或
[角度(A)/圆心(CE)/闭合(CL)/方向(D)/半宽(H)/直线(L)/半径(R)/第二个点(S)/放弃(U)/宽
度(W)]：l
指定下一点或 [圆弧(A)/闭合(C)/半宽(H)/长度(L)/放弃(U)/宽度(W)]：55
指定下一点或 [圆弧(A)/闭合(C)/半宽(H)/长度(L)/放弃(U)/宽度(W)]：C
```

结果如图 15-30 所示。

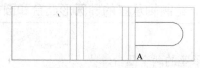

图 15-30

⑤ 选择"修改"→ △ （镜像）按钮，AutoCAD 提示：

```
选择对象：找到 1 个
选择对象：指定镜像线的第一点：              // 单击图中矩形长边的中点
指定镜像线的第二点：                        // 单击图中矩形另一条长边的中点
要删除源对象吗？[是(Y)/否(N)] <N>：         // 按<Enter>键接受默认值
```

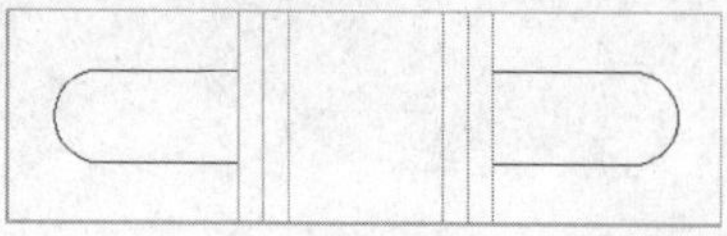

结果如图 15-31 所示。

图 15-31

6 单击 ⬚ （拉伸）按钮，AutoCAD 提示：

命令： _extrude
当前线框密度： ISOLINES=16
选择要拉伸的对象： 找到 1 个
选择要拉伸的对象： 找到 1 个，总计 2 个　　　　　　　　　// 选择刚绘制的两个椭圆凸台
选择要拉伸的对象：
指定拉伸的高度或 [方向(D)/路径(P)/倾斜角(T)] <80.0000>: 4

拉伸完成后，选择"视图"→"东南视图"命令，结果如图 15-32 所示。

椭圆凸台是将二维图纸镜像后同时拉伸
得到的，其实也可以将单独的一个凸台
拉伸，拉伸后将三维凸台镜像也可以，
下面的圆柱凸台我们将用三维镜像功能
来实现。

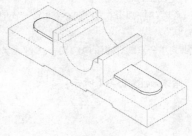

图 15-32

7 选中"圆柱凸台"图层并将该图层置为当前层。

8 输入 UCS 命令，AutoCAD 提示：

命令： ucs
当前 UCS 名称： *没有名称*
指定 UCS 的原点或 [面(F)/命名(NA)/对象(OB)/上一个(P)/视图(V)/世界(W)/X/Y/Z/Z 轴
(ZA)] <世界>: f
选择实体对象的面：　　　　　　　　　　　　　　// 单击凸台上平面
输入选项 [下一个(N)/X 轴反向(X)/Y 轴反向(Y)] <接受>:　// 按<Enter>键接受默认值

结果如图 15-33 所示。

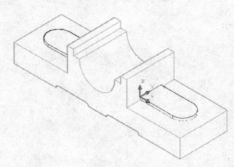

图 15-33

9 单击 （多段线）按钮，AutoCAD 提示：

命令：_pline
指定起点：   // 单击图中 A 点
当前线宽为 0.0000
指定下一个点或 [圆弧(A)/半宽(H)/长度(L)/放弃(U)/宽度(W)]：a
指定圆弧的端点或
[角度(A)/圆心(CE)/方向(D)/半宽(H)/直线(L)/半径(R)/第二个点(S)/放弃(U)/宽度(W)]：a
指定包含角：180
指定圆弧的端点或 [圆心(CE)/半径(R)]：   // 单击图中 B 点
指定圆弧的端点或
[角度(A)/圆心(CE)/闭合(CL)/方向(D)/半宽(H)/直线(L)/半径(R)/第二个点(S)/放弃(U)/宽度(W)]：l
指定下一点或 [圆弧(A)/闭合(C)/半宽(H)/长度(L)/放弃(U)/宽度(W)]：c

结果如图 15-34 所示。

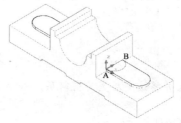

图 15-34

10 单击 （拉伸）按钮，AutoCAD 提示：

命令：_extrude
当前线框密度：ISOLINES=16
选择要拉伸的对象：找到 1 个   // 选择刚绘制的半圆
选择要拉伸的对象：   // 按<Enter>键结束选择
指定拉伸的高度或 [方向(D)/路径(P)/倾斜角(T)]：36

结果如图 15-35 所示。

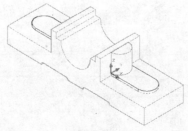

图 15-35

⑪ 单击 按钮，AutoCAD 提示：

```
命令：_mirror3d
选择对象：找到 1 个              // 选择刚拉伸半圆凸台
选择对象：                     // 按<Enter>键结束选择
指定镜像平面（三点）的第一个点或
[对象(O)/最近的(L)/Z 轴(Z)/视图(V)/XY 平面(XY)/YZ 平面(YZ)/ZX 平面(ZX)/三点(3)]
<三点>：3
    在镜像平面上指定第一点：          // 选择 R=30 的圆弧的中点
    在镜像平面上指定第二点：          // 选择 R=30 的圆弧的圆心
    在镜像平面上指定第三点：          // 选择令一侧 R=30 的圆弧的圆心
是否删除源对象？[是(Y)/否(N)] <否>：
```

结果如图 15-36 所示。

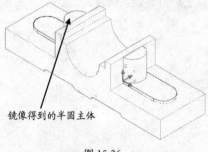

镜像得到的半圆主体

图 15-36

15.2.4 绘制轴承座螺栓孔

凸台绘制完成后，绘制螺栓孔固定螺栓。

操作步骤

① 选中"轴承座螺栓孔"图层并将该图层置为当前层。

② 单击 （圆柱）按钮，AutoCAD 提示：

```
命令：_cylinder
指定底面的中心点或 [三点(3P)/两点(2P)/相切、相切、半径(T)/椭圆(E)]：
fro 基点：                      // 单击图 15-30 所示中 A 点
<偏移>：@55,17.5
指定底面半径或 [直径(D)] <12.5000>：5
指定高度或 [两点(2P)/轴端点(A)] <36.0000>：-34
```

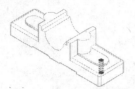

图 15-37

结果如图 15-37 所示。

③ 继续使用圆柱体命令绘制圆柱体，AutoCAD 提示：

```
命令：_cylinder
指定底面的中心点或 [三点(3P)/两点(2P)/相切、相切、半径(T)/椭圆(E)]：
fro 基点：                            // 单击图 15-30 所示中 A 点
<偏移>：@8.75, 17.5, 36
指定底面半径或 [直径(D)]：7
指定高度或 [两点(2P)/轴端点(A)] <36.0000>：-80
```

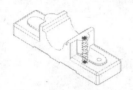

图 15-38

结果如图 15-38 所示。

④ 选择"视图"→"视觉样式"→"三维线框"命令，结果如图 15-39 所示。

图 15-39

⑤ 单击 按钮，AutoCAD 提示：

```
命令：_mirror3d
选择对象：找到 2 个                  // 按住<Ctrl>键选择上步中的两个圆柱体
选择对象：                           // 按<Enter>键结束选择
指定镜像平面 (三点) 的第一个点或
[对象(O)/最近的(L)/Z 轴(Z)/视图(V)/XY 平面(XY)/YZ 平面(YZ)/ZX 平面(ZX)/三点(3)]
<三点>：3
   在镜像平面上指定第一点：          //   选择 R=30 的圆弧的中点
   在镜像平面上指定第二点：          //   选择 R=30 的圆弧的圆心
   在镜像平面上指定第三点：          //   选择令一侧 R=30 的圆弧的圆心
是否删除源对象？[是(Y)/否(N)] <否>：
```

结果如图 15-40 所示。

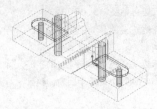

图 15-40

6 单击 （差集）按钮，AutoCAD 提示：

命令：_subtract
选择要从中减去的实体或面域...
选择对象：找到 1 个，总计 5 个　　　// 选择除了 4 个圆柱体外的所有实体
选择对象：
选择要减去的实体或面域 ...
选择对象：找到 1 个，总计 4 个　　　// 选择 4 个圆柱体
选择对象：　　　　　　　　　　　　// 按<Enter>键结束命令

差集完成后，选择"视图" → "视觉样式" → "三维隐藏"命令，结果如图 15-41 所示。

注意

此时的实体为一个整体，在 AutoCAD 中通过布尔运算（并集、差集、交集）后，原来单独的实体将被合并层一个。本例在图形上任意单击一点会发现整个图形显示为选中状态。

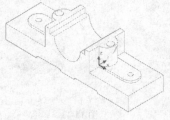

图 15-41

15.2.5　对绘制后的轴承座实体进行修饰

对底座进行倒角和圆角修饰。

操作步骤

1 单击 ┌（倒角）按钮，AutoCAD 提示：

命令：_chamfer
当前设置：模式 = 修剪，半径 = 0.0000
选择第一个对象或 ［放弃(U)/多段线(P)/半径(R)/修剪(T)/多个(M)］：r 指定圆角半径 <0.0000>：5
选择第一个对象或 ［放弃(U)/多段线(P)/半径(R)/修剪(T)/多个(M)］：

```
输入圆角半径 <5.0000>:
选择边或 [链(C)/半径(R)]:
......:
选择边或 [链(C)/半径(R)]:          //   选中轴承座轮廓的 10 条棱边
已选定 10 个边用于圆角。            //   按<Enter>键结束选择
```

结果如图 15-42 所示。

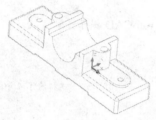

图 15-42

2 重复步骤 1，对轴承座的其他轮廓线 R2 圆角，如图 15-43 所示。

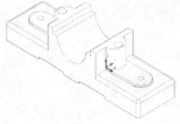

图 15-43

在进行三维倒圆角或倒角时经常有些需要倒角的边看不见或被隐藏起来，这时需要在"视图"→"视觉样式"命令的几个样式中进行切换，切换到能看到自己要选的边。

图 15-44

3 选择"视图"→"视觉样式"→"真实"命令，结果如图 15-44 所示。

4 单击 🖫（保存）按钮，保存图形文件为 Sample/CH15/1502.dwg。

附录 A

AutoCAD 2009 新特性与安装

2008 年 3 月，Autodesk 公司推出了 AutoCAD 2009 中文版，其变革性的更新，包括可视化的用户界面和 Microsoft Office 2007 相似的动作宏录制器等新增功能，使得用户在绘图设计、编辑等方面的便捷性和精确性得到了进一步提升。

AutoCAD 2009 中文版的诸多特定界面和操作方法，使得我们在系统学习 AutoCAD 的应用之前，需要首先介绍 AutoCAD 2009 中文版在设计中的应用，以及它的安装和图形文件管理等内容。

①选中 Autodesk Design Review 2009 复选框

②单击下一步按钮

A.1 AutoCAD 2009 中文版新特性

AutoCAD 2009 中文版是 Autodesk 公司于 2008 年 3 月推出的最新绘图软件版本,其功能特别是在绘图、注释、视图等方面得到了显著的提升,并为用户提供了一个更加方便、舒适的绘图环境。

AutoCAD 2009 中文版的主要强化和改进之处是新增了二维草图和注释功能,增强了文本和多重引线,以及图层和导航功能,提升了工程二维制图的易用性。

当用户首次启动 AutoCAD 2009 时,系统会显示"新功能专题研习"窗口,如图 A-1 所示。单击 确定 按钮即可显示"新功能专题研习"对话框,如图 A-2 所示。

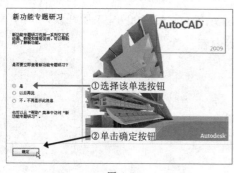

图 A-1

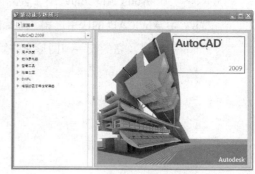

图 A-2

在对话框中,分类别列出了 AutoCAD 2009 相对于 AutoCAD 2008 版本的新增或增强功能。综合起来,主要在用户界面、动作录制器、查看工具、地理位置、图层特性管理器和 DWFx 6 大方面有重大改进,下面分别予以介绍。

A.1.1 可视化的用户界面

AutoCAD 2009 中文版将更有成效地帮助用户实现更具竞争力的设计创意,其在用户界面上也有了重大改进。

AutoCAD 2009 中文版整合了制图界面的可视化,满足了个人用户的需求和偏好,能够更快地执行常见的 CAD 任务,更容易找到那些不常见的命令;也能够让用户在不需要软件编程的情况下自动操作制图,从而进一步简化了制图任务,极大地提高了效率。

1.面板和快速访问

在快速访问工具栏上,可以存储经常使用的命令,如图 A-3 所示。在快速访问工具栏上单击鼠标右键，然后单击"自定义快速访问工具栏"，将打开"自定义用户界面"对话框，并显示可用命令的列表。将想要添加的命令从"自定义用户界面"对话框中的命令列表窗格拖动到快速访问工具栏。

图 A-3

新的工作空间提供了用户使用得最多的二维草图和注解工具直达访问方式。它包括菜单、工具栏和工具选项板组，以及面板。二维草图和注解工作空间以 CUI 文件方式提供，以便用户将其整合到自己的自定义界面中。除了新的二维草图和注解工作空间外，三维建模工作空间也作了一些增强。

2. 命令中的快速搜索

命令列表屏包含了新的搜索工具，这样就可以过滤所需要的命令名。用户只需简单将鼠标移动到命令名上就可查看关联于命令的宏，也可将命令从命令列表中拖放到工具栏中，如图 A-4 所示。

图 A-4

有关该信息的详细说明，请参阅本书的第 2 章第 5 节。

3. 快速查看

使用快速查看工具，用户可以通过二级结构的显示方式，预览打开的图形和某图形中的布局，并在其间进行切换，如图 A-5 所示。

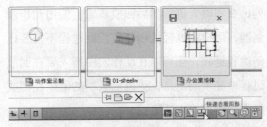

图 A-5

4. 工具提示

工具提示已得到增强，现在包括两个级别的内容：基本内容和补充内容。光标最初悬停在命令或控件上时，将显示基本工具提示。其中包含对该命令或控件的概括说明、命令名、快捷键和命令标记。当光标在命令或控件上的悬停时间累积超过一特定数值时，将显示补充工具提示。补充工具提示提供了有关命令或控件的附加信息，并且可以显示图示说明，如图 A-6 所示。

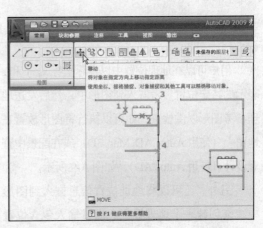

图 A-6

A.1.2　动作宏录制器

AutoCAD 2009 出现一个类似于 Office 的宏录制器的功能，可以把操作过程和步骤录制下来。

用户可以创建一个"动作"宏，录制一系列命令和输入值，然后回放该宏。使用动作录制器，用户可以轻松创建宏，此过程不需要任何编程经验；还可以在动作宏中插入要在回放过程中显示的消息，更改已录制的值以在回放过程中请求输入新值。

图 A-7 所示为一个已经创建好的绘制圆和直线的宏。

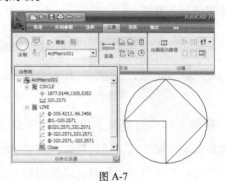

图 A-7

A.1.3　查看工具

SteeringWheels（控制盘）是用于追踪悬停在绘图窗口上的光标的菜单，通过这些菜单可以从单一界面中访问二维和三维导航工具。SteeringWheels 分为若干个按钮，每个按钮包含一个导航工具，如图 A-8 所示。

用户可以通过单击按钮或单击并拖动悬停在按钮上的光标来启动导航工具，共有 4 个不同的控制盘可供使用。有关控制盘的详细应用，请参阅本书第 8 章。

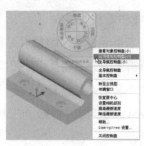

图 A-8

A.1.4　地　理　位　置

用户可以在地理位置中以实际坐标 x、y 和 z 表示的特定位置参考嵌入到图形中，然后发送地理参考图形以供检查。如可以执行将图形放置在地图上（使用 AutoCAD Map 3D）或在配景中查看设计（使用 AutoCAD），如图 A-9 所示。

另外，还可以将地址位置信息嵌入到图形中，来创建一个地理标记。通过输入包含位置信息的 KML/KMZ 文件或 Google Earth 输入位置来创建地理标记。

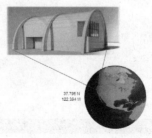

图 A-9

A.1.5　增强的图层特性管理器

AutoCAD 2009 进一步改进了"图层特性管理器"界面，使得现在可以立即应用图层特性更改，而无需单击"应用"或"确定"按钮进行应用更改，如图 A-10 所示。

另外，切换空间（模型和布局空间的转换）后，该管理器将显示当前空间中图层特性的当前状态和选定的过滤器。

用户还可以自定义图层界面，并且在"图层"选项板处于打开状态时来进行工作。有

关该增强管理器的更多功能，请参阅本书第 4 章第 5 节。

图 A-10

A.1.6　DWFx 文件

DWFx（DWF 的未来格式）是基于 Microsoft 提供的 XML 图纸规格（XPS）的格式。用户可以在 Windows Vista 和 Windows XP 上使用 Internet Explorer 7 查看和打印 DWFx 文件。现在，用户可以打印或发布为 DWFx，将 DWFx 文件附着为参考底图以及使用标记集管理器读取 DWFx 文件，如图 A-11 所示。

除了以上列出的重要更新外，AutoCAD 2009 还包括了许多增强的功能和新增的内容，如自定义用户界面、快捷特性和设置管理员频道等众多特性，它们一起让用户的设计变得更简单高

效。有关详细介绍，请参阅本书的相关章节。

图 A-11

学习完以上的新功能后，是不是想赶快安装新版本来进行体验呢？下面我们就来讲解 AutoCAD 的安装。

A.2 AutoCAD 2009 中文版的安装

AutoCAD 2009 中文版安装包包含了 X86、X64 两个版本，因为其文件安装包巨大，所以第

一次使用了 DVD 文件（或 3 张 CD）发布格式，但是其安装方式非常简便。将 AutoCAD 2009 中文版 DVD 插入 DVD-ROM 驱动器后，弹出图 A-12 所示的"AutoCAD 2009" 安装向导浏览器界面（如果没有自动播放，请双击光盘上的安装启动程序 Setup.exe）。

图 A-12

根据用户所在地，AutoCAD 可能会提供一张 DVD 或 3 张 CD 版本的安装盘。安装界面和过程几乎一样，按照提示说明安装即可，本书以 DVD 安装方式进行讲解。

AutoCAD 的 CD 安装界面中有"阅读文档"、"安装产品"、"创建展开"和"安装工具和实用程序"4 个选项卡，含义如下。

● 阅读文档：安装产品之前，可以访问系统需求、《AutoCAD 单机版安装手册》和"Readme.chm"文件。单击"阅读文档"链接，然后单击要查看的文档。

● 安装产品：在此工作站上执行标准安装，即我们通常所说的安装 AutoCAD 程序。

● 创建展开：创建预配置展开以在客户端工作站上安装产品，即多用户网络安装。

● 安装工具和实用程序：安装网络许可实用程序、管理和报告工具。

用户可以根据需要选择相应的选项进行安装。在进行安装 AutoCAD 2009 中文版之前，首先了解一下 AutoCAD 2009 中文版对系统的需求。

A.2.1 系 统 需 求

在单独的计算机上安装 AutoCAD 之前，请用户确保计算机满足最低系统需求。

安装 AutoCAD 时，将自动检测 Windows 操作系统是 32 位版本还是 64 位版本，系统将自动选择安装适当的 AutoCAD 版本。

AutoCAD 2009 中文版对于主要进行二维图形创建的用户来说，AutoCAD 2009 中文版的系统需求见表 A-1。

对于要利用新的概念设计功能（三维使用）的用户来说，系统建议配置见表 A-2。

不能在 64 位版本的 Windows 上安装 32 位版本的 AutoCAD。

表 A-1 二维图形用户安装系统需求

硬件/软件环境	系统版本	需 求	注 意
操作系统	32 位	Windows XP Professional/ Home SP2 Windows Vista Enterprise / Business Windows Vista Ultimate、 Windows Vista Home Premium	建议在用户界面语言与 AutoCAD 语言的代码页匹配的操作系统上安装英文版本的 AutoCAD，代码页为不同语言的字符集提供支持
	64 位	Windows XP Professional Windows Vista Enterprise Windows Vista Business Windows Vista Ultimate Windows Vista Home Premium	
Web 浏览器	32 位	Microsoft Internet Explorer 6.0 Service Pack 1（或更高版本）	如果计算机系统上没有安装具有 Service Pack1（或更高版本）的 Microsoft Internet Explorer 6.0，则无法安装 AutoCAD，可以从 Microsoft 网站上下载 Internet Explorer：http://www.micorsoft.com/downloads
	64 位	Microsoft Internet Explorer 7.0 或更高版本	
处理器	32 位	Intel Pentium IV 或 AMD Athlon，2.2GHz 或更高、Intel 或 AMD 双核处理器，1.6GHz 或更高	为了提高性能，建议使用双核处理器
	64 位	AMD 64 或 Intel EM64T	
内存（RAM）	32 位	1GB（windows XP SP2）、2GB 或更大（Windows Vista）	如条件允许，应配置更大容量的内存以提高图像的处理速度
	64 位	2GB	
图形卡		1280 × 1024 32 位真彩色、具有 128MB 或更大显存，且支持 Open GL 或 Direct3D 的工作站级图形卡。 对于 Windows Vista，需要具有 128MB 或更大显存且支持 Direct3D 的工作站级图形卡以及 1024 × 768 VGA 真彩色（最低要求）	(1)需要支持 Windows 的显示适配器； (2) 对于支持硬件加速的图形卡，必须安装 DirectX 9.0c 或更高版本的图形卡； (3) 从 ACAD.msi 文件进行安装时，将不安装 DirectX 9.0c 或更高版本。这种情况下，需要手动安装用于硬件加速的 DirectX 以进行配置
磁盘空间		安装程序至少需要 750MB（Windows XP SP2） 除用于安装的空间之外，可用空间为 2GB（Windows Vista）	系统默认安装在系统 C 盘
DVD/CD-ROM	32 位	下载（ESD）以及从 DVD 或 CD 安装	任意速度（仅用于安装）
	64 位	下载或 DVD	
可选硬件		打印机或绘图仪、数字化仪、调制解调器或其他访问 Internet 连接的设备、网络接口卡	

表 A-2 新的概念设计用户安装系统需求

硬件/软件环境	需 求	注 意
操作系统	32 位：Windows Vista Enterprise /Business/Ultimate/Home Premium、Windows XP Professional/Home Service Pack 2 64 位：Windows Vista Enterprise /Business/Ultimate/Home Premium、Windows XP Professional	建议在用户界面语言与 AutoCAD 语言的代码页匹配的操作系统上安装英文版本的 AutoCAD，代码页为不同语言的字符集提供支持
处理器	Intel Pentium Ⅳ处理器或 AMD Athlon，2.2GHz 或更高、 Intel 或 AMD 双核处理器，1.6GHz 或更高	建议使用 Pentium Ⅳ，或更快的处理器、兼容产品
内存（RAM）	2GB 内存（或更大）	
磁盘空间	2GB	除安装所需的 1GB 或更大空间之外
图形卡	1280×1024 32 位（真彩色），具有 128MB 或更大显存，且支持 OpenGL 或 Direct3D 的工作站级图形卡。 对于 Windows Vista，需要具有 128MB 或更大显存且支持 Direct3D 的工作站级图形卡以及 1024×768 VGA 真彩色（最低要求）	（1）必须安装支持硬件加速的 DirectX 9.0c 或更高版本的图形卡； （2）从 ACAD.msi 文件进行的安装不能安装 DirectX 9.0c 或更高版本的图形卡。这种情况下，需要手动安装用于硬件加速的 DirectX 以进行配置

注意
默认情况下，不再安装 Adobe Flash Player。如果当前未在系统中安装合适版本的 Flash，则将显示一条消息，要求用户从 Adobe 的网站上进行下载。如果无法访问 Internet，还可以在 AutoCAD 产品介质中访问 Flash 安装程序。

建议用户遵循上述要求，以便于正确安装和有效使用 AutoCAD 2009 中文版软件。

A.2.2 安 装 步 骤

要安装 AutoCAD，用户必须具有管理员权限或由系统管理员授予更高权限。下面介绍选择"单机典型安装"类型安装 AutoCAD 2009 中文版的步骤，建议大部分用户使用这种方式。

操作步骤

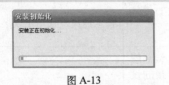

图 A-13

❶ 将 AutoCAD 2009 中文版 DVD 放入计算机的 DVD-ROM 驱动器，首先弹出"安装初始化"界面，如图 A-13 所示。

② 初始化完成后，进入"AutoCAD 2009"
安装向导界面，如图 A-14 所示。

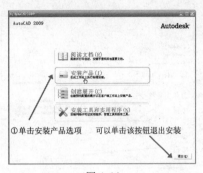

图 A-14

③ 单击"安装产品"选项，进入到"AutoCAD 2009 安装向导"对话框中。该对话框
用来选择用户需要安装的产品，默认选中 ☑AutoCAD 2009 复选框，如图 A-15 所示。

默认情况下，安装 AutoCAD 时不安装
☑Autodesk Design Review 2009 。
Design Review 是 DWF Viewer 的替代查
看器。某些 AutoCAD 功能需要安装
Design Review 后才能正常运行。有关受
影响的功能的详细信息，请单击左侧的
"哪些功能需要使用 Autodesk Design
Review？"链接来查看。

图 A-15

④ 单击 下一步(N) > 按钮，系统将初始化
AutoCAD 2009 安装程序，如图 A-16
所示。

图 A-16

⑤ 初始化完成后，进入"接受许可协议"对话框。在"国家或地区"列表框中选择
China ，并选择 ◉ 我接受(A) 单选按钮，如图 A-17 所示。

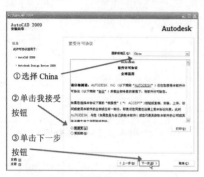

①选择 China

②单击我接受按钮

③单击下一步按钮

图 A-17

技巧

当用户对当前安装的组件不满意时，可以随时通过单击 〈上一步(B)〉 按钮返回到上一个界面进行修改，或者单击 取消(C) 按钮取消当前的安装。

6 单击 下一步(N) > 按钮，进入"产品和用户信息"对话框，在该对话框中分别输入相关信息，如图 A-18 所示。

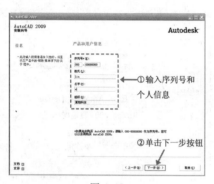

①输入序列号和个人信息

②单击下一步按钮

图 A-18

注意

在此输入的信息是永久性的，将显示在"帮助"菜单项下的"关于"框中。

7 单击 下一步(N) > 按钮，进入"查看-配置-安装"对话框，在"选择要配置的产品"列表框中默认选中 AutoCAD 2009，并在"当前配置"列表框中显示当前的用户设置，如图 A-19 所示。

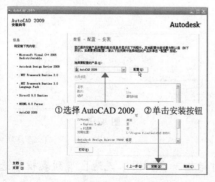

①选择 AutoCAD 2009 ②单击安装按钮

图 A-19

注意

此处是系统默认使用的安装方式，包括安装方式是"典型安装"，安装位置在"C:\Program Files\AutoCAD 2009"中，默认的文字编辑器为 Windows 记事本，不安装 Express Tools 和材质库。想对安装过程进行自定义的用户请参阅本章"技能点拨"中的"自定义安装"。

8 单击 安装(N) 按钮，系统会自动进入"安装组件"对话框并开始复制文件进行安装，如图 A-20 所示。

注意

AutoCAD 2009 中文版会自动识别用户电脑系统的组件安装情况，安装时可能会因为各个用户系统上安装的组件不同，左侧的组件显示略有差别。支持部件包括必须安装的 Microsoft Visual C++ 2005 Redistributable、.NET Framework 3.0、.NET Framework 3.0 Language Pack，之后还会安装 DirectX 9.0 Runtime、MSXML 6.0 Parser，以及用户选择的安装组件（如 Autodesk Design Review 2009）。

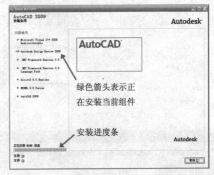

绿色箭头表示正在安装当前组件

安装进度条

图 A-20

技巧

用户可以根据需要自己选择：单击 是(Y) 按钮立即重新启动电脑；单击 否(N) 按钮则可以稍后自行重新启动电脑。

9 单击 是(Y) 按钮，系统自动重启，然后进入到"安装完成"对话框。系统默认选中 ☑查看 AutoCAD 2009 自述(A)。 和 ☑查看 Autodesk Design Review 2009 自述(D)。 复选框，如图 A-21 所示。

技巧

《自述》文件包含 AutoCAD 2009 中文版的相关发布信息，如果用户不想阅读《自述》文件内容，请取消 □查看 AutoCAD 2008 自述文件(A)。 复选框的选择。

选中复选框，单击完成按钮后自动弹出说明信息

①单击完成按钮

图 A-21

10 单击 完成(F) 按钮退出安装界面，将打开"AutoCAD 2009 自述"文件窗口，显示包含有关 AutoCAD 2009 中文版的各种说明文档，如图 A-22 所示。

AutoCAD 2009

自述文件目录树

目录文件，单击链接
可以查看详细说明

图 A-22

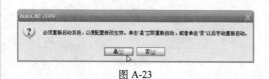

图 A-23

11 同时弹出"必须重新启动系统，以便
配置修改生效"警告窗口，如图 A-23
所示。

12 单击按钮，重新启动计算机，使配置生效。

成功安装 AutoCAD 2009 中文版后，程序会自动在桌面上建立一个快捷方式图标
（默认名称为 AutoCAD 2009 - Simplified Chinese）。

第一次启动 AutoCAD 2009 中文版后，会显示"AutoCAD 2009 产品激活"向导，
此时用户需要根据此向导对 AutoCAD 2009 中文版进行注册激活。激活过程和方法
请参阅 A.3.2 小节中 的 "注册与激活 AutoCAD 2009"。

A.3
安装和激活 AutoCAD 技巧

本章主要讲解了 AutoCAD 的应用范围、新特性和安装过程等，另外还说明了如何进行文件
的创建与保存等内容，在进一步探讨 AutoCAD 2009 功能之前，我们来对 AutoCAD 2009 中文版
的安装和激活技巧讲解一下。

A.3.1 自定义安装 AutoCAD 2009

在安装 AutoCAD 2009 中文版时，Autodesk　　公司对默认的安装流程进行了优化，使之更符合

大多数人的习惯。但由于部分用户不想将该程序安装在默认的 C 盘（系统盘）下，这时就需要自定义安装。

在自定义安装方式中，用户可以自己设置"安装类型"、"安装位置"、"安装许可方式"和

"安装组件"等。

这一种安装方式前面部分和"典型安装"方式类似，用户可以在"典型安装"方式配置中的"第 7 步"和"第 8 步"之间进行设置。

步骤如下（以上接"典型安装"的第 6 步）。

操作步骤

① 在"查看-配置-安装"对话框中单击 配置(O) 按钮，如图 A-24 所示。

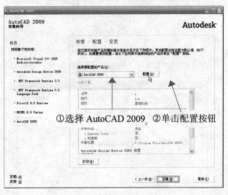

图 A-24

② 进入"选择许可类型"对话框，选择◉ 单机许可(S) 类型，如图 A-25 所示。

注意

◉ 单机许可(S) 许可类型是在单个工作站上注册和激活。尽管软件可以安装在设备的多个系统中，但许可证仅允许运行一个系统；◯ 网络许可(T) 依靠 Network License Manager 追踪软件许可证。软件可以在多个系统中安装和运行，最多可达到所购买的许可证数量。

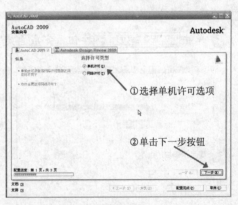

图 A-25

③ 单击 下一步(N) > 按钮，进入"选择安装类型"对话框。此处选择◉ 典型(T) 安装类型，并选中☑ Express Tools(X) 复选框。系统默认选中☑ 创建 AutoCAD 2009 - Simplified Chinese 桌面快捷方式(R) 复选框。如果不希望在桌面上显示快捷方式图标，请清除此复选框，如图 A-26 所示。

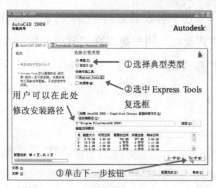

①选择典型类型

②选中 Express Tools 复选框

用户可以在此处 修改安装路径

③单击下一步按钮

图 A-26

注意

● **典型（T）** 安装类型是系统默认安装最常用的应用程序功能，建议大多数用户选择此选项； ○ **自定义（U）** 安装类型仅安装用户从"选择要安装的功能"列表中选择的应用程序功能，包括 CAD 标准、Database（数据库）、词典、图形加密等多种选项，此方式适用于高级用户。另外，用户可以在"产品安装路径"文本框中输入或单击其右侧的 **...** （浏览）按钮修改安装路径。

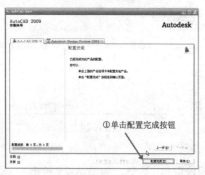

①单击配置完成按钮

图 A-27

④ 单击 下一步(N) > 按钮，进入"配置完成"对话框，提示用户确认安装程序的配置完成，如图 A-27 所示。

⑤ 单击 配置完成(F) 按钮，完成自定义配置，即可继续进行安装，如图 A-28 所示。

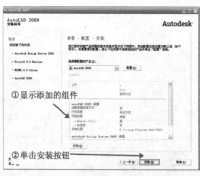

①显示添加的组件

②单击安装按钮

图 A-28

注意

在 AutoCAD 2009 中文版的自定义安装过程中，不再需要用户选择文字编辑器。

A.3.2　注册和激活 AutoCAD 2009

第一次启动 AutoCAD 时，将显示产品激　活向导，可在此时激活 AutoCAD，也可以先运行 AutoCAD 以后再激活它。在注册并输入 AutoCAD 的有效激活码之前，用户一直在试用模式下运行本程序，自第一次运行程序后的 30 日内将显示产品激活向导。如果在试用模式下运行 AutoCAD，并且 30 日后仍未注册和提供有效激活码，30 日之后，用户将无法在试用模式下运行。注册和激活 AutoCAD 后，将不再

显示产品激活向导。

请确保产品序列号可用，没有序列号将无法注册和激活 AutoCAD。如果要从 AutoCAD 的早期版本进行升级，请在注册和激活新版本时使用新的序列号。

要注册和激活产品，最快捷可靠的方式是使用 Internet。用户只需输入注册信息并通过 Internet 将其发送给 Autodesk 即可。提交信息后，将立即进行注册和激活。

操作步骤

1 双击桌面上的 AutoCAD 2009 中文版快捷方式图标，启动 AutoCAD 2009 中文版软件，弹出"AutoCAD 2009 产品激活"向导对话框，选择 激活产品 单选按钮，如图 A-29 所示。

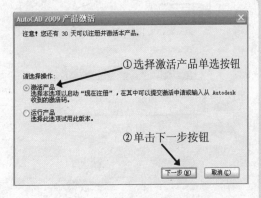

图 A-29

2 单击 下一步(N) 按钮，将弹出"激活"对话框启动网上注册过程。在"输入序列号或编组 ID"文本框中输入有效的序列号或编组 ID，然后选中 获取激活码 选项，再单击 下一步 >> 按钮，系统会自动链接到网站获取激活码，如图 A-30 所示。

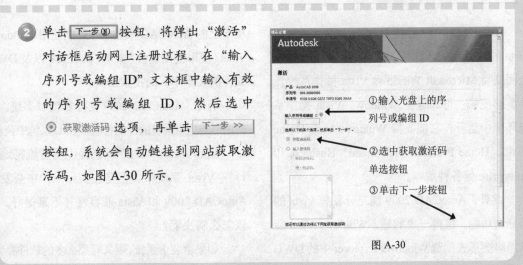

图 A-30

如果无法访问 Internet 或希望使用其他注册方式，可以通过下列方式之一注册和激活 AutoCAD：（1）电子邮件，创建包含注册信息的电子邮件，并将其发送给 Autodesk；（2）传真或邮寄，输入注册信息，然后将其传真或邮寄给 Autodesk 公司。

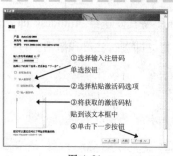

①选择输入注册码单选按钮
②选择粘贴激活码选项
③将获取的激活码粘贴到该文本框中
④单击下一步按钮

图 A-31

③ 获得正确的激活码后，返回到"激活"窗口，选中 ⊙ 输入激活码 选项，再选择 ⊙ 粘贴激活码。选项，然后将获取的激活码粘贴到其下侧的文本框中，如图 A-31 所示。

正在验证许可证

正在验证您的许可证，请稍候 . . . . . .

图 A-32

④ 单击 下一步 >> 按钮，即可看到"正在验证许可证"提示窗口，如图 A-32 所示。验证完成后，即可看到注册成功的欢迎界面，然后关闭该界面即可顺利启动 AutoCAD 2009 中文版。

A.3.3 和 Vista 系统的兼容性解决办法

AutoCAD 2009 已获得 Microsoft Windows Vista 的认证标识，此标识表明 AutoCAD 2009 全面支持 Microsoft Windows Vista 操作系统，并能够流畅、可靠地在 Windows Vista 操作系统环境中运行，它能支持 Windows Vista Home Basic、Home Premium、Ultimate、Business 和 Enterprise 等各种版本。

此外，AutoCAD 2009 能充分发挥 Vista 的部分新功能。值得一提的是，Windows Vista 能以缩略图形式预览 Windows Explorer 中的 DWG 和 DWF 文件，显示 Windows Explorer 中详细选项卡上的 AutoCAD 属性，并且能使用 Windows Vista（使用绘图属性、文本、MTEXT 以及 DWG 文件的文本串）的搜索工具。

另外，AutoCAD 2009 支持多 CPU 系统，它的图形与渲染系统的性能将从多 CPU 系统中获益。

虽然 AutoCAD 2009 已经说明能流畅地运行在 Vista 系统中，但是在实际工作中会发现 AutoCAD 2009 和 Vista 兼容性并不是很好，这该怎么解决呢？

如果重装个系统，则又有那么多的软件要装。其实，我们可以使用简单的方法来解决这个问题。

操作步骤

❶ 在 AutoCAD 2009 图标（或者快捷方式）上右击，在弹出的快捷菜单中选择"属性"选项，如图 A-33 所示。

图 A-33

❷ 弹出"属性"对话框，单击 兼容性 切换到"兼容性"选项卡，如图 A-34 所示。

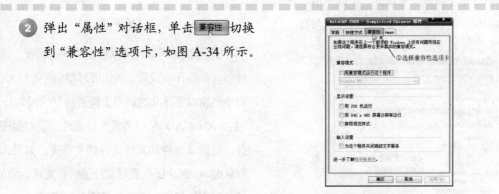

图 A-34

❸ 选中 "兼容性" 选项卡中的 ☑用兼容模式运行这个程序 复选框，在启用的列表框中选择兼容模式为 Windows XP (Service Pack 2) ▼，如图 A-35 所示。

图 A-35

❹ 然后单击 应用(A) 按钮将当前的修改进行保存应用，再单击 确定 按钮关闭该对话框。这时再单击桌面上的 AutoCAD 2009 快捷方式，就可以顺利地运行了！

A.3.4　从早期版本移植自定义特性

用户安装 AutoCAD 2009 中文版后，如果电脑中已经安装了 AutoCAD 早期版本（AutoCAD 2000～AutoCAD 2008），则可以将早期版本中的某些自定义设置移植到 AutoCAD 2009 中。

在 64 位版本的 AutoCAD 中,"移植自定义设置"对话框不可用。

第一次启动 AutoCAD 2009 时,如果用户机器上安装的有 AutoCAD 的以前版本(如 AutoCAD 2008),系统将自动弹出图 A-36 所示的"移植自定义设置"对话框,来移植用户在以前版本中保留的各种自定义文件和设置参数。

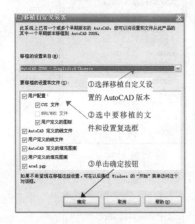

①选择移植自定义设置的 AutoCAD 版本

②选中要移植的文件和设置复选框

③单击确定按钮

图 A-36

建议在第一次使用 AutoCAD 2009 时(或稍后)就从早期版本进行移植。尽早进行移植可以防止覆盖文件,并无需记录在新版本中创建的自定义设置。

移植完成后,出现"移植自定义设置"窗口,提示用户已成功移植配置,是否查看日志文件,如图 A-37 所示。

单击 是(Y) 按钮,弹出"基本信息"窗口,如图 A-38 所示。

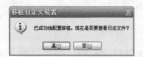

图 A-37

图 A-38

使用该对话框,可以移植用户的配置。该文件包含绘图环境设置(例如屏幕颜色、光标大小、命令行窗口字体和选择用于检查拼写的词典),还包含 AutoCAD 从中搜索支持文件、驱动程序文件、自定义文件和其他文件的文件夹。如果未在默认的 AutoCAD 位置对文件进行自定义,此位置的路径将被移植。文件本身不会被移植。

用户可以移植创建的线型、填充图案和命令别名。这些文件中的数据将添加到 AutoCAD 2009 文件中用户定义的部分,使用户可以轻松找到这些信息并将这些数据移植到以后的版本中。不能使用"移植自定义设置"对话框移植 SHELL 命令或对"acad.pgp"文件所作的注释。

如果更改了部分绘图仪配置(PC3)文件(位于自定义文件夹中),则这些文件将移植到"AutoCAD 2009 PC3"文件夹(位于自定义 PC3 文件夹中)。PC3 文件将移植到单独的文件夹,以便保持与 AutoCAD 早期版本的向后兼容性。

表 A-3 列出了使用"移植自定义设置"对话框移植的文件、每个文件的说明以及帮助用户确定是否需要移植文件的详细信息。

表 A-3　　　　　　　　　　　移植自定义文件说明

文件名	文件说明	详细信息
*.arg	用于备份系统注册表中的用户配置信息。移植注册表设置，但不会移植 ARG 文件	对用户配置所作的更改存储在系统注册表中，并被移植
*.lin	存储用户定义的线型	用户定义的线型文件被移植
acad.lin	包含标准线型定义（AutoCAD 库文件）	不会移植文件本身，但在此文件中创建的所有线型将被移植到 AutoCAD 2009 acad.lin / acadiso.lin 文件中，保存在该文件的"用户定义的线型"部分
acadiso.lin	包含公制线型定义（AutoCAD 库文件）	
*.pat	存储用户定义的填充图案	用户定义的填充图案文件被移植
acad.pat /acadiso.pat	包含标准 / 公制填充图案定义（AutoCAD 库文件）	不会移植文件本身，但在此文件中创建的所有填充图案将被复制到 AutoCAD 2009 acad.pat/acadiso.pat 文件中，保存在该文件的"用户定义的填充图案"部分
acad.pgp	存储 SHELL 命令和命令别名定义（ASCII 文本形式的程序参数文件）	不会移植文件本身，但在此文件中创建的所有命令别名将被复制到 AutoCAD 2009 acad.pgp 文件中
*.mnu	包含 AutoCAD 2006 之前的 AutoCAD 版本中的菜单自定义	不会移植文件本身，但将创建文件的副本，然后将其转换为具有相同名称的 CUI 文件。新的 CUI 文件将与主 CUI 文件位于同一文件夹中。找不到具有相同名称的 MNS 文件时，将会转换 MNU 文件
*.mns	包含 AutoCAD 2006 之前的 AutoCAD 版本中的菜单自定义	不会移植文件本身，但将创建文件的副本，然后将其转换为具有相同名称的 CUI 文件。新的 CUI 文件将与主 CUI 文件位于同一文件夹中。无论具有相同名称的 MNU 文件是否存在，都将转换 MNS 文件
*.cui	包含自 AutoCAD 2006 开始的 AutoCAD 版本中的自定义	如果 Autodesk 提供了 CUI 文件，则对文件所作的自定义更改将移植到 CUI 文件的较新版本中。如果未提供 CUI 文件，则该文件将被移植并复制到主 CUI 文件所在的位置，除非 CUI 文件位于网络位置中。企业 CUI 文件不会自动移植。用户必须手动移植这些文件

　　在移植 MNU、MNS 和 CUI 文件之前，每个文件的备份副本都将保存在以下目录中：

　　<系统磁盘>\Documents and Settings\<用户配置>\Application Data\Autodesk\<产品版本>\<版本号>\<语言>\Previous Version Custom Files

　　从早期版本的 AutoCAD 移植配置后（如图 A-39 所示），用户可能希望恢复 AutoCAD 2009 的默认配置设置，步骤如下。

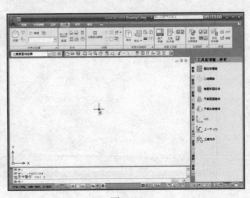

图 A-39

操作步骤

图 A-40

① 启动 AutoCAD 2009 中文版，单击 ▲（菜单浏览器）按钮，在弹出的菜单中选择"工具"→"选项"命令，如图 A-40 所示。

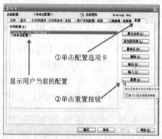

图 A-41

② 弹出"选项"对话框，在该对话框中单击"配置"选项卡，如图 A-41 所示。

图 A-42

③ 选中要恢复的配置，然后单击"重置"按钮，弹出"警告"窗口，如图 A-42 所示。

图 A-43

④ 单击 是(Y) 按钮，系统将重置该配置为默认的系统配置，然后自动将界面改变，如图 A-43 所示。